高等学校计算机基础教育教材

MATLAB语言与工程应用

田　丹主　编
唐　璐　李　琳　赵　凯　赵梦溪　副主编

清华大学出版社
北　京

内容简介

本书基于作者多年从事 MATLAB 技术教学和科研工作的研究成果和经验编写而成，全面介绍了 MATLAB 的基础知识与工程应用。本书注重 MATLAB 语言基础与应用的紧密结合，提供了丰富的实例分析和实验项目。全书共 9 章，主要内容包括初识 MATLAB、MATLAB 语言基础、数据可视化、符号计算、数据分析、图形用户界面设计、Simulink 建模与仿真、MATLAB 在控制系统分析中的应用、MATLAB 在数字图像处理中的应用。

本书可作为高等学校自动化、电子信息工程、电气工程、应用数学等专业的本科生及研究生教材，也可供人工智能、模式识别等领域的工程技术人员和研究人员参考。

图书在版编目（CIP）数据

MATLAB语言与工程应用 / 田丹主编. -- 北京 : 清华大学出版社, 2024. 6. -- (高等学校计算机基础教育教材). -- ISBN 978-7-302-66600-4

Ⅰ. TP317

中国国家版本馆CIP数据核字第20241Y3337号

责任编辑：袁勤勇　战晓雷
封面设计：常雪影
责任校对：韩天竹
责任印制：宋　林

出版发行：清华大学出版社
网　　址：https://www.tup.com.cn，https://www.wqxuetang.com
地　　址：北京清华大学学研大厦 A 座　　邮　　编：100084
社 总 机：010-83470000　　邮　　购：010-62786544
投稿与读者服务：010-62776969，c-service@tup.tsinghua.edu.cn
质 量 反 馈：010-62772015，zhiliang@tup.tsinghua.edu.cn
课 件 下 载：https://www.tup.com.cn,010-83470236
印 装 者：三河市龙大印装有限公司
经　　销：全国新华书店
开　　本：185mm×260mm　　印　　张：18.25　　字　　数：448 千字
版　　次：2024 年 6 月第 1 版　　印　　次：2024 年 6 月第 1 次印刷
定　　价：56.00 元

产品编号：102702-01

前　言

MATLAB 是一种用于科学计算、可视化表达和交互式程序设计的高级计算语言，已成为诸多工程领域从业人员选用的编程工具。本书系统讲述了 MATLAB 的基础知识，包括 MATLAB 的工作环境、语言基础、数据可视化、符号计算、数据分析、图形用户界面设计、Simulink 建模与仿真等。基础知识部分重点突出，内容简洁，图文并茂。为加强读者对基础知识的理解和提高读者解决实际应用问题的能力，本书还提供了 MATLAB 在控制系统分析和数字图像处理中的典型应用案例，并配有算法功能解析。

本书具有以下特点：

（1）每章附有习题，帮助读者巩固知识点。另外，为方便教师教学和学生自学，本书还提供配套数字化教学资源（电子课件和实例源码）。

（2）注重实践性和时效性。在实践性方面，注重 MATLAB 基础知识与工程应用的紧密结合，以基础知识为主线，以实践应用为特色，引入大量实验项目和工程应用案例。在时效性方面，本书内容紧跟 MATLAB 技术的发展趋势，引入前沿问题的案例解析（例如 MATLAB 在深度学习中的应用）。

（3）注重思政元素的挖掘与融入。贯彻党的二十大精神，依据教材相关教学资源提炼各单元的宏观思政主题，从不同维度细化各章的思政内涵。

（4）发挥校企合作优势。借助现代产业学院优势，打通校企合作“最后一公里”，联合合作企业，共享优质资源，将新技术和行业实战案例纳入教材，为培养学生实践能力提供高质量支撑。

本书由高校与企业联合编写。沈阳大学田丹教授担任主编，负责拟定编写大纲并统稿。新松教育科技集团赵梦溪参与了实验项目和工程应用案例的设计。第 2、9 章由田丹编写，第 1、6 章由唐璐编写，第 4、7、8 章由李琳编写，第 3、5 章由赵凯编写。

限于作者水平，书中难免有不妥之处，敬请读者批评指正。

作者

2024 年 5 月

目　录

第 1 章

初识 MATLAB

1.1 MATLAB 概述

MATLAB 是由 MathWorks 公司出品的一种应用于科学计算领域的高级语言，亦称为科学计算软件。MATLAB 是 MATrix LABoratory（矩阵实验室）的缩写，是当今国际公认的优秀科学计算应用开发环境之一。现在 MATLAB 已经发展成为适合多学科、多平台，广泛应用于科学研究和工程应用领域的程序设计语言。

1.1.1 MATLAB 的发展历程

20 世纪 70 年代中期，Cleve Moler 博士和其同事在美国国家科学基金的资助下开发了调用 EISPACK 和 LINPACK 的 FORTRAN 子程序库。EISPACK 是求解特征值的 FORTRAN 程序库，LINPACK 是求解线性方程的程序库。在当时，这两个程序库代表矩阵运算的最高水平。

到 20 世纪 70 年代后期，担任美国新墨西哥大学计算机系系主任的 Cleve Moler 在给学生讲授线性代数课程时想教学生使用 EISPACK 和 LINPACK 程序库，但他发现学生用 FORTRAN 编写接口程序很费时间。为了让学生方便地调用 EISPACK 和 LINPACK，他利用业余时间为学生编写了 EISPACK 和 LINPACK 的接口程序。Cleve Moler 给这个接口程序取名为 MATLAB。

早期的 MATLAB 是用 FORTRAN 语言编写的，尽管其功能简单，但作为一个免费软件，还是吸引了大批使用者。1983 年，Cleve Moler 教授到斯坦福大学讲学，MATLAB 吸引了工程师 Jack Little 的注意，Jack Little 敏锐地觉察到 MATLAB 在工程领域的广阔前景。Jack Little、Cleve Moler 和 Steve Bangert 于 1984 年成立了 MathWorks 公司，并正式推出了 MATLAB 1.0 版（DOS 版）。从这时起，MATLAB 的核心采用 C 语言编写，功能越来越强，在原有的数值计算功能之上，还增加了图形处理功能。

MathWorks 公司于 1986—1990 年相继推出了 MATLAB 2.0、MATLAB 3.0 和 MATLAB 3.5，版本不断更新，功能不断增强。MathWorks 公司于 1992 年推出了具有划时代意义的 MATLAB 4.0，并于 1993 年推出了其微机版，该版本可以配合 Windows 操作系统一起使用，随后又推出了符号计算工具包和用于动态系统建模及仿真分析的集成环境 Simulink，并加强了大规模数据处理能力，使之应用范围越来越广。1994 年推出的 MATLAB 4.2 扩充了 MATLAB 4.0 的功能，尤其在图形界面设计方面提供了新的方法。

1997 年春，MATLAB 5.0 问世，该版本支持更多的数据结构，如单元数据、结构数据、多维数组、对象与类等，使 MATLAB 成为一种更方便、更完善的科学计算语言。1999 年年初推出的 MATLAB 5.3 在很多方面又进一步改进了 MATLAB 的功能，随之推出的全新版本的最优化工具箱和 Simulink 3.0 达到了很高水平。此后，MATLAB 不断改进和发展，2000 年 10 月，MATLAB 6.0 问世，在操作界面上有了很大改观，为用户的操作提供了很大方便。在计算性能方面，MATLAB 6.0 速度变得更快，性能也更好。该版本在图形用户界面设计上更趋合理，与 C 语言的应用接口及转换的兼容性更强，与之配套的 Simulink 4.0 的新功能也特别引人注目。2001 年 6 月推出的 MATLAB 6.1 及 Simulink 4.1 功能已经十分强大。2002 年 6 月又推出了 MATLAB 6.5 及 Simulink 5.0，在计算方法、图形功能用户界面设计、编程手段和工具等方面都有了重大改进。2004 年 7 月，MathWorks 公司推出了 MATLAB 7.0，其中集成了 MATLAB 7.0 编译器、Simulink 6.0 仿真软件以及很多工具箱。该版本增加了很多新的功能和特性，内容相当丰富。2005 年 9 月，又推出了 MATLAB 7.1。从 2006 年起，MathWorks 公司每年发布两个以年份命名的 MATLAB 版本，其中 3 月左右发布 a 版，9 月左右发布 b 版，包括 MATLAB R2006a（7.2）、MATLAB R2006b（7.3）……MATLAB R2012a（7.14）。

2012 年 9 月，MathWorks 公司推出了 MATLAB R2012b（8.0），该版本从操作界面到系统功能都有重大改变和加强，从 MATLAB R2012b 开始，MATLAB 的功能得到了不断改进和扩充，而且每一个版本都有新的特点，2022 年 3 月，MathWorks 公司推出了 MATLAB R2022b（9.13），增加了医学成像工具箱主要用于设计和测试诊断成像，可以对放射学图像进行 3D 渲染和可视化、多模态配准以及分割和标记，此外还支持训练预定义的深度学习网络。Simscape Battery 提供用于设计电池系统的工具和参数化模型，主要用于电池运行组架构的虚拟测试以及电池管理系统设计，并评估电池系统在正常和故障条件下的行为。

从 MATLAB R2012b 以来，MATLAB 的操作界面和基本功能是一样的，所以不必过于在意版本的变化。本书以 MATLAB R2022b 作为操作环境，全面介绍 MATLAB 的各种功能与使用方法。

1.1.2 MATLAB 的基本功能

MATLAB 是一种应用于科学计算领域的高级语言，主要包括 MATLAB 和 Simulink 两大部分。在数学类科技应用软件中，它的数值计算功能首屈一指。MATLAB 可以进行矩阵运算、绘制函数和数据、实现算法、创建用户界面、连接其他编程语言的程序等，主要应用于工程计算、控制设计、信号处理与通信、图像处理、信号检测、金融建模设计与分析等领域。

1. 数值计算功能

MATLAB 以矩阵作为数据操作的基本形式，矩阵运算非常简捷、方便、高效。MATLAB 还提供了十分丰富的数值计算函数，而且它采用的数值计算算法都是国际公认最先进、可靠的算法，其程序由世界一流专家编制和高度优化。高质量的数值计算功能为 MATLAB 赢得了声誉。

2. 符号计算功能

在实际应用中，除了数值计算外，往往要得到问题的解析解，这是符号计算的任务。MATLAB 先后和著名的符号计算语言 Maple 与 MuPAD（后者从 MATLAB R2008b 开始使用）相结合，使得 MATLAB 具有很强的符号计算功能。

3. 绘图功能

利用 MATLAB 绘图十分方便，它既可以绘制各种图形，又可以对图形进行修饰控制，以增强图形的表现效果。MATLAB 提供了两个层次的绘图操作：一是对图形对象句柄进行的低层绘图操作，二是建立在低层绘图操作之上的高层绘图操作。利用 MATLAB 的高层绘图操作，用户不需要过多地考虑绘图细节，只需给出一些基本参数就能绘制所需图形。利用 MATLAB 图形对象句柄，用户可以更灵活地对图形进行各种操作，在图形表现方面拥有了一个没有束缚的广阔空间。

4. 程序设计语言功能

MATLAB 具有程序流程控制、函数调用、数据结构、输入输出、面向对象等程序语言特征，所以使用 MATLAB 也可以像使用通用程序设计语言一样进行程序设计，而且简单易学，编程效率高。因此，对于数值计算、工程设计和系统仿真等领域的人员来说，用 MATLAB 进行编程的确是一个理想选择。

5. 工具箱的扩展功能

MATLAB 包含两部分内容：基本部分和各种可选的工具箱。基本部分构成了 MATLAB 的核心内容，也是使用和构造工具箱的基础。MATLAB 工具箱分为两大类：功能性工具箱和学科性工具箱。功能性工具箱主要用来扩充 MATLAB 的符号计算功能、可视化建模仿真功能以及文字处理与电子表格功能等。学科性工具箱专业性比较强，如控制系统工具箱（Control System Toolbox）、信号处理工具箱（Signal Processing Toolbox）、神经网络工具箱（Neural Network Toolbox）、最优化工具箱（Optimization Toolbox）、金融工具箱（Financial Toolbox）、统计学工具箱（Statistics Toolbox）等。这些工具箱都是由相应领域学术水平很高的专家编写的，用户可以直接利用这些工具箱进行相关领域的科学研究。

MATLAB 具备很强的开放性。除内部函数外，所有 MATLAB 基本文件和各工具箱文件都是可读、可修改的源文件，用户可通过对源文件的修改或加入自己编写的文件构成新的专用工具箱。

1.2 安装与启动 MATLAB

1.2.1 安装要求和版本选择

MATLAB 每年更新两个版本，一般来说 b 版本是 a 版本的修正和补充，因此尽可能选择 b 版本。该版本可以运行在 32 位或 64 位 Windows 操作系统、32 位或 64 位 Linux 操作系统、64 位 macOS 操作系统上。本书选择 MATLAB R2022b，以常用的 64 位 Windows 操作系统进行操作。

1.2.2 安装 MATLAB

一般情况下，MATLAB 安装包是一个 ISO 格式的镜像文件。安装前，先建立一个文件夹，再用解压软件将安装包解压到该文件夹中，以方便安装和管理。

安装时，双击安装文件夹中的 setup.exe 文件，即可进入软件的安装过程。在安装向导界面右上角的“高级选项”下拉菜单中选择“我有文件安装密钥”选项，如图 1-1 所示。

图 1-1　安装向导界面

进入如图 1-2 所示的授权许可协议界面，在“是否接受许可协议的条款”右侧选择“是”单选按钮，单击“下一步”按钮。

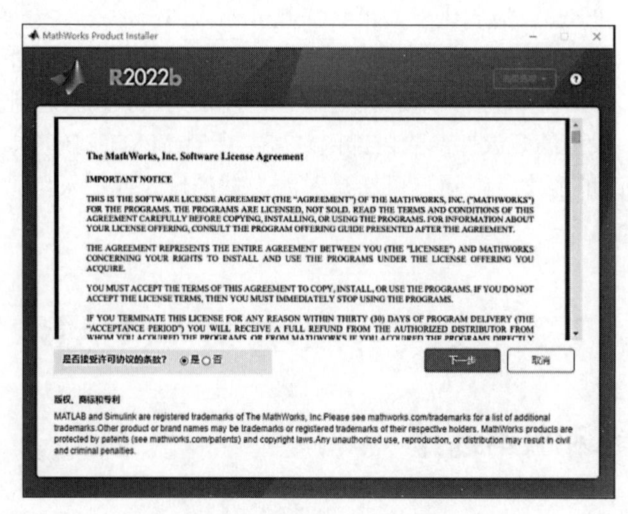

图 1-2　授权许可协议界面

此时，进入输入文件安装密钥界面，在文本框内输入事先获得的文件安装密钥，如果文件安装密钥输入正确，“下一步”按钮会变成可用状态，如图 1-3 所示，单击“下一步”按钮。

图 1-3　输入产品密钥界面

进入选择许可证文件界面，通过“浏览”按钮找到预先获得的许可证文件路径，如果路径正确，“下一步”按钮会变成可用状态，如图 1-4 所示，单击“下一步”按钮。

图 1-4　选择许可证文件界面

进入选择目标文件夹界面，输入 MATLAB 安装路径，如图 1-5 所示，单击“下一步”按钮。

图 1-5　选择目标文件夹界面

进入选择产品界面，如图 1-6 所示。MATLAB 包含大量的工具箱模块，可以只选择需要的工具箱进行安装，以节省硬盘空间。完成选择后，单击“下一步”按钮。

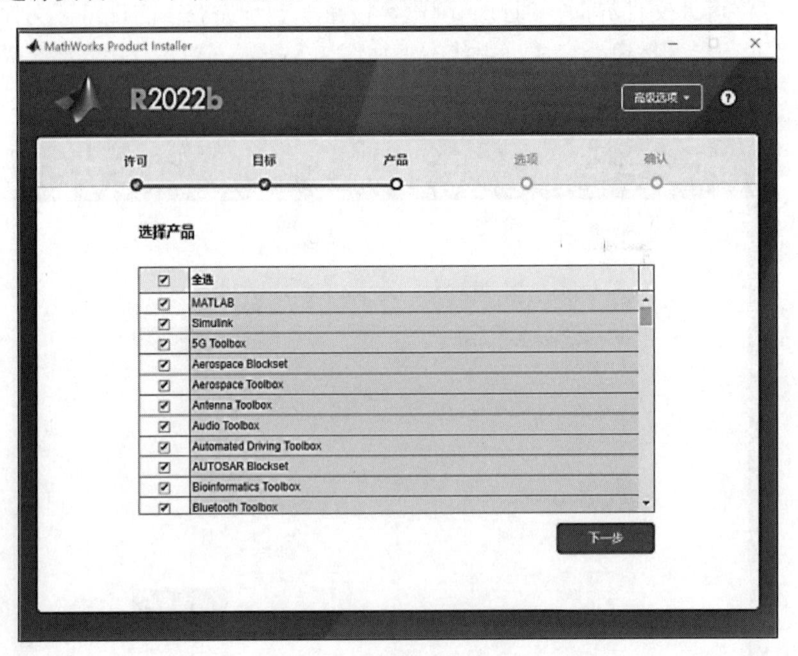

图 1-6　选择产品界面

进入选择选项界面，选择“将快捷方式添加到桌面”复选框，如图 1-7 所示，单击“下一步”按钮。

进入确认选择界面，包括安装路径和需要安装的产品个数，如图 1-8 所示，此时，如果发现有安装错误，则可以退回前面的步骤进行更改；如果没有问题，则单击“开始安装”按钮进行安装。

图 1-7　选择选项界面

图 1-8　确认选择界面

安装结束后，安装向导提醒用户进行配置，如图 1-9 所示，单击“关闭”按钮。

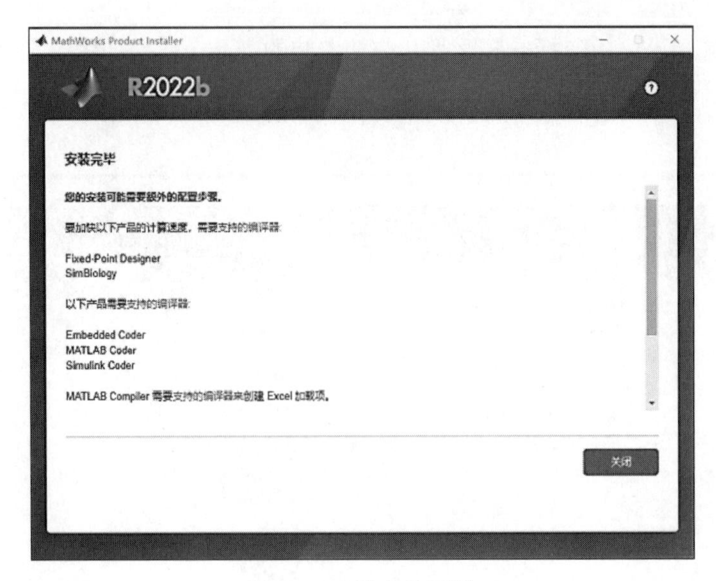

图 1-9　安装完毕界面

1.2.3　启动与退出

与一般的 Windows 程序类似，MATLAB 的启动也有 3 种常见方法：

（1）在 MATLAB 的安装路径中找到 MATLAB 软件启动程序 matlab.exe，然后运行它。这个方法比较麻烦，一般不推荐使用。

（2）在 Windows 桌面，单击任务栏上的“开始”按钮，在弹出的菜单中选择 MATLAB R2022b 选项，单击该选项，在下一级菜单中选择 MATLAB R2022b 命令，即可启动 MATLAB。

（3）将 MATLAB 软件的启动程序以快捷方式的形式放在 Windows 桌面上。在桌面上双击该图标即可启动 MATLAB。

MATLAB 启动界面如图 1-10 所示。

图 1-10　MATLAB 启动界面

启动 MATLAB 后，将出现 MATLAB 主窗口，如图 1-11 所示，表示已进入 MATLAB

软件集成开发环境。

图 1-11　MATLAB 主窗口

结束工作后，要退出 MATLAB 软件，有以下 3 种常见方法：

（1）在 MATLAB 主窗口左上角 MATLAB R2022b 图标上右击，在弹出的菜单中选择“关闭”命令，或使用快捷键 Alt+F4。

（2）在 MATLAB 命令行窗口中输入 exit 或 quit 命令。

（3）单击 MATLAB 主窗口右上角的关闭按钮。

1.3　MATLAB 工作环境

和一般的软件类似，MATLAB 采用集成化工作环境，它集命令的输入、执行、修改和调试于一体，页面布局合理，操作方便。

1.3.1　主窗口

MATLAB 主窗口除了嵌入一些功能窗口外，主要包括功能区、快速访问工具栏和当前文件夹工具栏。

MATLAB 功能区提供了 3 个选项卡，分别为“主页”“绘图”和 APP（应用程序）。不同的选项卡有对应的工具条，通常按功能将工具条分成若干命令组，各命令组包括一些命令按钮，通过命令按钮实现相应的操作。“主页”选项卡包括“文件”“变量”“代码”“Simulink 仿真”“环境”和“资源”命令组，各命令组里提供了相应的命令按钮。“绘图”选项卡提供了用于绘制图形的相关命令。APP 选项卡提供了多种应用程序工具。

在选项卡右边的是快速访问工具栏，其中包含了一些常用的操作按钮以及搜索栏。功能区下方的是当前文件夹工具栏，通过它可以很方便地实现文件夹的操作。

若要调整主窗口的布局，可以在“主页”选项卡的“环境”命令组中单击“布局”按钮，再从展开的菜单中选择有关的布局方式命令，可以从“布局”按钮所展开的菜单中选中或取消选中相关命令以达到显示或隐藏部分窗口的目的。

1.3.2 命令行窗口

命令行窗口是 MATLAB 与用户之间的主要交互窗口，用户可以通过该窗口实现输入命令并显示除图形以外的所有执行结果。命令行窗口通常嵌入在主窗口内，可以通过单击该窗口右上角的图标，在弹出的下拉菜单中选择“取消停靠”命令，实现其独立于主窗口的浮动显示，如图 1-12 所示。选择“停靠”命令，则恢复到嵌入窗口状态。

图 1-12 命令行窗口

MATLAB 命令行窗口中的“>>”符号为命令提示符，表示 MATLAB 处于准备就绪状态。用户在命令提示符后输入命令并按 Enter 键后，MATLAB 就会解释执行用户输入的命令，并在命令后面显示执行结果。

在命令行窗口中，一般来说，一行输入一条命令，命令行以按 Enter 键结束。如果需要一次性输入多条命令，并使这些命令连续执行，各命令之间可以用逗号分隔。例如：

```
>> x=100,y=x+3
x =
   100
y =
   103
```

第一个命令 x=100 后面带有逗号，因此 x、y 的值都显示。

若命令执行后不需要显示某个变量的值，则在对应的命令后面加上分号。例如：

```
>> x=100;y=x+3
```

```
y =
   103
```

第一个命令 x=100 后面带有分号，因此 x 的值不显示。

如果一条命令很长，在一行之内写不下，可以在第一行之后加上续行符“...”，然后在下一行继续写命令的剩余部分。例如：

```
>> x=1+1/2+1/3+1/4+...
+1/1000
x =
    2.0843
```

单击该窗口右上角的图标，在弹出的下拉菜单中选择“清空命令行窗口”命令，可以清空当前窗口中的内容。

在命令提示符“>>”的左上角有一个函数浏览按钮，单击该按钮可以按类别快速查找 MATLAB 包含的函数。

1.3.3 工作区窗口

工作区也称为工作空间，是 MATLAB 用于存储各种变量和结果的内存空间。如图 1-13 所示，在工作区窗口中，可对变量进行查看、编辑、保存和删除。工作区窗口是 MATLAB 操作界面的重要组成部分。在该窗口中以表格形式显示工作区中所有变量的名称和值，从表格标题行的右键快捷菜单中可选择增加、删除和显示变量的统计值，如最大值、最小值等。工作区窗口和命令行窗口一样，既可以内嵌显示，也可以独立浮动显示，具体操作方法与命令行窗口相同。

图 1-13　工作区窗口

1.3.4 当前文件夹窗口

MATLAB 系统本身包含了大量的文件，同时用户在操作时也会建立非常多的文件。对于这些数目繁多的文件，一个合理、高效的组织和管理方法是非常必要的。MATLAB 有自己的文件夹结构，能够合理安排不同类型的文件到不同的文件夹下，而且可以通过路径查找文件。

可以新建一个文件夹，并将当前文件夹设置为该文件夹。当前文件夹是 MATLAB 运行时的工作文件夹，只有在当前文件夹或搜索路径下的文件、函数才可以被运行或调用。如果没有特殊指明，数据文件也将存放在当前文件夹下。

当前文件夹窗口默认内嵌在 MATLAB 主窗口的左部。当前文件夹窗口和命令行窗口一样可以独立浮动显示，如图 1-14 所示，具体操作方法与命令行窗口相同。

图 1-14　当前文件夹窗口

1.3.5　命令历史记录窗口

命令历史记录窗口中会自动保留系统初次启动后所有用过的命令（无论是正确的还是错误的），并且还标明了使用时间，从而方便用户查询，如图 1-15 所示。通过双击命令可再次执行历史命令。命令历史记录窗口和命令行窗口一样可以独立浮动显示，具体操作方法与命令行窗口相同。要清除命令历史记录，可以在窗口快捷菜单中选择“消除命令历史记录”命令。

图 1-15　命令历史记录窗口

1.4 MATLAB 帮助系统

MATLAB 中提供了大量的命令和函数，用户要完全掌握它们是不现实的，用户只需要掌握基本的操作方法，然后在实践操作中不断总结、积累，就可以逐步运用自如。为了便于用户方便地获取函数和命令的信息，MATLAB 中提供了丰富的帮助功能，用户可以通过帮助中心或帮助命令获取帮助信息。

1.4.1 帮助中心

MATLAB 的帮助中心以浏览器的形式展现给用户，使用帮助中心可以检索和查看帮助文档。MATLAB 的帮助中心还提供了大量的演示程序，可供用户直观地学习 MATLAB 基本操作方法。

单击 MATLAB 主窗口的“主页”选项卡，找到“资源”命令组的帮助按钮 ?，单击该按钮后会弹出帮助中心，如图 1-16 所示。

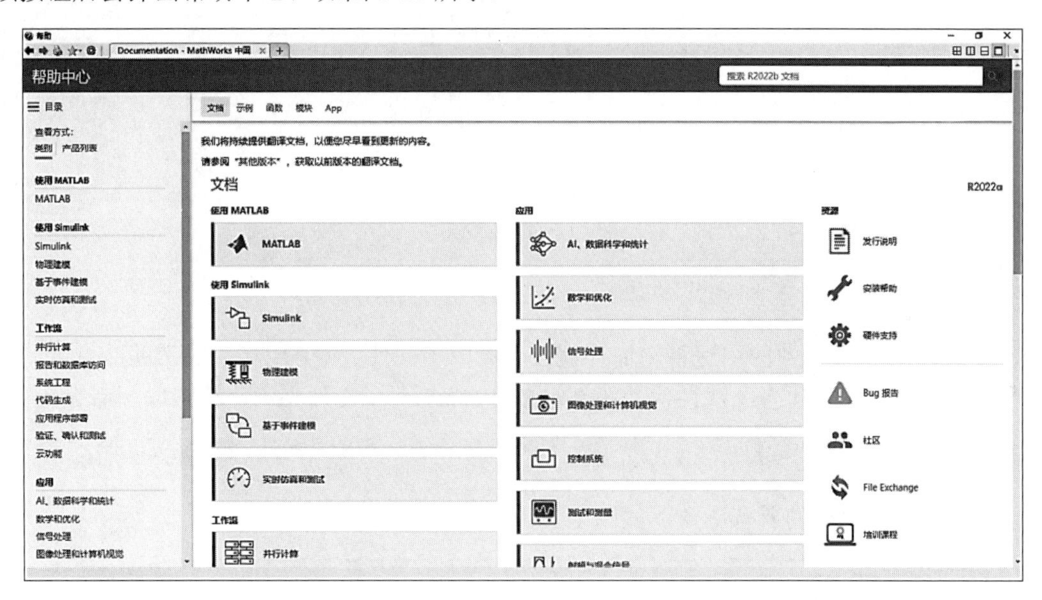

图 1-16　帮助中心

帮助中心左侧是帮助目录，可以方便用户快速查找相关内容。帮助中心右侧为帮助信息显示页面，包含 5 个选项卡，分别为“文档”“示例”“函数”“模块”和 APP。每个选项卡内部以图标的形式显示相应的内容，用户可以单击相应图标选择需要浏览的内容。安装的 MATLAB 版本不同，相对应的帮助中心显示形式可能不同。

1.4.2 命令行窗口帮助功能

用户想要了解 MATLAB 的某种功能，最简洁、快速的方式是在命令行窗口中通过帮助命令对特定的内容进行快速查询。MATLAB 帮助命令包括 help 命令和 lookfor 命令。获得函数帮助信息的另一种工具是函数浏览按钮。

1. help 命令

help 命令是查询函数语法的最基本方法，返回的信息直接显示在命令行窗口。在命令行窗口中输入 help 命令将会显示当前帮助系统中所包含的所有项目，即搜索路径中所有的文件夹名称。

也可以通过 help 加函数名获得函数的相关帮助说明。

例如，为了显示 factor 函数的使用方法与功能，可使用如下命令：

```
>> help factor
```

显示 factor 函数帮助信息的命令行窗口如图 1-17 所示。

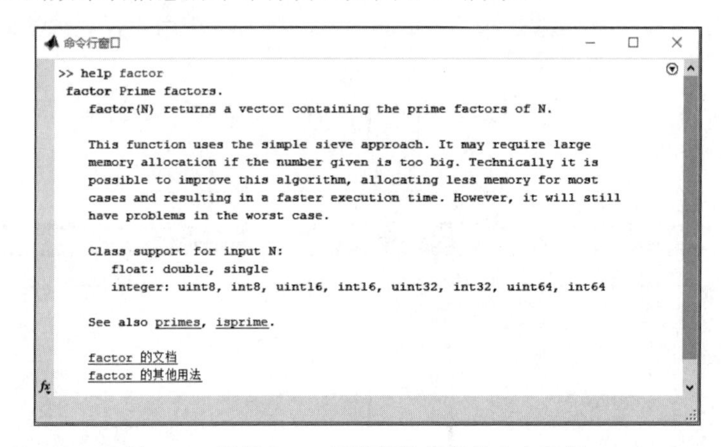

图 1-17　显示 factor 函数帮助信息的命令行窗口

MATLAB 按照函数的用途将它们存放在不同的子文件夹中，用相应的帮助命令可显示某一类函数。例如，所有的线性代数函数均放在 matfun 子文件夹中，输入以下命令：

```
>> help matfun
```

可以显示该文件夹中的所有函数，如图 1-18 所示。

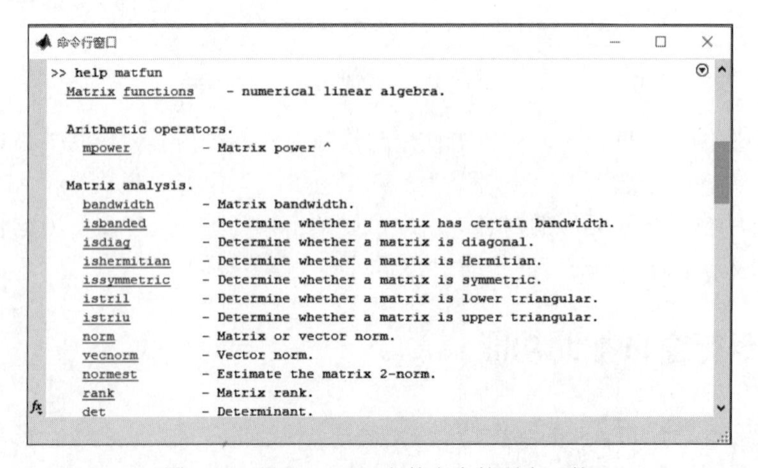

图 1-18　显示 matfun 文件夹中的所有函数

2. lookfor 命令

help 命令可以搜索到文件名已知的文件的信息。在实际应用中，用户往往不知道各个文件的准确名称，因此模糊搜索功能是很必要的。lookfor 命令对搜索范围内的 MATLAB 文件进行关键字搜索，条件比较宽松。例如，因为不存在 fact 函数，命令

```
>> help fact
```

的搜索结果是显示“未找到 fact”，如图 1-19 所示。

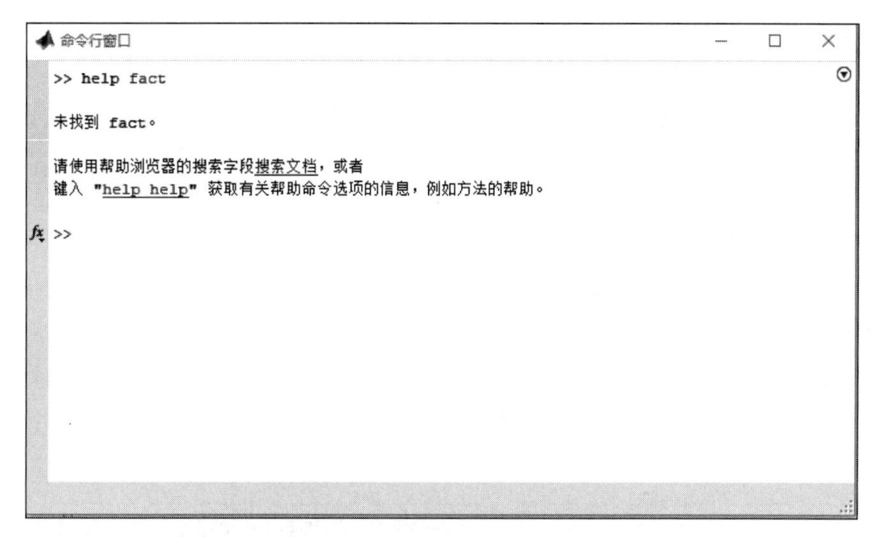

图 1-19　用 help 命令查找不确定的函数名的结果

而修改代码，执行以下命令：

```
>>lookfor fact
```

将得到名称中包含 fact 的全部函数，如图 1-20 所示。

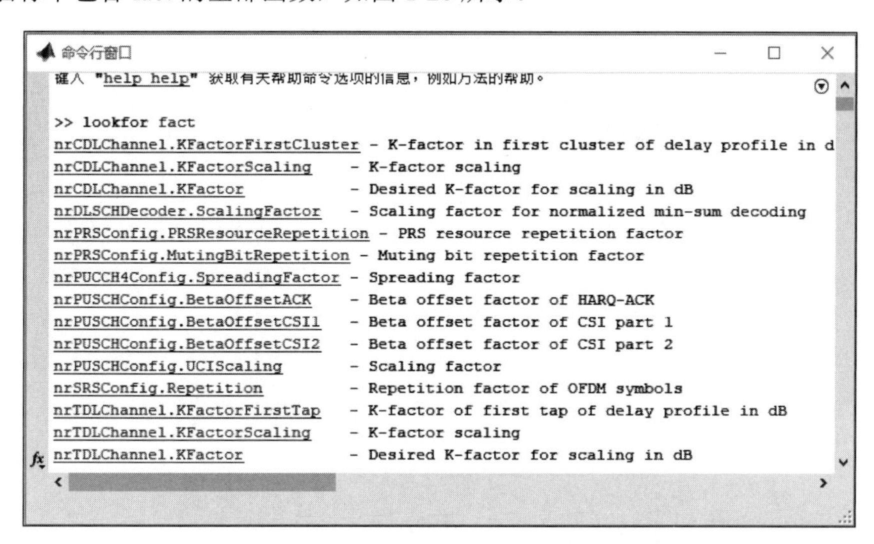

图 1-20　用 lookfor 命令查找不确定的函数名的结果

lookfor 命令只对 MATLAB 文件的第一行进行关键字搜索。若 lookfor 命令加上-all 选项，则可对 MATLAB 文件进行全文搜索。例如：

```
>> lookfor -all fact
```

用户可自行执行该命令，注意比较搜索结果与图 1-20 的差别。

3. 函数浏览按钮

单击命令行窗口提示符前的函数浏览按钮 *fx*，或按 Shift+F1 组合键，将弹出函数浏览菜单，该菜单可以显示所有 MATLAB 函数的用法和功能。

另外，在命令行输入命令时，也可以获取函数用法的提示。输入函数名和左括号后一般会出现提示。如没有出现提示，可以按 Ctrl+F1 组合键，在光标处会弹出一个显示函数用法的面板。

1.4.3 演示帮助

MATLAB 自带的演示系统对初学者非常有用。可以在 MATLAB 帮助中心单击 Examples 链接，或在 MATLAB 帮助中心单击“示例”选项卡，或在命令行窗口输入 demo（或 demos）命令，进入演示系统，选择需要的演示实例。例如，进入“示例”选项卡后，单击 Simulink 图标，进入 Simulink 演示示例汇总页面，如图 1-21 所示。

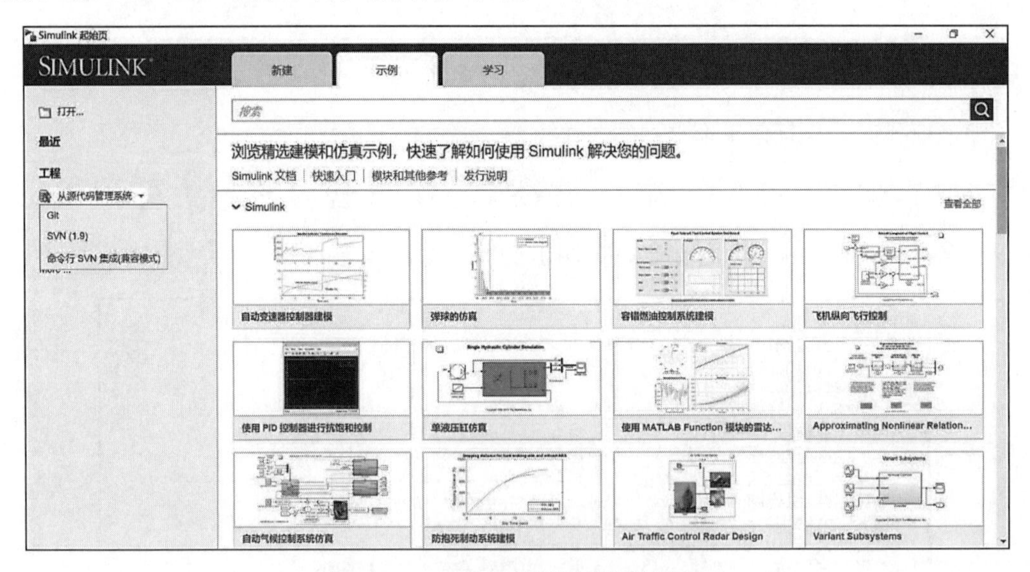

图 1-21　Simulink 演示示例汇总页面

1.5 课 程 思 政

本章部分内容的思政元素融入点如表 1-1 所示。

表 1-1　本章部分内容的思政元素融入点

节	思政元素融入点
1.1　MATLAB 概述	讲解计算机相关语言的发展历程，引导学生在日后的学习和生活中积极思考、创新，懂得新的知识或事物都是经过不断探索发展而来的
1.2　安装与启动 MATLAB	在软件安装步骤讲解中，为学生普及知识产权的概念，引导学生形成尊重他人劳动成果的意识，同时也要注意保护个人知识产权

练　习　一

一、选择题

1. 最初的 MATLAB 核心程序是采用（　　）语言编写的。

A. Pascal　　B. FORTRAN　　C. C　　D. BASIC

2. MATLAB 命令行窗口中提示用户输入命令的符号是（　　）。

A. ＞　　B. ＞＞　　C. ＞＞＞　　D. ＞＞＞＞

3. 当在命令行窗口执行命令时，如果不想输出结果，可以在命令后加上（　　）。

A. 冒号(:)　　B. 分号(;)　　C. 逗号(,)　　D. 百分号(%)

4. 有关分号的功能，以下说法中错误的是（　　）。

A. 作为不显示计算结果的命令行的结尾

B. 作为不显示计算结果的命令之间的分隔符

C. 作为命令行必须加上的结束符

D. 作为一行代码无法写下时的续行符

5. 下列选项中，不是 MATLAB 帮助命令的是（　　）。

A. lookfor　　B. lookfor -all　　C. help　　D. search

二、填空题

1. MATLAB 一词是________的缩写。

2. MATLAB 功能区提供了 3 个选项卡，分别为________、________和________。

3. 进入 MATLAB 软件环境后，系统默认打开的 4 个窗口是命令行窗口、当前文件夹窗口、________和________。

4. 在 MATLAB 命令行窗口中输入________或________命令，可以退出 MATLAB 软件。

5. 可以在命令行窗口中输入________命令进入 MATLAB 演示系统。

三、操作题

1. 如果需要在 MATLAB 中输入某个命令，该命令包含大量的字符，需要分成多行输入，该如何处理？请上机验证自己的答案。

2. 利用 MATLAB 的帮助功能查询 whos 和 plot 函数的功能及用法。

3. 访问 MathWorks 公司网站，了解 MATLAB 的最新版本及其新的特征。

参 考 答 案

一、选择题

1．B　　2．B　　3．C　　4．C　　5．D

二、填空题

1. Matrix Laboratory
2. 主页、绘图、APP
3. 工作区窗口、命令历史记录窗口
4. exit、quit
5. demo 或 demos

三、操作题

1. 如果一个命令行很长，一行之内写不下，可以在第一行末尾加上续行符“...”，然后在下一行继续写命令的其余部分。

2. 可以在命令行窗口使用 help whos 和 help plot 命令查询。

3. 略。

第 2 章

MATLAB 语言基础

本章从程序设计的角度介绍 MATLAB 的基础知识。

2.1 常量与变量

1. 常量

MATLAB 中提供了一些内部常量，具有系统默认的含义。这些常量在启动 MATLAB 后被自动赋值，用户在定义变量名时应尽量避免使用这些常量。表 2-1 给出了 MATLAB 中常用的常量。

表 2-1 MATLAB 中常用的常量

常量名	含 义	常量名	含 义
ans	运算结果的默认变量名	pi	圆周率
NaN 或 nan	不定值，如 0/0、∞/∞	eps	浮点相对精度
inf	无穷大	tic	秒表计时开始
i 或 j	复数中的虚数单位	tio	秒表计时停止
nargin	函数输入参数个数	realmax	最大正实数
nargout	函数输出参数个数	realmin	最小正实数

表 2-1 中的常量的含义在其未被重新赋值的情况下才成立。假如用户对这些常量进行了赋值操作，那么其默认值会被新值替代。用户需通过执行 clear+常量名命令将其从 MATLAB 工作空间中清空，该常量才会恢复到系统默认的含义。

【例 2-1】 常量的应用。查看常量 i 的值，然后利用赋值语句对其进行重新定义，接下来再利用 clear 命令将其从工作空间中清除，最后观察其是否重新恢复为系统的默认值。

```
>> i
ans =
    0.0000 + 1.0000i
>> i=5                          %重新赋值
i =
     5
>> clear i                      %将变量 i 从工作空间中清除
```

```
>> i
ans =
    0.0000 + 1.0000i
```

2. 变量

MATLAB 中变量有两个属性：变量名和变量的值。

变量的命名需符合以下规则：

（1）变量名由英文字母、数字或下画线组成，且第一个字符必须是英文字母，不允许出现空格或标点符号，例如 _ab、1a 和 a.b 都是不合法的变量名。

（2）变量名区分大小写，例如 a 和 A 表示不同的变量。

（3）变量名最多包含 63 个字符，多出来的字符会被忽略。为增强程序的可读性，变量名一般代表某个特定含义，例如用 vel 表示速度变量。

（4）不能利用 MATLAB 中的关键字（如 function、for、while、if、switch、global 等）作为变量名。可以利用 iskeyword 命令查看系统的预定义关键字，或者判断一个字符串是否是预定义关键字。

变量的定义中无须声明数据类型，MATLAB 可自动根据变量值或对变量进行的操作识别变量的数据类型。变量的赋值有两种格式：

（1）变量=表达式。

（2）表达式。

表达式可由数值、运算符、变量和函数组成。需要特别说明的是，第二种赋值格式可将表达式的值赋给预定义变量 ans。MATLAB 中变量都以矩阵形式存储。在变量赋值过程中，自动用新值替换旧值，用新值的数据类型替换旧值的数据类型。

【例 2-2】 变量赋值示例。分别利用数值、算术运算符、变量和函数给变量赋值，观察并分析运行结果。

```
>> x=1;
>> y=(1+2+3)/4*5;
>> z=y;
>> a=(exp(2)+5)/2;         %exp 是 MATLAB 提供的指数函数
```

2.2 矩阵的基本操作

矩阵是 MATLAB 最基本、最重要的数据单元，MATLAB 的大部分运算和命令都以矩阵为操作对象。下面介绍矩阵的基本操作方法及其简单应用。

2.2.1 矩阵的创建

1. 直接输入法

在 MATLAB 中，创建矩阵最简单的方法是直接输入法，即利用赋值语句实现矩阵的创建。创建规则如下：

（1）将所有矩阵元素置于一个方括号内。

（2）按矩阵行的顺序输入各元素，同一行的各元素之间用空格或逗号分隔，行之间用分号或回车符分隔。

（3）矩阵元素可以是实数或复数。

【例 2-3】 分别创建实数矩阵和复数矩阵。

```
>> a=[1 2 3;4 5 6;7 8 9]
a =
      1       2       3
      4       5       6
      7       8       9
>> b1=[1+2i,3+4i;5+6i,7+8i]                %对元素逐个赋复数值
b1 =
     1.0000 + 2.0000i   3.0000 + 4.0000i
     5.0000 + 6.0000i   7.0000 + 8.0000i
>> b2=[1,3;5,7]+[2,4;6,8]*i;               %实部和虚部矩阵分别赋值
>> c=[1,3;5,7];
>> d=[2,4;6,8];
>> b3=complex(c,d);                         %利用 complex 函数构造复数矩阵
```

上面介绍了 3 种构造复数矩阵的方法。需要特别说明的是，在创建复数矩阵时，虚数单位可用 i 或 j 表示，但显示的结果中均用 i 表示。虚部和虚数单位之间可以使用*连接，也可以省略*。

2. 冒号表达式法

向量可以看作仅有一行或一列的矩阵，具有固定步长的行向量可以利用冒号运算符生成，生成格式为[初值:步长:终值]。在这里，步长可设置为负值，但初值应大于终值。步长为 1 时可省略。

【例 2-4】 利用冒号表达式创建行向量示例。

```
>> a=[6:3:20]                             %以整数为步长
a =
     6     9    12    15    18
>> b=0:.4:1
b =
     0    0.4000    0.8000               %以小数为步长
>> c=5:-1:1
c =
     5     4     3     2     1            %以负数为步长
```

需要说明的是，创建行向量时方括号可省略，当步长为(0,1)区间的小数时个位数也可省略。列向量可通过行向量的转置运算创建。MATLAB 提供了“'”运算符实现共轭转置运算，也可以用 conj 函数实现共轭转置运算。

【例 2-5】 创建列向量示例。

```
>> c=5:-1:1;
```

```
>> c1=c'
c1 =
     5
     4
     3
     2
     1
```

3. 函数创建法

MATLAB 中提供了一些创建特殊矩阵的内部函数，如表 2-2 所示。

表 2-2　创建特殊矩阵的内部函数

函数名称	函数功能
zeros	产生全 0 矩阵
ones	产生全 1 矩阵
eye	产生单位矩阵
diag	产生对角矩阵
magic	产生魔方矩阵
compan	产生伴随矩阵
linspace	产生线性等分行向量
rand	产生在(0,1)区间均匀分布的随机矩阵
randn	产生均值为 0、方差为 1 的标准正态分布随机矩阵
tril	提取矩阵的下三角矩阵
triu	提取矩阵的上三角矩阵
hilp	产生希尔伯特矩阵
toeplitz	产生托普利兹矩阵
pascal	产生帕斯卡矩阵
vander	产生范德蒙矩阵

【例 2-6】 由[101,125]区间中的 25 个整数构建一个 5 行 5 列的魔方矩阵，使其每行、每列及对角线元素的和均为 565。

```
>> 100+magic(5)
ans =
   117   124   101   108   115
   123   105   107   114   116
   104   106   113   120   122
   110   112   119   121   103
   111   118   125   102   109
```

考虑到魔方矩阵中各元素由 $1 \sim n^2$ 的自然数组成，且每行、每列及对角线上的元素之和均为$(n^3+n)/2$，这里调用 magic 函数实现本例。

【例 2-7】 分别构建随机矩阵 x 和 y，要求 x 为[10,20]区间内均匀分布的 3 阶随机矩阵，y 为均值为 0.5、方差为 0.2 的 3 阶正态分布随机矩阵。

```
>> x=10+(20-10)*rand(3)
x =
    18.1472   19.1338   12.7850
    19.0579   16.3236   15.4688
    11.2699   10.9754   19.5751
>> y=0.5+sqrt(0.2)*randn(3)
y =
    1.7385    0.8244    0.4083
   -0.1037    0.4718    0.4445
    1.8573    0.8196    1.1662
```

【例 2-8】 产生[0,2π]区间等间隔分布的 5 个元素组成的行向量。

```
>> linspace(0,2*pi,5)
ans =
         0    1.5708    3.1416    4.7124    6.2832
```

【例 2-9】 创建对角矩阵。

```
>> v=[1 2 4];
>> v1=diag(v)
v1 =
     1     0     0
     0     2     0
     0     0     4
>> v2=diag(v,1)
v2 =
     0     1     0     0
     0     0     2     0
     0     0     0     4
     0     0     0     0
```

需要说明的是，创建对角矩阵的函数的调用格式为 A=diag(V,K)，其中，V 表示某个向量；K 表示向量 V 偏离主对角线的列数，K=0（默认值）时 V 为主对角线，K＞0 时 V 在主对角线以上，K＜0 时 V 在主对角线以下。

2.2.2 矩阵中元素的表示

1. 单个元素的表示

矩阵中单个元素可以利用下标和序号两种方式存取。

1）下标

下标（即行列号）可用于引用矩阵中的元素。例如，A(3,2)表示矩阵 A 的第 3 行第 2 列的元素。也可利用下标对矩阵元素进行修改，即采用“矩阵名(行号,列号)=数据”的方式修改矩阵元素。

2）序号

矩阵元素的序号就是相应元素在内存中的排列顺序。在 MATLAB 中，矩阵元素按列存储，即先存储第一列的元素，再存储第二列的元素，以此类推。元素序号也可用于引用矩阵元素。

【例 2-10】 分别利用下标和序号实现矩阵元素的提取和修改。

```
>> A=[1 2 3;4 5 6;7 8 9]
A =
     1     2     3
     4     5     6
     7     8     9
>> A(3,2)
ans =
     8
>> A(3,2)=10;                %按下标赋值
>> A(6)
ans =
     10
>> A(6)=8;                   %按序号赋值
```

显然，元素的下标和序号是一一对应的。以 $m \times n$ 的矩阵为例，下标(i, j)对应的序号为$(j-1)m+i$。需要特别指出的是，对矩阵元素进行修改时，如果赋值元素的下标或序号超出原矩阵的范围，矩阵行和列自动扩展，新增的未被显式赋值的元素被自动赋值为 0。

2. 多个元素的表示

1）连续元素的表示

连续元素的表示可以借助冒号运算符，表示规则如下：

- A(:,j)表示矩阵 A 第 j 列的全部元素，A(i,:)表示矩阵 A 第 i 行的全部元素。例如，A(:,1)表示矩阵 A 第 1 列的元素；A(2,:)表示矩阵 A 第 2 行的元素。
- A(i:i+m,:)表示矩阵 A 第 i~i+m 行的全部元素，A(:,k:k+m)表示矩阵 A 第 k~ k+m 列的全部元素，A(i:i+m,k:k+m)表示矩阵 A 第 i~i+m 行、第 k~k+m 列的全部元素。
- A(:)表示将矩阵 A 每一行元素堆叠起来，形成一个列向量。

此外，MATLAB 还提供了关键字 end，表示某一维的末尾元素下标。例如：

```
>> A=rand(1,5)
A =
     0.8147    0.9058    0.1270    0.9134    0.6324
>> A(3:end)
ans =
     0.1270    0.9134    0.6324
```

2）不连续元素的表示

不连续的元素可以借助向量形式指定元素所在的位置。例如：

```
>> A=[5 2 7 0 9 3];
>> B=A([1 3 4 5])
B =
     5     7     0     9
```

冒号运算符也可用于表示不连续的多个元素。例如：

```
>> A=1:10;
>> B=A(10:-2:1)
B =
    10     8     6     4     2
```

2.2.3 矩阵结构的变换

1. 阶数重组

MATLAB 可以重新排列矩阵元素位置以产生新的矩阵。也就是说，在保证矩阵中元素个数不变的前提下，重新调整矩阵的行数、列数和维数。能够实现该功能的函数为 reshape，其常用调用格式为

```
B = reshape(A,m,n)
```

该语句可将矩阵 A 重组为一个 m×n 的矩阵 B，B 中元素通过按列读取 A 中元素获得。这里，还可以利用占位符[ ]自动计算单个维度的大小。如果 A 中元素个数小于 m×n，则会引发程序报错。

【例 2-11】 将一个 3×4 的矩阵重组为 2×6 的矩阵。

```
>> A=[3 9 4 0;-1 2 4 7;5 1 8 6]
A =
     3     9     4     0
    -1     2     4     7
     5     1     8     6
>> B=reshape(A,2,6)
B =
     3     5     2     4     8     7
    -1     9     1     4     0     6
>> C=reshape(A,2, [])
C =
     3     5     2     4     8     7
    -1     9     1     4     0     6
```

2. 矩阵旋转

MATLAB 提供了 rot90 函数用于实现矩阵的旋转，调用格式为

```
B=rot90(A,k)
```

在该语句中，当 k 为正整数时，将矩阵 A 按逆时针方向旋转 k 个 90°；当 k 为负整数时，将矩阵 A 按顺时针方向旋转 k 个 90°。k 为 1 时可省略。矩阵 A 旋转后赋值给新的矩阵 B，但矩阵 A 本身不变。

【例 2-12】 矩阵旋转函数的应用。

```
>> A=magic(3)
A =
     8     1     6
     3     5     7
     4     9     2
>> B=rot90(A,3)                    %逆时针旋转
B =
     4     3     8
     9     5     1
     2     7     6
>> C=rot90(A,-1)                   %顺时针旋转
C =
     4     3     8
     9     5     1
     2     7     6
```

3. 矩阵翻转

MATLAB 还提供了内部函数用于实现矩阵的上下翻转和左右翻转。使用 flipud 函数可实现矩阵的上下翻转，使用 fliplr 函数可实现矩阵的左右翻转，使用 flipdim 函数可按指定维度进行翻转。各函数调用格式如下。

```
B=flipud(A)
```

矩阵围绕水平轴上下翻转。即将原矩阵的第一行和最后一行调换，第二行和倒数第二行调换，以此类推。

```
B=fliplr(A)
```

矩阵围绕垂直轴左右翻转。即将原矩阵的第一列和最后一列调换，第二列和倒数第二列调换，以此类推。

```
B=flipdim(A,dim)
```

矩阵按指定维度翻转，dim=1 表示上下翻转，dim=2 表示左右翻转。

【例 2-13】 矩阵翻转函数的应用。

```
>> A=magic(4)
A =
    16     2     3    13
     5    11    10     8
     9     7     6    12
     4    14    15     1
>> B=fliplr(A)                          %左右翻转
B =
    13     3     2    16
     8    10    11     5
    12     6     7     9
     1    15    14     4
>> C=flipud(A)                          %上下翻转
```

```
C =
     4    14    15     1
     9     7     6    12
     5    11    10     8
    16     2     3    13
```

4. 矩阵排序

MATLAB 提供了 sort 函数，用于实现矩阵排序。可以选择按特定维度对矩阵中的元素进行升序或降序排列。其调用格式为

```
[Y,I]=sort(X,DIM,MODE)
```

该语句实现对矩阵 X 的元素进行排序，排序结果赋值给矩阵 Y，同时返回矩阵 I 记录 Y 中元素在 X 中的位置。DIM 用于选择排序的维度，DIM=1 时按列排序（默认值，可省略），DIM=2 时按行排序。MODE 用于指定排序方式，'ascend'为按升序排列（默认值，可省略），'descend'为按降序排列。X 的元素为复数时，按各元素的模排序。X 的元素为字符型单元数组时，按各元素对应的 ASCII 码排序。

【例 2-14】 矩阵排序示例。

```
>> X=[3,9,-2,5;7,2,10,4]
X =
     3     9    -2     5
     7     2    10     4
>> Y=sort(X)                                %按列升序排序
Y =
     3     2    -2     4
     7     9    10     5
>> Z=sort(X,'descend')                      %按列降序排序
Z =
     7     9    10     5
     3     2    -2     4
>> J=sort(X,2)                              %按行升序排序
J =
    -2     3     5     9
     2     4     7    10
>> K=sort(X,2,'descend')                    %按行降序排序
K =
     9     5     3    -2
    10     7     4     2
```

2.3 运 算 符

MATLAB 的基本运算包括算术运算、关系运算和逻辑运算。下面介绍各类运算对应的运算符和运算优先级。

2.3.1 算术运算符

MATLAB 有两种类型的算术运算：矩阵运算和元素群运算。矩阵运算遵循线性代数的运算规则。元素群运算又称为点运算，是对单个元素进行相关运算，其运算符是在相应的矩阵运算符前面加点。MATLAB 的算术运算符如表 2-3 所示。

表 2-3 算术运算符

运 算 符	含 义	运 算 符	含 义
+	加法	.\	元素群左除
−	减法	/	矩阵右除
*	矩阵乘法	./	元素群右除
.*	元素群乘法	^	矩阵求幂
\	矩阵左除	.^	元素群求幂

1. 加减运算

矩阵运算和元素群运算中的加减运算具有相同的运算规则。假定有两个矩阵 $\boldsymbol{A}$ 和 $\boldsymbol{B}$，则 $\boldsymbol{A}+\boldsymbol{B}$ 和 $\boldsymbol{A}-\boldsymbol{B}$ 可实现加减运算。运算规则为：若 $\boldsymbol{A}$ 和 $\boldsymbol{B}$ 是同维矩阵，则可执行加减运算，A 和 B 矩阵的相应元素相加减；若 $\boldsymbol{A}$ 和 $\boldsymbol{B}$ 维数不同，则给出错误信息，提示用户两个矩阵的维数不匹配。需要特别说明的是，如果两个矩阵中有一个为标量，则自动将该标量扩展成同维等元素矩阵，与另一个矩阵相加减。

2. 乘法运算

矩阵乘法运算遵循线性代数的运算规则。假定有两个矩阵 $\boldsymbol{A}$ 和 $\boldsymbol{B}$，若 $\boldsymbol{A}$ 为 $m\times n$ 矩阵，$\boldsymbol{B}$ 为 $n\times p$ 矩阵，则 $\boldsymbol{C}=\boldsymbol{A}*\boldsymbol{B}$ 为 $m\times p$ 矩阵，且 $\boldsymbol{C}_{ij}=\sum_{k=1}^{n}\boldsymbol{A}_{ik}\boldsymbol{B}_{kj}$。如果两个矩阵之一是标量，则用该标量乘以另一个矩阵的每个元素。

元素群乘法运算又称为点乘运算，要求两个矩阵 $\boldsymbol{A}$ 和 $\boldsymbol{B}$ 维数相同，执行对应元素相乘，即 $\boldsymbol{C}_{ij}=\boldsymbol{A}_{ij}\boldsymbol{B}_{ij}$。如果 A 和 B 中有一个为标量，则该标量与另一个矩阵的每个元素相乘。

3. 除法运算

MATLAB 有两种除法运算：左除和右除。

矩阵除法运算符分别为\和/。假定有两个矩阵 $\boldsymbol{A}$ 和 $\boldsymbol{B}$，$\boldsymbol{A}\backslash\boldsymbol{B}$ 等效于 $\boldsymbol{A}$ 的逆矩阵左乘 $\boldsymbol{B}$ 矩阵，即 inv($\boldsymbol{A}$)*$\boldsymbol{B}$；而 $\boldsymbol{B}/\boldsymbol{A}$ 等效于 $\boldsymbol{A}$ 的逆矩阵右乘 $\boldsymbol{B}$ 矩阵，即 $\boldsymbol{B}$*inv($\boldsymbol{A}$)。可见，当 $\boldsymbol{A}$ 矩阵为非奇异方阵时，可实现左除和右除运算，但一般 $\boldsymbol{A}\backslash\boldsymbol{B}\neq\boldsymbol{B}/\boldsymbol{A}$。对于含有标量的除法运算，两种情况运算结果相同，例如 3/4 和 4\3 都等于 0.75。

元素群除法运算又称为点除运算，运算符分别为.\和./。要求两个矩阵 $\boldsymbol{A}$ 和 $\boldsymbol{B}$ 维数相同，$\boldsymbol{A}.\backslash\boldsymbol{B}$ 表示用 $\boldsymbol{B}$ 的每个元素除以 $\boldsymbol{A}$ 的对应元素，$\boldsymbol{A}./\boldsymbol{B}$ 表示用 $\boldsymbol{A}$ 的每个元素除以 $\boldsymbol{B}$ 的对应元素。

4．幂运算

矩阵的幂运算可表示为 ***A***^x，称为矩阵 ***A*** 的 x 次幂。这里要求 ***A*** 为方阵，x 为标量。若 x 是正数，***A***^x 为矩阵 ***A*** 自乘 x 次；若 x 是负数，则先求 ***A*** 的逆矩阵，然后将其自乘 x 次。

元素群幂运算可表示为 ***A***.^x，又称为点幂运算。这里要求 ***A*** 和 x 是同维矩阵。运算规则是计算 ***A*** 中每个元素在 x 中对应指数的幂。

【例 2-15】 算术运算示例。

```
>> A=eye(3); B=magic(3)
B =
     8     1     6
     3     5     7
     4     9     2
>> C=A+B
C =
     9     1     6
     3     6     7
     4     9     3
>> D=B-1
D =
     7     0     5
     2     4     6
     3     8     1
>> E=A\B                              %左除运算
E =
     8     1     6
     3     5     7
     4     9     2
>> F=A*2
F =
     2     0     0
     0     2     0
     0     0     2
>> G=B.^-1                            %计算矩阵各元素的倒数
G =
    0.1250    1.0000    0.1667
    0.3333    0.2000    0.1429
    0.2500    0.1111    0.5000
>> H=A.*B                             %点乘运算
H =
     8     0     0
     0     5     0
     0     0     2
```

2.3.2 关系运算符

MATLAB 提供了 6 种关系运算符，如表 2-4 所示。关系运算用来判断两个运算对象的数值大小。需要注意的是关系运算符的书写方法与数学符号不尽相同。例如，等于运算符在 MATLAB 中用==表示，而数学符号中的等号（=）在 MATLAB 中表示赋值运算。

表 2-4　关系运算符

运 算 符	含　义	运 算 符	含　义
>	大于	<=	小于或等于
>=	大于或等于	==	等于
<	小于	~=	不等于

关系运算符的运算规则如下：

（1）两个参与比较的量是标量时，直接比较两个量的大小。若关系式成立，比较结果为真，返回值为 1；否则为 0。

（2）当参与比较的量是两个维数相同的矩阵时，对两个矩阵相同位置的元素按标量关系运算规则逐个进行比较，并给出元素比较结果，最终得到一个维数与原矩阵相同的矩阵，它的元素由 0 和 1 组成。

（3）当参与比较的一个是标量而另一个是矩阵时，则把标量与矩阵的每一个元素按标量关系运算规则逐个比较，并给出元素比较结果，得到一个维数与原矩阵相同的矩阵，它的元素由 0 和 1 组成。

【例 2-16】 关系运算示例。

```
>> A=[1 -5 3 6];B=[0 2 3 4];
>> A~=B
ans =
  1×4 logical 数组
   1   1   0   1
>> A>B
ans =
  1×4 logical 数组
   1   0   0   1
>> C=A==B                  %关系运算符的优先级高于赋值运算符
C =
  1×4 logical 数组
   0   0   1   0
```

【例 2-17】 生成 3 阶魔方矩阵，将矩阵中被 3 整除的元素标记为 1，将其余元素标记为 0。

```
>> A=magic(3)
A =
     8     1     6
     3     5     7
     4     9     2
>> B=(rem(A,3)==0)          %rem 为求余数函数
B =
  3×3 logical 数组
   0   0   1
   1   0   0
   0   1   0
```

这里，rem(A,3)是对矩阵 A 的每个元素除以 3 得到的余数矩阵。0 被扩展为与 A 同维的全 0 矩阵，B 是进行是否相等比较的结果矩阵。

2.3.3 逻辑运算符

MATLAB 中的逻辑运算符如表 2-5 所示。逻辑运算的功能是判断参与比较的两个对象之间的某种逻辑关系。

表 2-5 逻辑运算符

运 算 符	含 义	运 算 符	含 义
&	与	~	非
|	或		

逻辑运算的运算规则如下：

（1）逻辑运算中的逻辑量只能取 0 和 1 两个值，0 表示零元素，1 表示非零元素。逻辑运算结果也仍然只有逻辑量 0 和 1。0 表示逻辑为假，1 表示逻辑为真。

（2）当参与逻辑运算的是两个标量 a 和 b 时：

- 逻辑与运算 a&b：只有 a、b 全为非零时，运算结果为 1；否则为 0。
- 逻辑或运算 a|b：a,b 中只要有一个为非零，运算结果即为 1。
- 逻辑非运算~a：a 为零时，运算结果为 1；a 为非零时，运算结果为 0。

（3）当参与逻辑运算的是两个同维矩阵时，运算将对矩阵相同位置上的元素按标量规则逐个进行。运算结果是一个与原矩阵同维的矩阵，其元素由 1 和 0 组成。

（4）当参与逻辑运算的一个是标量而另一个是矩阵时，运算将在标量与矩阵中的每个元素之间按标量规则逐个进行。运算结果是一个与矩阵同维的矩阵，其元素由 1 和 0 组成。

除了这些逻辑运算符，MATLAB 还提供了内部函数 xor(x,y)，用于实现异或运算。其逻辑功能是：当 x 与 y 不同时，返回 1；当 x 与 y 相同时，返回 0。

【例 2-18】 逻辑运算示例。

```
>> A=linspace(1,10,5)
A =
    1.0000    3.2500    5.5000    7.7500    10.0000
>> B=A>2&A<5
B =
  1×5 logical 数组
   0   1   0   0   0
>> C=A|~A
C =
  1×5 logical 数组
   1   1   1   1   1
```

2.3.4 运算符的优先级

MATLAB 可以通过算术运算符、关系运算符和逻辑运算符的任意组合构建表达式。在表达式中，算术运算符的优先级最高，其次是关系运算符，最后是逻辑运算符。运算符的优先级用来确定 MATLAB 计算表达式时的运算顺序，即从高优先级至低优先级依次进行运算，而同一优先级的运算按照从左至右的顺序进行。在必要时，可以通过加括号的方式改变运算顺序。表 2-6 给出了 MATLAB 的运算符优先级，1 为最高优先级，8 为最低优先级。

表 2-6　MATLAB 的运算符优先级

<table>
<tr><th>优 先 级</th><th>运 算 符</th><th>优 先 级</th><th>运 算 符</th></tr>
<tr><td>1</td><td>()</td><td>5</td><td>:</td></tr>
<tr><td>2</td><td>'、^、.^</td><td>6</td><td><、<=、>、>=、==、~=</td></tr>
<tr><td>3</td><td>+、−、~</td><td>7</td><td>&</td></tr>
<tr><td>4</td><td>.*、./、.\、*、/、\</td><td>8</td><td>|</td></tr>
</table>

在书写表达式时，建议采用括号分级的方式明确运算的先后顺序，避免因优先级出现歧义造成运算错误。

2.4　矩阵运算函数

2.4.1　常用数学函数

在利用 MATLAB 进行科学计算时，常用到一些数学函数，如三角函数、指数函数、对数函数、取整函数等。当函数输入变量为矩阵时，遵循元素群运算规则将函数作用于矩阵的每个元素，输出一个与输入变量同维的矩阵。表 2-7 列出了常用数学函数及功能。

表 2-7　常用数学函数及功能

函数类型	函　数	功　能	函数类型	函　数	功　能
三角函数	sin	正弦	三角函数	atanh	反双曲正切
	cos	余弦		acoth	反双曲余切
	tan	正切	指数函数	exp	自然常数的幂
	cot	余切		pow2	2 的幂
	asin	反正弦		sqrt	平方根
	acos	反余弦	对数函数	log	以 e 为底的对数
	atan	反正切		log10	以 10 为底的对数
	acot	反余切		log2	以 2 为底的对数
	sinh	双曲正弦	取整函数	round	四舍五入取整
	cosh	双曲余弦		fix	向零方向取整
	tanh	双曲正切		floor	向−∞方向取整
	coth	双曲余切		ceil	向+∞方向取整
	asinh	反双曲正弦	复数函数	abs	复数的模
	acosh	反双曲余弦		angle	复数的相角

续表

函数类型	函　数	功　能	函数类型	函　数	功　能
复数函数	real	复数的实部	求余数函数	rem	无符号求余数
	imag	复数的虚部		mod	有符号求余数

需要说明的是：

（1）MATLAB 的三角函数输入采用弧度制，使用时需要将度数转换为弧度数，转换公式为：弧度数=2*pi*(度数/360)。

（2）求余数函数 rem 和 mod 的区别：rem(x,y)返回的结果与 x 具有相同的符号，而 mod(x,y)返回的结果与 y 具有相同的符号。如果 x 和 y 有相同的符号，则 rem(x,y)和 mod(x,y)结果相同。

【例 2-19】 产生 5 阶随机方阵 A，其元素为[10,90]区间的随机整数。

```
>> X=rand(5)
X =
    0.2760    0.4984    0.7513    0.9593    0.8407
    0.6797    0.9597    0.2551    0.5472    0.2543
    0.6551    0.3404    0.5060    0.1386    0.8143
    0.1626    0.5853    0.6991    0.1493    0.2435
    0.1190    0.2238    0.8909    0.2575    0.9293
>> A=fix((90-10+1)*A+10)
A =
    71    67    76    45    49
    70    12    66    40    46
    41    32    35    72    62
    63    13    86    74    67
    23    17    12    25    71
```

【例 2-20】 计算表达式 $\frac{\sin 25^\circ}{\sqrt{6}+e^2}$ 的值。

```
>> x=sin(25*pi/180)/(sqrt(6)+exp(2))
x =
    0.0430
```

2.4.2 矩阵分析函数

1. 基本数据分析函数

MATLAB 的基本数据分析功能按列向进行，待处理数据矩阵按列向分类。一行元素表示数据的一个样本。下面介绍一些常用的数据分析函数。

1）最大值和最小值

MATLAB 提供了 max 和 min 函数分别用于求取最大值和最小值，下面针对不同的处理对象介绍这两个函数的调用方法。

求取向量的最大值和最小值时，max 和 min 函数的调用格式如下：

- y=max(x)：x 的最大值赋给 y。如果 x 中含复数元素，按模取最大值。
- [y,I]=max(x)：x 的最大值赋给 y，最大值所在位置信息赋给 I。
- min 函数用于求取向量的最小值，用法同 max 函数。

求取矩阵的最大值和最小值时，max 和 min 函数的调用格式如下：

- Y= max(A)：返回行向量 Y，记录矩阵 A 中每列元素的最大值。
- [Y,K]=max(A)：返回行向量 Y 和 K，Y 记录矩阵 A 中每列元素的最大值，K 记录每列最大元素的行号。
- [Y,K]=max(A,[],dim)：dim=1 时，功能同 max(A)；dim=2 时，返回列向量 Y 和 K，Y 记录矩阵 A 中每行元素的最大值，K 记录每行最大元素的列号。
- min 函数用于求取矩阵的最小值，用法同 max 函数。

对于相同维数的向量或矩阵，可以利用 max 和 min 函数进行对应元素的比较，调用格式如下：

- Y=max(A,B)：A、B、Y 是相同维数的向量或矩阵，Y 中各元素等于 A、B 对应元素的较大者。
- Y=max(A,n)：n 是一个标量，Y 是与 A 相同维数的向量或矩阵，Y 中各元素等于 A 对应元素和 n 两者中的较大者。
- min 函数用法同 max 函数。

【例 2-21】 产生一个 3 阶魔方矩阵，先将矩阵中元素小于 3 的数替换为 3，再求矩阵每行和每列的最大值，并求整个矩阵的最大值。

```
>> A=magic(3)
A =
     8     1     6
     3     5     7
     4     9     2
>> B=max(A,3)                %小于 3 的数替换成 3
B =
     8     3     6
     3     5     7
     4     9     3
>> C=max(B,[],2)             %求每行的最大值
C =
     8
     7
     9
>> D=max(B)                  %求每列的最大值
D =
     8     9     7
>> E=max(max(B))             %求矩阵的最大值
E =
     9
>> F=max(B(:))               %功能同 E
F =
     9
```

2）平均值和中值

MATLAB 提供了 mean 和 median 函数分别用于求取平均值和中值。平均值指的是算术平均值，即各项数据之和除以项数。中值指的是在数据的有序序列中位于中间的元素。如果数据个数为奇数，则中值为位于中间的元素；如果数据个数为偶数，则取中间两个元素的平均值。下面针对不同的处理对象介绍函数的调用方法。

- y= mean(x)：将向量 x 的算术平均值赋给 y。
- Y= mean(A)：返回行向量 Y，记录矩阵 A 中各列元素的平均值。
- Y=mean(A, dim)：dim=1 时，功能同 mean(A)；dim=2 时，返回列向量 Y，记录矩阵 A 中每行元素的平均值。
- y= median(x)：将向量 x 的中值赋给 y。
- Y= median(A)：返回行向量 Y，记录矩阵 A 中各列元素的中值。
- Y=median(A, dim)：dim=1 时，功能同 median(A)；dim=2 时，返回列向量 Y，记录矩阵 A 中每行元素的中值。

【例 2-22】 产生一个 3 阶魔方矩阵，并计算各列、各行的平均值和中值。

```
>> A=magic(3)
A =
     8     1     6
     3     5     7
     4     9     2
>> mean(A)                    %矩阵各列的平均值
ans =
     5     5     5
>> mean(A,2)                  %矩阵各行的平均值
ans =
     5
     5
     5
>> median(A)                  %矩阵各列的中值
ans =
     4     5     6
>> median(A,2)                %矩阵各行的中值
ans =
     6
     5
     4
```

3）标准差和方差

方差是指各样本值与全体样本值平均数之差的平方的平均值，标准差是指方差的算术平方根，这两个统计量用于衡量数据的离散程度。对于具有 N 个元素的数据序列 $x_1, x_2, \cdots,$ x_N，标准差可由下列两个公式计算：

$$s_1 = \left(\frac{1}{N} \sum_{i=1}^{N} (x_i - \bar{x})^2 \right)^{\frac{1}{2}}$$

或

$$s_2 = \left(\frac{1}{N-1} \sum_{i=1}^{N} (x_i - \overline{x})^2 \right)^{\frac{1}{2}}$$

上面两个公式的含义是：在对总体数据进行统计分析时，标准差被 N 归一化；而在对样本数据进行统计分析时，标准差被 $N-1$ 归一化。

MATLAB 提供了 std 和 var 函数分别用于求取标准差和方差。下面针对不同的处理对象介绍函数的调用方法。

- std(x)：返回向量 x 的标准差。
- std(A)：返回一个行向量，其各元素是矩阵 A 各列的标准差。
- std(A,flag,dim)：dim=1 时，求各列元素的标准差；dim=2 时，求各行元素的标准差。flag=0 时，标准差被 $N-1$ 归一化；flag=1 时，标准差被 N 归一化。
- var(x)：返回向量 x 的方差。
- var(A,w,dim)：计算 A 的维度 dim 上的方差。w= 0 时，使用 $N-1$ 进行默认归一化；w=1 时，使用 N 进行归一化。

【例 2-23】 标准差和方差的计算。

```
>> A=[8,3,6;1,3,5;7,0,4]
A =
     8     3     6
     1     3     5
     7     0     4
>> std(A)                                  %矩阵各列的标准差，被 N-1 归一化
ans =
    3.7859    1.7321    1.0000
>> sqrt(var(A))                            %标准差是方差的平方根
ans =
    3.7859    1.7321    1.0000
>> std(A,1,1)                              %矩阵各列的标准差，被 N 归一化
ans =
    3.0912    1.4142    0.8165
>> sqrt(var(A,1,1))
ans =
    3.0912    1.4142    0.8165
```

2. 常用矩阵分析函数

1）矩阵的逆

对于矩阵 $\boldsymbol{A}$，如果存在与其同阶的矩阵 $\boldsymbol{B}$，使得 $\boldsymbol{AB}=\boldsymbol{BA}=\boldsymbol{I}$（$\boldsymbol{I}$ 为单位矩阵），则称矩阵 $\boldsymbol{A}$ 可逆，并称 $\boldsymbol{B}$ 为 $\boldsymbol{A}$ 的逆矩阵。在 MATLAB 中，求矩阵的逆矩阵可调用函数 inv。当矩阵 $\boldsymbol{A}$ 为非方阵或者是奇异矩阵时，没有逆矩阵，但可以找到一个与 $\boldsymbol{A}$ 的转置矩阵 $\boldsymbol{A}^{\mathrm{T}}$ 维数相同的矩阵 $\boldsymbol{B}$，使得 $\boldsymbol{ABA}=\boldsymbol{A}$，$\boldsymbol{BAB}=\boldsymbol{B}$，这时称 $\boldsymbol{B}$ 为 $\boldsymbol{A}$ 的伪逆，也称为广义逆矩阵。在 MATLAB 中，求矩阵伪逆可调用函数 pinv。

【例 2-24】 求解下列线性方程组。

$$\begin{cases} -x_1 + x_2 + 2x_3 = 2 \\ 3x_1 - x_2 + x_3 = 6 \\ -x_1 + 3x_2 + 4x_3 = 4 \end{cases}$$

可以利用矩阵求逆方法求解线性方程组。根据线性代数知识，可将上述方程组改写为矩阵方程形式，即 $\boldsymbol{Ax}=\boldsymbol{b}$，其中，$\boldsymbol{A}$ 和 $\boldsymbol{b}$ 分别为

$$\boldsymbol{A} = \begin{bmatrix} -1 & 1 & 2 \\ 3 & -1 & 1 \\ -1 & 3 & 4 \end{bmatrix} \quad \boldsymbol{b} = \begin{bmatrix} 2 \\ 6 \\ 4 \end{bmatrix}$$

将矩阵方程两边同时左乘 $\boldsymbol{A}^{-1}$，可得 $\boldsymbol{x}=\boldsymbol{A}^{-1}\boldsymbol{b}$。MATLAB 命令如下：

```
>> A=[-1,1,2;3,-1,1;-1,3,4];
>> b=[2;6;4];
>> x=inv(A)*b
x =
    1.0000
   -1.0000
    2.0000
```

线性方程组的求解还可以利用矩阵左除运算实现，MATLAB 命令如下：

```
>> A=[-1,1,2;3,-1,1;-1,3,4];
>> b=[2;6;4];
>> x=A\b
x =
    1.0000
   -1.0000
    2.0000
```

2）矩阵的行列式

矩阵 $\boldsymbol{A}=\{a_{ij}\}_{n\times n}$ 的行列式定义如下：

$$|\boldsymbol{A}| = \sum_{k=1}^{n} (-1)^k a_{1k_1} a_{2k_2} \cdots a_{nk_n}$$

其中，$k_1, k_2, \cdots, k_n$ 是将序号为 $1, 2, \cdots, n$ 的元素次序交换 k 次所得的序号序列。MATLAB 提供了 det 函数用于计算矩阵的行列式。

【例 2-25】 计算矩阵的行列式。

```
>> A=rand(4)
A =
    0.8147    0.6324    0.9575    0.9572
    0.9058    0.0975    0.9649    0.4854
    0.1270    0.2785    0.1576    0.8003
    0.9134    0.5469    0.9706    0.1419
>> B=det(A)
B =
   -0.0261
```

3）矩阵的秩和迹

矩阵线性无关的行数与列数称为矩阵的秩。MATLAB 提供了 rank 函数用于计算矩阵的秩。

矩阵的迹等于矩阵的对角线元素之和，也等于矩阵的特征值之和。MATLAB 提供了 trace 函数用于计算矩阵的迹。

【例 2-26】 利用秩的计算判断矩阵是否可逆。

程序如下：

```
A=magic(4)
if rank(A)==4
     disp('A is invertible')      %disp函数的功能是显示文本或变量的值
else
     disp('A is not invertible')
end
```

这里的 if 语句是一种典型的条件控制语句，具体调用方法详见 2.6.2 节。

输出结果：

```
A =
    16     2     3    13
     5    11    10     8
     9     7     6    12
     4    14    15     1
A is not invertible
```

4）矩阵的特征值和特征向量

假设 $\boldsymbol{A}$ 是一个 n 阶矩阵，λ 是一个实数，如果能够找到一个非零向量 $\boldsymbol{x}$，满足

$$\boldsymbol{A}\boldsymbol{x}=\lambda\boldsymbol{x}$$

则称 λ 是矩阵 $\boldsymbol{A}$ 的特征值，$\boldsymbol{x}$ 是矩阵 $\boldsymbol{A}$ 的特征向量。

MATLAB 提供了 eig 函数用于计算矩阵的特征值和特征向量。常用的调用格式如下：

- E=eig(A)：求矩阵 A 的全部特征值，构成向量 E。
- [V,D]=eig(A)：对矩阵 A 作相似变换后，求 A 的全部特征值，构成对角阵 D，并求 A 的特征向量构成 V 的列向量。
- [V,D]=eig(A,'nobalance')：求矩阵 A 的特征值，构成对角阵 D，并求 A 的特征向量构成 V 的列向量。

【例 2-27】 矩阵特征值和特征向量的计算。

```
>> A=[0.8 0.2;0.2 0.8]
A =
    0.8000    0.2000
    0.2000    0.8000
>> [V,D]=eig(A)
V =
   -0.7071    0.7071
    0.7071    0.7071
D =
```

```
    0.6000         0
         0    1.0000
>> V*V'                    %正交矩阵
ans =
    1.0000    0.0000
    0.0000    1.0000
```

2.5 字符串处理

1. 字符串的创建

字符串可以由单引号创建，即将字符串的内容用单引号包含起来。若字符串内容中含有单引号，需在输入字符串内容时连续输入两个单引号。

在创建多行字符串时，可将字符串的内容写在[]内，但要求多行字符串的长度必须相同；也可将字符串的内容写在{}内，这时多行字符串的长度可以不同。

【例 2-28】 字符串的创建。

```
>> str1 = 'Hello, world'
str1 =
     'Hello, world'
>> str2 = 'Isn''t it?'
str2 =
     'Isn't it?'
>> str3 = ['Gemini','Apollo';'Skylab ','Mercury']
str3 =
   2×14 char 数组
     'Gemini Apollo '
     'Skylab Mercury'
>> str4 = {'Gemini','ISS';'Skylab','Mercury'}
str4 =
   2×2 cell 数组
     {'Gemini'}    {'ISS'     }
     {'Skylab'}    {'Mercury'}
```

字符串的存储方式是，每一个字符都以其 ASCII 码的形式存放于行向量中。利用 abs 函数可以获取字符串对应的 ASCII 码。

【例 2-29】 创建字符串'我爱 MATH'，利用 abs 函数获取该字符串的值，并求取字符串的长度。

```
>> A='我爱MATH'
A =
    '我爱MATH'
>> abs(A)
ans =
       25105      29233          77          65          84          72
>> size(A)    %返回行数和列数
```

```
ans =
     1     6
```

setstr 函数可以实现 abs 命令的逆向变换，将 ASCII 码值转换成字符，具体调用方法如下：

```
>> setstr(abs(A))
ans =
      '我爱MATH'
```

2. 字符串处理函数

MATLAB 提供了很多字符串处理函数，如表 2-8 所示。

表 2-8　字符串处理函数及功能

函数	功　能	函数	功　能
char	将数值按 ASCII 码表映射成字符	strcat	字符串的水平连接
num2str	将数值转换成字符串	strvcat	字符串的垂直连接
int2str	将整数转换成字符串	strcmp	比较字符串
mat2str	将矩阵转换成字符串	blanks	生成空字符串
double	将字符串转换成 ASCII 码数值	deblank	删除字符串尾部空格
str2mat	将字符串转换成文本矩阵	ischar	判断变量是否为字符类型
str2num	将字符串转换成数值	strjust	对齐排列字符串
upper	将字符串转换成大写形式	strmatch	查询匹配的字符串
lower	将字符串转换成小写形式	strrep	替换字符串中的子串

【例 2-30】 字符串处理示例。

```
>> A=67;
>> char(A)
ans =
      'C'
>> num2str(A)
ans =
      '67'
>> double('您好！')
ans =
      24744       22909       65281
>> a = 'Hello';
>> b = 'BEIJING!';
>> strcat(a,b)              %字符串的水平连接
ans =
      'HelloBEIJING!'
>> strvcat(a,b)             %字符串的垂直连接
ans =
    2×8 char 数组
      'Hello   '
      'BEIJING!'
```

3. 字符串语句的执行

MATLAB 提供了 eval 函数用于执行以字符串为内容的语句。该函数的调用格式如下：

- eval(expression)：expression 为含有有效 MATLAB 表达式的字符串。
- [output1,…,outputN]=eval(expression)：字符串语句执行后存储所有的输出。

【例 2-31】 字符串语句执行示例。

```
>> s=['a=5  ';'b=2  ';'c=a+b']    %垂直连接时，如字符串长度不同，需增加空格补齐
s =
   3×5 char 数组
     'a=5  '
     'b=2  '
     'c=a+b'
>> for k=1:3
      eval(s(k,:)),
   end
a =
     5
b =
     2
c =
     7
```

由此例可见，利用 for 循环和 eval 函数的结合，可以实现字符串语句的批量处理。

4. 字符串的输入输出

1）输入语句

MATLAB 提供了 input 函数用于通过键盘输入数值、字符串或表达式并以 Enter 键将输入内容送入工作空间。该函数的调用格式如下：

- v=input('message')：将用户输入的内容赋值给变量 v。
- v=input('message','s')：将用户输入的内容作为字符串赋值给变量 v。

【例 2-32】 数据输入示例。

```
>> x=input('please input a number:')
please input a number:10
x =
     10
>> y=input('please input a number:','s')
please input a number:10
y =
     '10'
>> x+1
ans =
     11
>> y+1
ans =
     50    49
```

2）输出语句

MATLAB 常用的输出语句包括自由格式输出语句（disp 函数）和格式化输出语句（sprintf 函数）。函数具体调用格式如下：

- disp('x')：显示引号内的字符串。
- disp(x)：显示变量的值。
- sprintf(formatSpec,A_1,A_2,⋯,A_n)：按照 formatSpec 定义的格式规范将列向量 A_1 至 A_n 中的数据转换成字符。

sprintf 函数可将字符串和变量值显示在同一行上，并可将数据按要求的格式转换为字符串，与需要显示的字符串组装成长字符串。下面具体说明格式运算符的定义方法：

- %d 输出整数，例如%4d 表示输出长度为 4 的整数，不足的长度用空格补充。
- %f 输出浮点数，例如%6.2f 表示输出总长度为 6，小数点后保留两位的浮点数。
- %s 输出字符串。

【例 2-33】 数据输出示例。

```
>> disp(pi)
   3.1416
>> disp('pi')
pi
>> sprintf('圆周率 pi=%9.5f',pi)
ans =
    '圆周率 pi=  3.14159'          %不足的长度用空格补足
```

这里，%表示数据格式符，f 表示十进制浮点，9.5 表示数字的总长度为 9 位，小数点后有 5 位，数据长度不足时用空格补足。

2.6 程序控制结构

在程序执行过程中，各语句的执行顺序对程序的运行结果有着直接的影响。MATLAB 针对程序的流程控制提供了 3 种基本结构：顺序结构、选择结构和循环结构。任何复杂的程序都可由这 3 种结构构成。

2.6.1 顺序结构

顺序结构是指按照自上而下的顺序依次执行程序中语句，中间没有任何判断和跳转。顺序结构是最简单的一种程序结构，只需按照解决问题的顺序编写相应的语句即可。

【例 2-34】 从键盘输入一个正实数 x，分别输出 x 的整数部分和小数部分。

程序如下：

```
x= input('Please input a number:');
m =floor(x);
n=x-m;
sprintf('整数部分为%d',m)
```

```
sprintf('小数部分为%f',n)
```

输出结果：

```
Please input a number:20.6
ans =
    '整数部分为 20'
ans =
    '小数部分为 0.600000'
```

该程序中各语句按其出现的先后顺序执行，是一个典型的顺序结构程序。通过输入、计算、输出 3 个步骤实现指定功能。

2.6.2 选择结构

选择结构是指根据给定条件是否成立决定程序执行流程的程序结构。MATLAB 提供了 if 语句、switch 语句和 try 语句用于实现选择结构。

1. if 语句

if 语句有 3 种格式。

（1）单分支 if 语句，格式如下：

```
if  表达式
     语句组
end
```

当表达式成立时，执行语句组，执行完后继续执行 if 语句后面的语句；当表达式不成立时，直接执行 if 语句后面的语句。

（2）双分支 if 语句，格式如下：

```
if  表达式 1
      语句组 1
else
      语句组 2
end
```

当表达式 1 成立时，执行语句组 1；否则执行语句组 2。语句组 1 或 2 执行后，再执行 if 语句后面的语句。

（3）多分支 if 语句，格式如下：

```
if  表达式 1
     语句组 1
elseif  表达式 2
     语句组 2
     …
elseif  表达式 m
     语句组 m
```

```
else
    语句组 n
end
```

当表达式 1 成立时，执行语句组 1；否则判断表达式 2，成立时执行语句组 2；以此类推。当 if 和 elseif 的表达式都不成立时，执行 else 后的语句（即语句组 n）。

【例 2-35】 已知函数 $y=\begin{cases} x^2, & x<-1 \\ e^x, & -1\leqslant x<1 \\ \sqrt{x}, & 1\leqslant x \end{cases}$，编写 if 语句，对任意一组 x 值计算相应的 y 值。

程序如下：

```
x=input('请输入任意一组值:');
n=length(x);
for k=1:n
    if x(k)<-1
         y(k)=x(k)^2;
    elseif x(k)>=1
         y(k)=sqrt(x(k));
    else
         y(k)=exp(x(k));
    end
end
y
```

输出结果：

```
请输入任意一组值:[-2 0 2]
y =
    4.0000    1.0000    1.4142
```

2. switch 语句

switch 语句的功能是根据表达式的值分别执行不同的语句。与多分支的 if 语句相比，switch 语句主要用于条件多且类型单一的情况。

switch 语句格式如下：

```
switch  表达式
   case   表达式 1
      语句组 1
   case   表达式 2
      语句组 2
      …
   case   表达式 m
      语句组 m
   otherwise
```

```
    语句组 n
end
```

当表达式的值等于表达式 1 的值时，执行语句组 1；当表达式的值等于表达式 2 的值时，执行语句组 2……当表达式的值等于表达式 m 的值时，执行语句组 m，当表达式的值不等于 case 所列的表达式的值时，执行语句组 n。当任意一个分支的语句组执行完后，直接执行 switch 语句后面的语句。

【例 2-36】 某商场对顾客所购买的商品实行打折销售，标准如下（商品价格用 price 表示）：

price<200	没有折扣
200≤price<500	3%折扣
500≤price<1000	5%折扣
1000≤price<2500	8%折扣
2500≤price<5000	10%折扣
5000≤price	14%折扣

编写 switch 语句，要求输入所售商品的价格，能够计算出实际销售价格。

程序如下：

```
price= input('Please input a number:');
switch fix(price/100)
  case {0,1}                  % 无折扣
    rate=0;
  case {2,3,4}                % 3%折扣
    rate=0.03;
  case num2cell(5:9)          % 5%折扣
    rate=0.05;
  case num2cell(10:24)        % 8%折扣
    rate=0.08;
  case num2cell(25:49)        % 10%折扣
    rate=0.1;
  otherwise                   % 14%折扣
    rate=0.14;
end
price=price*(1-rate)
```

输出结果：

```
Please input a number:180
price =
   180
Please input a number:300
price =
   291
Please input a number:520
price =
   494
Please input a number:1200
```

```
price =
   1104
```

3. try 语句

try 语句主要用于检测和处理程序中可能存在的错误，其格式如下：

```
try
     语句组 1
catch
     语句组 2
end
```

当执行语句组 1 发生错误时，才执行语句组 2。这时，可通过调用 lastenrr 函数查询出错的原因。如果函数 lasterr 的运行结果为空字符串，则表示语句组 1 成功运行。当执行语句组 2 又发生错误时，结束 try 语句的运行。

【例 2-37】 计算两个矩阵的乘积，若出错则计算两个矩阵的点乘。

程序如下：

```
A=[1,2,3;4,5,6];B=[7,8,9;10,11,12];
try
C=A*B
catch
C=A.*B
lasterr    %显示出错原因
end
```

输出结果：

```
C =
    7    16    27
   40    55    72
ans =
    '错误使用  *
     用于矩阵乘法的维度不正确。请检查并确保第一个矩阵中的列数与第二个矩阵中的行数匹配。
要执行按元素相乘，请使用 '.*'。'
```

2.6.3 循环结构

循环结构是指需要在程序中重复执行某个功能的结构。MATLAB 提供了 for 语句和 while 语句用于构建循环结构，两者的主要区别在于结构形式、执行条件的判断方式和循环次数的确定性。

1. for 语句

for 语句中设定了循环体的重复执行次数，即最大迭代次数。其格式如下：

```
for 循环变量=表达式 1:表达式 2:表达式 3
    循环体语句
end
```

表达式 1 的值为循环变量初值，表达式 2 的值为步长，表达式 3 的值为循环变量终值。步长为 1 时，表达式 2 可以省略。在执行 for 语句时，先为循环变量赋初值，然后执行循环体语句，同时将循环变量加上增量（步长）后与终值比较，如果不大于终值，则跳回 for 语句的入口，再次执行循环体语句，同时将循环变量继续加上增量后与终值比较，如果不大于终值，继续执行循环体语句，如此循环，直到循环变量大于终值，跳出循环，执行 end 后面的语句。

循环变量还可以是数组，循环体语句被执行的次数等于数组的列数。格式如下：

```
for 循环变量=数组
     循环体语句
end
```

例如，程序如下：

```
n=5:-1:1;
for i=n
     i
end
```

输出结果：

```
i =
     5
i =
     4
i =
     3
i =
     2
i =
     1
```

注意：在 for 语句中，如循环体语句末尾带有分号，可以隐藏循环执行过程中的输出。

for 语句还可以嵌套使用，例如：

```
for i=1:3
    for j=3:-1:1
        y(i,j)=i*j;
    end
end
y
```

输出结果：

```
y =
     1     2     3
```

```
      2     4     6
      3     6     9
```

【例 2-38】 编写 for 语句，计算 1+2+…+100 的结果，即 $\sum_{i=1}^{100} i$ 。

程序如下：

```
sum =0;
for i = 1:1:100
     sum = sum + i;
end
sum
```

输出结果：

```
sum =
        5050
```

2. while 语句

while 语句主要用于循环次数不确定时通过条件语句判断循环体是否执行。其格式如下：

```
while  条件
        循环体语句
end
```

当条件成立时，执行循环体语句，执行后再判断条件是否成立，如果条件成立，继续执行循环体语句，如此循环，直到条件不成立时跳出循环。

【例 2-39】 编写 while 语句，计算斐波那契数列中第一个大于 9999 的元素。斐波那契数列的元素满足如下规则：$a_{k+2}=a_k+a_{k+1}(k=1,2,3,\cdots)$，$a_1=a_2=1$。

程序如下：

```
a(1)= 1; a(2)= 1;
i=2;
while a(i)<10000
      a(i+1)= a(i) + a(i-1);
      i = i + 1;
end
disp([i a(i)])
```

输出结果：

```
21      10946
```

3. break 语句和 continue 语句

break 语句和 continue 语句主要用于循环结构中程序执行的中断和跳出。break 语句用于终止执行循环，即不执行循环体中 break 语句的后续语句，完全退出循环。若为嵌套循环，则 break 语句仅从它所在的内层循环中退出，继续执行外层循环。continue 语句用于跳过循环体中的剩余语句，并开始下一次循环迭代。在嵌套循环中，continue 语句仅跳过当前循环体中的剩余语句。

由上可见，break 语句和 continue 语句的区别在于：break 语句完全退出循环；continue 语句仅退出本次循环，继续进行下一次循环。

【例 2-40】 求 1～100 的素数之和。

程序如下：

```
sum=2;
for i=3:100
    for j=2:i-1
        if mod(i,j)==0
           s=0;
           break
        else
           s=1;
        end
    end
    if s==0
       continue
    end
       sum=sum+i;
end
sum
```

输出结果：

```
sum =
        1060
```

2.7 M 文件的结构与调试

在 MATLAB 中，可以通过两种方式执行指令：一种是基于命令行窗口的交互式命令执行方式；另一种是基于文本文件编辑器的程序执行方式。前一种方式是在命令行窗口的提示符后输入命令，逐句解释执行。这种方式方便、直观，但不便于修改和保存。后一种方式是利用文本文件编辑器将有关指令编写为程序，存储成一个扩展名为.m 的文件，称为 M 文件。M 文件可以包含大量 MATLAB 指令，涵盖循环、递归等操作，还可以调用其他 M 文件，适用于需要重复执行或者较为复杂的操作。本节主要介绍 M 文件的结构与调试方法。

2.7.1 M 文件的结构

M 文件可分为脚本文件和函数文件。

1. 脚本文件

脚本文件是一系列 MATLAB 命令的集合。脚本文件没有输入参数和输出参数，文件的执行按照程序语句的先后顺序进行，运行结果可以在命令窗口显示，也可以通过图形显示，或者保存于数据文件中。脚本文件能对 MATLAB 工作区中的数据进行操作，文件中的变量为全局变量，执行结果全部返回工作区。

脚本文件结构如下：

（1）H1 行。以%开头的第一个注释行。该行通常包括对文件功能的简要描述，可供 lookfor 命令作为关键词进行查询。

（2）帮助文档。紧跟 H1 行，连续以%开头的注释行，通常包括对文件中关键变量的含义说明。

（3）编写和修改记录。应与帮助文档以一个空行相隔。以%开头，记录编写及修改文件的作者、日期及版本号，以便读者查询、修改和使用。

（4）程序主体。程序功能的实现部分，主要由赋值、计算、函数调用、程序流程控制等语句组成。

【例 2-41】 建立一个脚本文件，实现变量 a、b 值的互换。

程序如下：

```
a=ones(2,2);
b=eye(2,2);
c=a;
a=b
b=c
```

将该脚本文件命名为 varch.m。文件保存后，单击菜单栏中的“运行”按钮或在命令行窗口输入文件名 varch，即可执行该脚本文件并得到运行结果。

```
>> varch
```

输出结果：

```
a =
     1     0
     0     1
b =
     1     1
     1     1
```

编写脚本文件时需要注意以下几点：

- 通常以 clear、clear all、close all 等语句开始，其作用是清除工作区中原有的变量和图形，以避免其他已执行程序的残留数据对本程序的影响。
- 注释以%开始，注释语句不执行。
- 程序中必须使用英文字符，只有引号内的内容和%后的内容可用中文。
- 使用省略号“...”拼接多行语句。
- 在赋值和运算语句后添加分号以抑制输出。

2. 函数文件

函数文件是由 function 引导且可以带有输入参数和输出参数的命令集合。函数文件通常要以函数调用的方式运行。函数文件中的变量为局部变量，不存放于工作区中。如需在不同函数间进行参数传递和共享，可通过 global 关键字将变量声明为全局变量。

在文件结构方面，函数文件比脚本文件多了一个函数声明行。除此之外，二者的语法及结构等均相同。函数声明行位于函数文件的首行，以 MATLAB 的关键字 function 开头，定义函数名及函数的输入、输出变量。具体定义格式如下：

```
function[output1,output2,…]=functionname(input1,input2,…)
```

function 为函数定义的关键字，functionname 表示函数名，output1,output2,…表示输出变量，input1,input2,…表示输入变量。函数的输出变量用方括号括起，输入变量用圆括号括起，变量间用逗号隔开。如果只有一个输出变量，可以不加方括号。而当没有输出变量时，方括号和等号都可以省略。

【例 2-42】 编写函数文件，计算半径为 r 的圆的面积和周长，再用脚本文件调用该函数文件。

函数文件：

```
function[s, p]=fcircle(r)
%r:圆半径
%s:圆面积
%p:圆周长
s=pi*r*r;
p=2*pi*r;
```

脚本文件：

```
r = input('Please input r:');
[s , p] = fcircle(r)
```

输出结果：

```
Please input r:1
s =
    3.1416
p =
    6.2832
```

对于函数文件，需要特别说明的是，函数名应与函数文件名一致。

2.7.2 M 文件的调试

程序设计经常会出现各种各样的错误，这就需要通过程序调试逐一查找并修改。M 文件可以在编辑器中以交互方式调试，也可以在命令行窗口中使用调试函数以编程方式调试。

1. 程序错误类型

程序错误大致可以分为 3 类。

（1）语法错误。指违反程序设计语法规则的错误，例如变量命名错误、函数名拼写错误、函数调用格式错误、标点符号缺漏等情况。语法错误是初学者最常犯的错误，比较容易发现。MATLAB 可在运行程序时检测出大部分语法错误，并提示出错信息和出错位置。

（2）逻辑错误。指程序运行的结果有误。这类错误通常源于算法设计中的问题，也就是由于对要解决的问题理解不到位导致程序流程等出错。程序存在逻辑错误时通常都能正常运行，系统不会给出错误提示信息。逻辑错误往往隐蔽性较强，不易查找，需要利用调试工具判断。

（3）异常。指在程序运行过程中由于不满足前置条件或后置条件而造成的程序运行错误，例如被调用的文件不存在、数据传输路径错误、异常的数据输入等。

2. 调试方法

MATLAB 的查错能力很强，当 M 文件存在语法错误或异常时，能够自动标识相应语句的内容和位置，给出错误或警告信息。对于逻辑错误，脚本文件可以直接利用工作区中保存和显示的变量信息进行调试。函数文件在程序执行完后所有局部变量自动消失，可以利用下面介绍的几种方法查看现场数据，进行调试。这里需要特别说明的是，在程序调试前，应先确保程序已保存且该程序及其调用的所有文件均存储于搜索路径或当前文件夹中。

1）直接调试法

直接调试法一般适用于较小规模的程序调试，方法如下：

- 将某些语句末尾的分号改为逗号，显示中间结果作为查错依据。
- 在适当位置加 keyboard 命令。程序运行到该语句时，MATLAB 会暂停程序运行，等待用户输入命令。这时局部变量保存于工作区中，便于检查。调试后，可通过 return 命令恢复程序的运行。
- 在函数定义行前加%，将函数文件变为脚本文件进行初步调试。变量值可通过 input 函数或赋值语句输入。调试好后，重新将文件改为函数文件。

2）工具调试法

工具调试法一般适用于大规模程序的调试。MATLAB 在“编辑器”菜单中提供了图形化的调试工具，如图 2-1 所示。

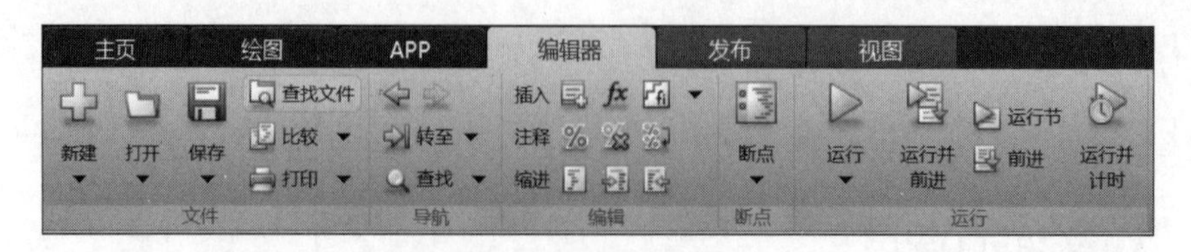

图 2-1 “编辑器”菜单

通过设置断点可使程序运行到某一行时自动停止，以便用户查看和修改工作区中的变量值，判断断点之前的语句逻辑是否正确。可以利用调试工具设置断点，也可以单击程序行左侧的“—”设置断点（“—”将变为红色的圆点）。当用户需要去除断点时，可以单击红色圆点，或者利用相应的调试工具。

除上述标准断点外，还可通过设置条件断点使程序的运行在满足一定条件时自动停止。具体设置方法为：右击要设置条件断点的程序行左侧的“—”，然后选择“设置条件断点”命令。如果该行已存在断点，则选择“设置/修改条件”命令。打开图 2-2 所示的对话框后，输入想要设置的条件（例如 i==6），单击“确定”按钮，断点将由红色变为黄色，即由标准断点变为条件断点。这里的条件是指任何返回逻辑标量值的有效 MATLAB 表达式。

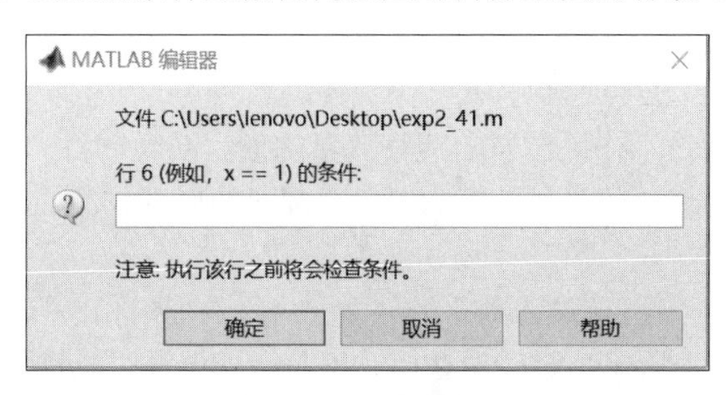

图 2-2　设置条件断点

设置断点后，单击“编辑器”菜单中的“运行”按钮运行程序，程序运行至第一个断点处会自动停止，在断点右侧出现向右指向的绿色箭头。命令行窗口中的命令提示符会由“>>”变为“K>>”，如图 2-3 所示。

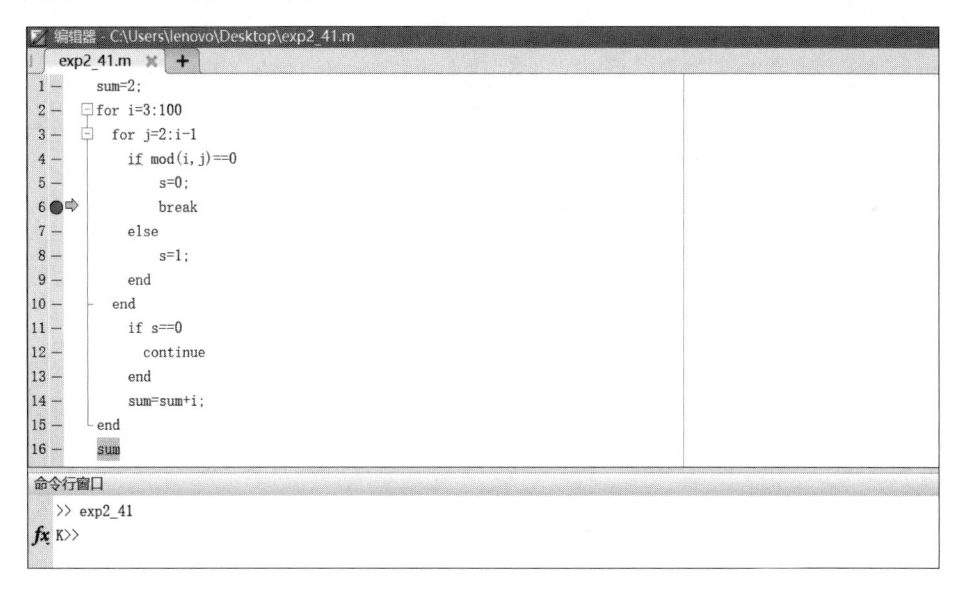

图 2-3　断点调试界面

程序调试状态下的“编辑器”菜单如图 2-4 所示。可以通过“编辑器”菜单下的功能

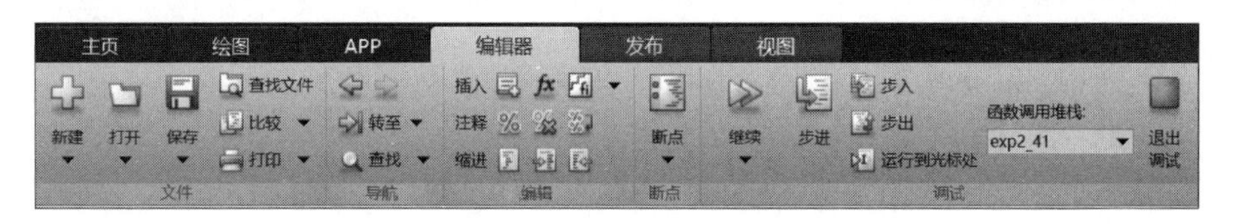

图 2-4　调试状态下的“编辑器”菜单

按钮单步运行程序，逐行检查和判断程序是否正确。

各按钮的功能具体说明如下：

- “继续”：程序运行到下一个断点位置。
- “步进”：用于单步调试程序。
- “步入”：用于进入函数文件内部，单步调试程序。
- “步出”：用于从函数文件跳出，单步调试程序。
- “运行到光标处”：运行到光标所在位置。
- “退出调试”：退出断点调试。

程序调试时，可通过工作区浏览器观察变量的值。同时，将光标停留在要观察的变量上，也会显示出变量的值，但当矩阵太大时，只显示矩阵的维数。

3）调试函数

MATLAB 还提供了一些调试函数，用于程序执行过程的相关显示，设置/清除断点，退出调试等操作，如表 2-9 所示。这些函数提供了与上述调试工具类似的功能。

表 2-9　调试函数及功能

函数	功　能	函数	功　能
dbstop	设置断点	dbcont	恢复运行
dbstatus	显示断点信息	dbstep	从断点处单步运行 M 文件
dbstack	显示调用的堆栈	dbtype	显示 M 文件内容
dbup/dbdown	切换当前工作空间的上、下文	dbquit	退出调试
dbclear	清除断点		

2.8　实验一：MATLAB 程序流程控制设计

2.8.1　实验目的

1. 掌握利用 if 语句实现选择结构的方法。
2. 掌握利用 for 语句、while 语句实现循环结构的方法。

2.8.2　实验内容

注意：*K* 表示学生学号的末 3 位数，*N*=*K*%4+1。以后不再注明。

1. 利用 while 循环和 for 循环分别计算 sum=$\sum_{i=1}^{K} i$ 的值。
2. 从键盘输入若干个数，当输入 0 时结束输入，求这些数的和以及平均值。
3. 求[100，200]区间第一个能被 *N* 整除的整数。
4. 计算以下分段函数的值。

$$y=\begin{cases}\sum_{i=1}^{x}(2i+1), & x\leqslant N \\ \sum_{i=1}^{x}(i+10), & x>N\end{cases}$$

2.8.3 参考程序

1. 编写脚本文件，代码如下。

（1）while 循环。

```
K=input('请输入学号的末 3 位数：');
i=1;
sum=0;
while i<=K
   sum=sum+i;
   i=i+1;
end
disp(sum)
```

（2）for 循环。

```
K=input('请输入学号的末 3 位数：');
sum=0;
for i=1:K
   sum=sum+i;
end
disp(sum)
```

2. 编写脚本文件，代码如下。

```
sum=0;
cnt=0;
val=input('Enter a number:');
while val~=0
    sum=sum+val;
    cnt=cnt+1;
    val=input('Enter a number:');
end
if cnt > 0
    sum
    mean=sum/cnt
end
```

3. 编写脚本文件，代码如下。

```
K=input('请输入学号的末 3 位数：');
N=rem(K,4)+1;
for n=100:200
  if rem(n,N)~=0
```

```
        continue
    end
    break
end
disp(n)
```

4. 编写脚本文件，代码如下。

```
K=input('请输入学号的末 3 位数：');
N=rem(K,4)+1;
x=input('请任意输入一个整数：');
s=0;
if x <= N
      for i=1:x
            s=s+2*i+1;
      end
else
      for i=1:x
            s=s+i+10;
      end
end
disp(s)
```

2.9 实验二：M 文件的应用

2.9.1 实验目的

1. 掌握函数调用和参数传递方式。
2. 掌握程序调试方法。

2.9.2 实验内容

1. 编写函数文件，功能为判断一个数是否为素数。再编写脚本文件，实现从键盘输入整数 K，通过调用函数文件判断其是否为素数。

2. 编写函数文件，功能为直角坐标与极坐标之间的转换。再编写脚本文件，实现从键盘输入直角坐标，通过调用函数文件确定其极坐标。

3. 利用函数的递归调用，计算 $s=1!+2!+\cdots+N!$。

2.9.3 参考程序

1. 编写函数文件，代码如下。

```
function y=prime(x)
```

```
y=1;
for i=2:fix(sqrt(x))
     if mod(x,i)==0
          y=0;
     end
end
```

编写脚本文件，代码如下。

```
x=input('请输入学号的末 3 位数: ');
if prime(x)
   disp('x 是素数')
else
   disp('x 不是素数')
end
```

2. 编写函数文件，代码如下。

```
function[rho, theta]=polar(x, y)
rho=sqrt(x*x+y*y);
theta=atan(y/x);
```

编写脚本文件，代码如下。

```
x=input('Please input x:');
y=input('Please input y:');
[rho ,the]=polar(x, y);
disp(['rho =',num2str(rho)])
disp(['the =',num2str(the)])
function f=factor(n)
if n<=1
     f=1;
else
     f=factor(n-1)*n;            %递归调用
end
```

编写脚本文件，代码如下。

```
K=input('请输入学号的末 3 位数: ');
N=rem(K,4)+1;
s=0;
for i=1: N
     s=s+factor(i);
end
disp(['1 到',num2str(N),'的阶乘之和为',num2str(s)])
```

2.10 课程思政

本章部分内容的思政元素融入点如表 2-10 所示。

表 2-10　本章部分内容的思政元素融入点

节	思政元素融入点
2.1　常量与变量	讲解变量名的命名规则时，引导学生树立在学习和生活中都要遵守规则的意识
2.3　运算符	以邓稼先等老一辈科学家利用“飞鱼牌”机械式计算机进行大量数据计算，完成中国第一颗原子弹的研发为思政案例，引导学生理解科学计算的重要性，培养工匠精神
2.6　程序控制结构	通过选择结构的讲解，教育学生要按计划和秩序做事。同时，教育学生在生活中面临选择时，不要做损害他人利益违反法律法规的事情。 在循环结构的讲解中，利用生活中各种循环的实例，引导学生做事情要反复思考，深思熟虑
2.7　M 文件的结构与调试	在程序调试的讲解中，使学生通过不断地查找错误、修正错误和总结反思的过程体会到编程和调试习惯的重要性，培养良好的专业精神和专业素养
2.8　实验一：MATLAB 程序流程控制设计	实验课分组合作完成，培养学生团队合作精神。通过自主编程，引导学生严谨治学的学习态度。通过对程序实现细节的分析，剖析各种实现方法，培养学生举一反三的能力
2.9　实验二：M 文件的应用	通过脚本文件和函数文件的关系，引导学生寻找函数调用的规律，培养学生形成探索事物内在规律的意识。通过函数的递归调用，引导学生从多个角度和层次分析和解决问题

练　习　二

一、选择题

1. 已知 X=[1 4 3]，Y=[4 7 6]。下列运算中（　　）是合法运算。

   A. 2.^[X Y]　　B. X*Y　　C. X^Y　　D. X^2

2. 下列选项中（　　）是合法变量名。

   A. function　　B. char_1　　C. 123　　D. A/1

3. 下面的 MATLAB 语句的运行结果为（　　）。

   A=[1,0,3;4,2,6;7,8,-1];A(1,:)*A(:,3)

   A. 6　　B. 18　　C. 0　　D. 26

4. fix(264/100)+mod(264,10)*10 的值是（　　）。

   A. 42　　B. 62　　C. 23　　D. 86

5. 实现矩阵 A 中元素按行取最大值的语句是（　　）。

   A. max(A,2)　　B. max(A)　　C. max(A,1)　　D. max(A,[],2)

二、填空题

1. 语句________和________均可实现矩阵 A 的逆左乘矩阵 B。
2. 清空 MATLAB 工作区内所有变量的指令是________。
3. x=[1 2; -3 9; -4 5];reshape(x,2,3)=________。

4. A 为 4×3 的矩阵，抽去其第 2 行所有元素，可使用________语句。

5. A=linspace(1,5,5)，则语句 a1=A==3 的运行结果为________。

三、分析题

1. 写出下列语句的运行结果。

```
A=eye(3,3);
B=[A;[4,5,6]];
C=B'
D=B(1:3,:)
E=B([1 4 6 8])
```

2. 写出下列语句的运行结果。

```
x=[1 1];
for n=3:8
     x(n)=x(n-1)+x(n-2);
end
disp(x)
```

四、操作题

1. 生成 3 阶魔方矩阵，将矩阵中被 3 整除的元素标记为 1。

2. 若一个数等于它的各个真因子之和，则称其为完全数。例如，6=1+2+3，是完全数。求[1,500]区间的全部完全数。

参 考 答 案

一、选择题

1. A　2. B　3. C　4. A　5. D

二、填空题

1. inv(A)*B、A\B

2. clear

3.

```
 1   −4   9
−3    2   5
```

4. A(2,:)=[]

5. a1 =

```
0   0   1   0   0
```

三、分析题

1. 运行结果如下：

```
C =
     1     0     0     4
     0     1     0     5
     0     0     1     6
D =
     1     0     0
     0     1     0
     0     0     1
E =
     1     4     1     5
```

2. 运行结果如下：

```
     1     1     2     3     5     8    13    21
```

四、操作题

1. 代码如下。

```
A=magic(3)
p=(rem(A,3)==0)
```

2. 代码如下。

```
A=magic(3)
for m=1:500
       s=0;
       for k=1:m/2
           if rem(m,k)==0
               s=s+k;
           end
       end
       if m==s
            disp(m);
       end
 end
```

第3章

数据可视化

数据可视化是研究数据的视觉表现形式的技术。其中，数据的视觉表现形式被定义为一种以某种概要形式提炼的信息，包括相应信息单位的各种属性和变量。将数学公式与数据表现在图表中，是展示符号的具体物理含义及大量数据的内在联系和规律的科学有效的方法。

MATLAB 中可以绘制二维、三维的数据图形，并且通过对图形的线型、颜色、标记、观察角度、坐标轴范围等属性的设置，将大量数据的内在联系及规律表现得更加细腻、完善。

绘制图形的基本步骤如下：

（1）准备绘图的数据。对于二维图形，需要准备横纵坐标数据；对于三维图形，需要准备矩阵参数变量和对应的 *Z* 轴数据。在 MATLAB 中，可以通过下面几种方法获得绘图数据。

第一种，把数据保存为文本文件，用 load 函数调入数据。

第二种，由用户自己编写命令文件得到绘图数据。

第三种，在命令窗口直接输入数据。

第四种，在 MATLAB 主窗口的“主页”选项卡中，通过“导入数据”按钮导入可以识别的数据文件。

（2）选定绘图窗口和绘图区域。MATLAB 使用 figure 函数指定绘图窗口，默认时打开标题为 Figure 1 的绘图窗口。绘图区域如果位于当前绘图窗口中，则可以省略这一步。可以使用 subplot 函数指定当前绘图窗口的绘图子区域。

（3）绘制图形。根据数据，使用绘图函数绘制图形。

（4）设置图形的格式。图形的格式设置主要包括以下几方面：

- 线型、颜色和数据点标记设置。
- 坐标轴范围、标识及网格线设置。
- 坐标轴标签、图题、图例和文本修饰等设置。

（5）输出绘制好的图形。MATLAB 可以将绘制的图形窗口保存为.fig 文件，或者转换为别的图形文件，也可以复制图片或者打印图片等。

3.1 二维图形绘制

二维图形的绘制是 MATLAB 图形处理的基础。MATLAB 提供了丰富的绘图函数，既可以绘制基本的二维图形，又可以绘制特殊的二维图形。

MATLAB 中绘制二维图形的常用函数如表 3-1 所示。

表 3-1　二维图形绘制的常用函数

函　　数	功　　能	函　　数	功　　能
line	绘制直线或折线	plot	绘制二维平面图形
compass	绘制向量图或罗盘图	fplot	对函数自适应采样
plotyy	绘制双纵坐标二维平面图形	subplot	分区绘制子图
polar	绘制极坐标图形	figure	创建图形窗口
semilogx	半对数图（*x* 轴对数刻度）	errorbar	为图形加上误差范围
semilogy	半对数图（*y* 轴对数刻度）	hist	绘制累计图
loglog	全对数坐标	rose	绘制极坐标累计图
bar	绘制条形图或直方图	feather	绘制羽毛图
stairs	绘制阶梯图	quiver	绘制向量场图
stem	绘制杆图或针状图	pie	绘制饼图
fill	绘制填充图或实心图		

本节将对常用函数分类进行介绍。

3.1.1　基本绘图命令

MATLAB 提出了句柄图形学(Handle Graphics)的概念，同时为面向对象的图形处理提供了十分丰富的工具软件支持。MATLAB 在绘制图形时，其中的每个图形元素（如坐标轴或图形上的曲线、文字等）都是一个独立的对象。

用户可以对其中任何一个图形元素单独进行修改，而不影响图形的其他部分，具有这样特点的图形绘制方法称为矢量化绘图。矢量化绘图要求给每个图形元素分配一个句柄，以后再对该图形元素做进一步操作时，则只需对该句柄进行操作即可。

1. line 函数

MATLAB 允许用户在图形窗口的任意位置用绘图命令 line 画直线或折线。

line 创建一个直线对象，可以定义颜色、宽度、直线类型、标记类型以及其他的一些特征。line 函数的常用语法格式如下：

```
line(x,y)
line(x,y,z)
line
line(___,Name,Value)
line(ax,___)
pl=line(___)
```

其中 x、y 都是一维数组，line(x,y)能够把(x(i),y(i))代表的各点用线段顺次连接起来，从而绘制出一条折线。不带参数的 line 命令使用默认属性设置绘制一条从点(0,0)到(1,1)的线条。

2. plot 函数

plot 函数是 MATLAB 中最核心的二维绘图函数。它有以下 3 种格式：

```
plot(y)                          % 格式 1
plot(x,y)                        % 格式 2
plot(x1,y1,x2,y2,…)              % 格式 3
```

格式 1：当 y 是一维数组时，plot(y)把(i,y(i))各点顺次连接起来，其中 i 的取值范围为 1～length(y)。当 y 是普通的二维数组时，相当于对 y 的每一列用 plot(y(:,i))画线，并把所有的折线累叠绘制在当前坐标系中。

格式 2：是 plot 最常用的语法格式。当 x 和 y 都是一维数组时，功能和 line(x,y)类似；但 plot 函数中的 x 和 y 也可以是一般的二维数组，这时候就是对 x 和 y 的对应列画线。

特别地，当 x 是一个向量，y 是一个在某一方向和 x 具有相同长度的二维数组时，plot(x,y)则是对 x 和 y 的每一行（或列）画线。

格式 3：对多组变量同时进行绘图。对于每一组变量，其意义同前所述。

在 plot 函数的以上用法中，坐标轴均为线性刻度。

【例 3-1】 绘制函数曲线 $y=2\mathrm{e}^{-\frac{x}{2}}\cos 2\pi x$，其中 $0\leqslant x\leqslant 2\pi$。

```
>> x=0:pi/200:2*pi;
>> y=2*exp(-0.5*x).*cos(2*pi*x);
>> plot(x,y)
```

程序执行后，输出如图 3-1 所示的图形。

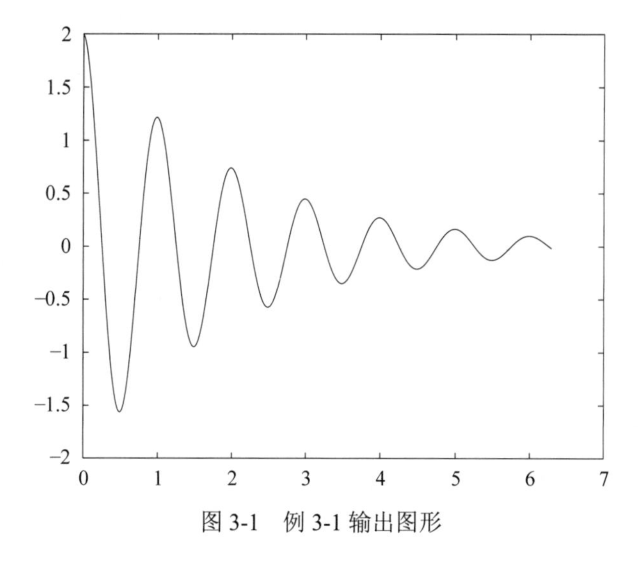

图 3-1　例 3-1 输出图形

3. fplot 函数

为了提高精度，绘制出比较真实的函数曲线，就不能等间隔采样，而必须在变化率大的区间密集采样，以充分反映函数的变化规律，进而提高图形的真实度。fplot 函数可自适应地对函数进行采样，能更好地反映函数的变化规律。

fplot 函数调用格式如下：

```
fplot(f)                                    % 格式 1
fplot(f,xinterval)                          % 格式 2
fplot(funx,funy)                            % 格式 3
fplot(funx,funy,tinterval)                  % 格式 4
fplot(ax,___)                               % 格式 5
fp=fplot(___)                               % 格式 6
fplot(filename,lims,tol,operation)          % 格式 7
```

格式 1：在 x 的默认区间[−5，5]绘制由函数 y= f(x)定义的曲线。

格式 2：在 x 的指定区间绘图，将区间指定为[xmin，xmax]形式的二元向量。

格式 3：在 t 的默认区间[−5，5]绘制由 x = funx(t)和 y = funy(t)定义的曲线。

格式 4：在 t 的指定区间绘制由 x = funx(t)和 y = funy(t)定义的曲线，将区间指定为[tmin，tmax]形式的二元向量。

格式 5：将图形绘制到 ax 指定的坐标区中，而不是当前坐标区中。指定的坐标区必须作为第一个输入参数。

格式 6：返回 FunctionLine 对象或 ParameterizedFunctionLine 对象，具体情况取决于输入。使用 fp 查询和修改特定线条的属性。

格式 7：在 fplot 函数的这种调用方法中，支持用于指定误差容限或计算点数量的输入参数。但自 MATLAB R2019b 开始，已不再支持此调用方法，仅在旧版本中可用。其中，filename 为函数名，以字符串形式出现。它可以是由多个分量函数构成的行向量，分量函数可以是函数的直接字符串，也可以是内部函数名或函数文件名，但自变量都必须是 x。lims 为 x、y 的取值范围，以向量形式给出。取二元向量[xmin,xmax]时，x 轴的范围被人为确定；取四元向量[xmin,xmax, ymin,ymax]时，x、y 轴的范围被人为确定。tol 为相对允许误差，默认值为 2e-3。

【例 3-2】 绘制函数曲线 $y=\sin(\tan\pi x)$。

建立函数文件 li3_2.m：

```
function y=li3_2(x)
     y=sin(tan(pi*x));
end
```

在命令行窗口中调用 li3_2 函数：

```
>> fplot((@li3_2),[0.7,1.7])
```

程序执行后，输出如图 3-2 所示的图形。

4. bar 函数

在 MATLAB 中，使用 bar 函数绘制柱状图。

柱状图又称条形图，是一种以长方形的条表示数据的统计图表。柱状图用来比较两个或多个数据，只有一个变量，通常用于小规模数据分析。柱状图亦可横向排列，或用多维方式表达。

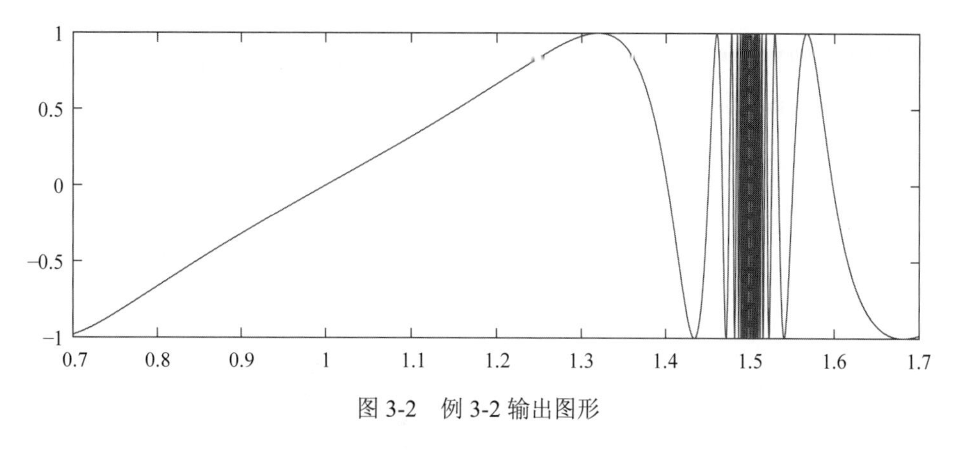

图 3-2　例 3-2 输出图形

bar 函数调用格式如下：

```
bar(y)                              %格式 1
bar(x,y)                            %格式 2
bar(___,width)                      %格式 3
bar(___,style)                      %格式 4
bar(___,Name,Value)                 %格式 5
bar(ax,___)                         %格式 6
b = bar(___)                        %格式 7
```

格式 1：创建一个柱状图，y 中的每个元素对应一个条形。要绘制单个条形序列，需将 y 指定为长度为 m 的向量。这些条形沿 x 轴从 1 到 m 依次放置；要绘制多个条形序列，需将 y 指定为矩阵，每个条形序列对应一列。

格式 2：在 x 指定的位置绘制条形。

格式 3：设置条形的相对宽度以控制组中各个条形的间隔。将 width 指定为标量值。可将此选项与上述语法中的任何输入参数组合一起使用。

格式 4：指定条形组的样式。例如，使用'stacked'可以将每个条形组显示为一个多种颜色的条形叠合组成的。

格式 5：使用一个或多个名称-值对作为参数，指定柱状图的属性。只有采用默认的'grouped'或'stacked'样式的条形图支持设置条形属性。

格式 6：将图形绘制到 ax 指定的坐标区中，而不是当前坐标区中。选项 ax 可以位于上述语法中的任何输入参数组合之前。

格式 7：根据 y 的类型，返回一个或多个 Bar 对象。如果 y 是向量，则 bar 函数将创建一个 Bar 对象；如果 y 是矩阵，则 bar 函数为每个条形序列返回一个 Bar 对象。显示柱状图后，使用 b 设置条形的属性。

【例 3-3】 将矩阵 $\boldsymbol{y}=\begin{bmatrix}2 & 2 & 3\\2 & 5 & 6\\2 & 8 & 9\\2 & 11 & 12\end{bmatrix}$ 中的每一行显示为一个条形，每个条形的高度是行中各元素之和。

```
>> y = [2 2 3; 2 5 6; 2 8 9; 2 11 12];
```

```
>> bar(y,'stacked')
```

执行以上操作后，输出如图 3-3 所示的图形。

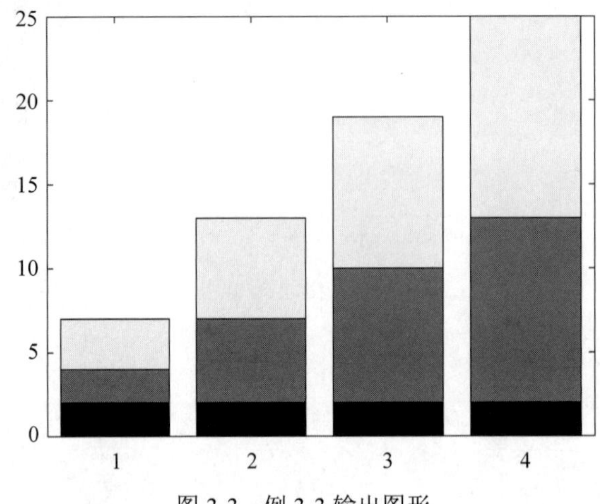

图 3-3　例 3-3 输出图形

5. stairs 函数

在 MATLAB 中，使用 stairs 函数绘制阶梯图。

阶梯图通常用于 y 值发生离散的改变，且在某个特定的 x 值位置突然变化的情况。

stairs 函数调用格式如下：

```
stairs(y)                          %格式 1
stairs(x,y)                        %格式 2
stairs(___,name,value)             %格式 3
stairs(ax,___)                     %格式 4
h = stairs(___)                    %格式 5
[xb,yb] = stairs(___)              %格式 6
```

格式 1：绘制 y 中元素的阶梯图。如果 y 为向量，则 stairs 绘制一个线条；如果 y 为矩阵，则 stairs 为矩阵每一列绘制一个线条。

格式 2：在 y 中由 x 指定的位置绘制元素。x 和 y 必须是相同维数的向量或矩阵。另外，x 可以是行或列向量，y 必须是包含 length(x)行的矩阵。

格式 3：使用一个或多个名称-值对参数修改阶梯图。例如，“'Marker','o','MarkerSize',8”指定大小为 8 磅的圆形标记。

格式 4：将图形绘制到 ax 指定的坐标区中，而不是当前坐标区中。选项 ax 可以位于前面的语法中的任何输入参数组合之前。

格式 5：返回一到多个 Stair 对象。创建特定 Stair 对象后，使用 h 更改该对象属性。

格式 6：不直接绘制图形，但返回维数相等的矩阵 xb 和 yb，以使用 plot(xb,yb)绘制阶梯图。

3.1.2　线型、数据点型和颜色

部分二维绘图函数，如 plot 函数、fplot 函数、stairs 函数等，可以对图形的颜色、数据点型和线型进行设置，其调用格式如下：

```
plot(___,LineSpec)
fplot(___,LineSpec)
stairs(___,LineSpec)
```

若要改变线型、数据点型和颜色，需要在坐标对后面（即 LineSpec）加上相关符号，如表 3-2 所示。

表 3-2　线型、数据点型和颜色符号

线型符号	含　义	数据点型符号	含　义	颜色符号	含　义
-	实线	.	点	b	蓝色
:	点线	x	×符号	g	绿色
-.	点画线	+	加号	r	红色
--	虚线	h	六角星形	c	蓝绿色
（空白）	不画线	*	星号	m	紫红色
		s	方形	y	黄色
		d	菱形	k	黑色
		o	圆形		

【例 3-4】绘制具有不同相位的 3 个正弦波形。对于第一个正弦波形，使用 2 磅的线宽。对于第二个正弦波形，指定带有圆形标记的红色虚线线型。对于第三个正弦波形，指定带有星号标记的蓝绿色点画线线型。

```
>> fplot(@(x) sin(x+pi/5),'Linewidth',2);
>> hold on
>> fplot(@(x) sin(x-pi/5),'--or');
>> fplot(@(x) sin(x),'-.*c')
>> hold off
```

执行以上操作后，输出如图 3-4 所示的图形。

【例 3-5】 创建一个阶梯图，将线型设置为点画线，将数据点型设置为圆形，将颜色设置为红色。

```
>> x = linspace(0,4*pi,20);
>>y = sin(x);
>> figure
>> stairs(y, '-.or')
```

执行以上操作后，输出如图 3-5 所示的图形。

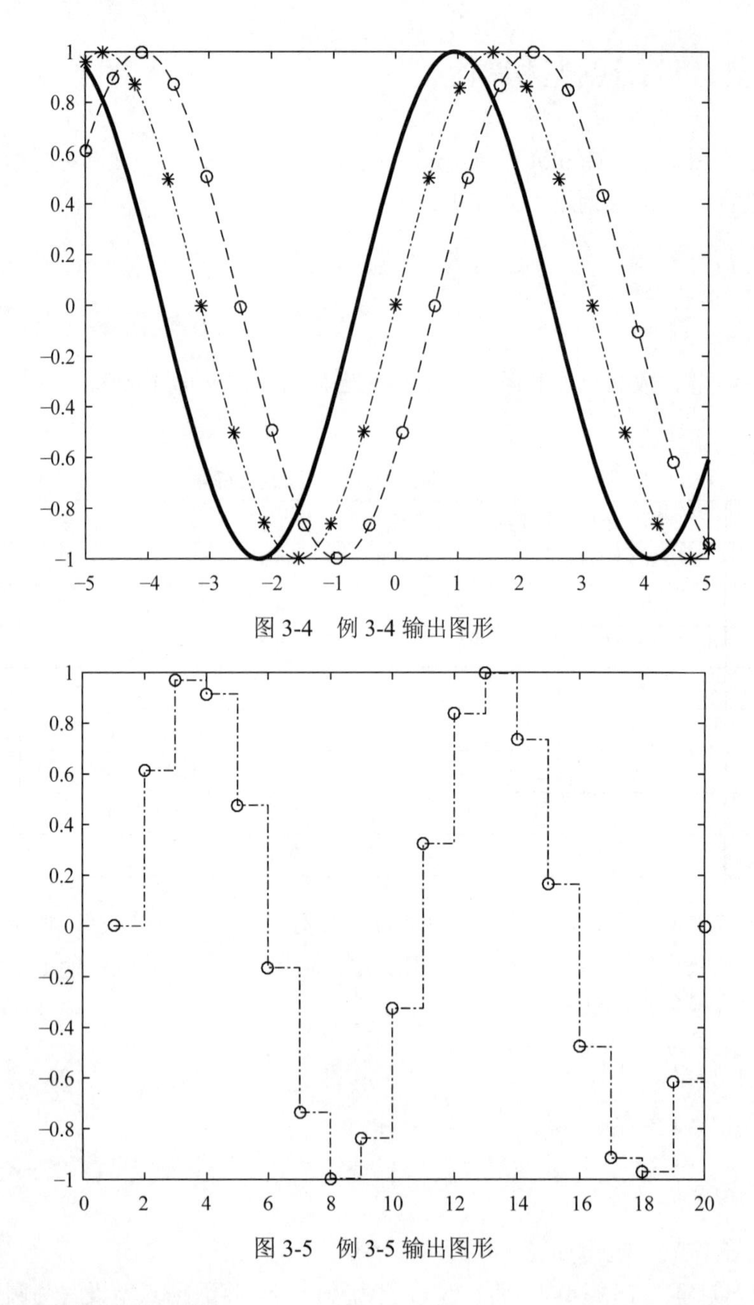

图 3-4　例 3-4 输出图形

图 3-5　例 3-5 输出图形

3.1.3　多条曲线的绘制

在 MATLAB 中，有多种方法可以支持多条曲线的绘制，最简单的就是以 plot(x1,y1, x2,y2,⋯)这样的形式直接在一个坐标系中绘制多条直线或曲线。同时，MATLAB 也提供了一些工具函数，如 plotyy 函数、yyaxis 函数等，以便更便捷地绘制多条曲线。

1. plotyy 函数

在 MATLAB 中利用双纵坐标 plotyy 函数，能把具有不同量纲、不同数量级的函数值的两个函数绘制在同一坐标系中。其调用格式如下：

```
plotyy(x1,y1,x2,y2)                                %格式 1
plotyy(x1,y1,x2,y2,function)                       %格式 2
plotyy(x1,y1,x2,y2,'function1','function2')        %格式 3
plotyy(ax1,___)                                    %格式 4
[ax,h1,h2]=plotyy(___)                             %格式 5
```

格式 1：绘制 y1 对 x1 的图形，在左侧显示 y1 的标签；同时绘制 y2 对 x2 的图形，在右侧显示 y2 的标签。

格式 2：使用指定的绘图函数生成图形。function 可以是指定 plot、semilogx、semilogy、loglog 函数的句柄或字符向量（后 3 个函数见 3.1.4 节），也可以是符合语法“@函数”的任意 MATLAB 函数。函数的句柄用于访问用户定义的局部函数。

格式 3：用 function1(x1,y1)绘制左纵轴的数据，用 function2(x2,y2)绘制右纵轴的数据。

格式 4：使用第一组数据的 ax1 指定的坐标区（而不是使用当前坐标区）绘制数据。将 ax1 指定为单个坐标区对象或由以前调用 plotyy 所返回的两个坐标区对象的向量。如果指定了向量，则 plotyy 使用向量中的第一个坐标区对象。可以将此选项与前面语法中的任何输入参数组合一起使用。

格式 5：返回 ax 中创建的两个坐标区的句柄以及 h1 和 h2 中每个绘图的图形对象的句柄。ax(1)是左边的坐标区，ax(2)是右边的坐标区。

【例 3-6】 使用两个纵轴在一个图上绘制两个数据集。对与左纵轴关联的数据使用线图，对与右纵轴关联的数据使用针状图。

```
>>clc;
>>clear all;
>>close all;
>>x = 0:0.1:10;
>>y1 = 200*exp(-0.05*x).*sin(x);
>>y2 = 0.8*exp(-0.5*x).*sin(10*x);
>>figure
>>[hAx,hLine1,hLine2] = plotyy(x,y1,x,y2,'plot','stem')
>>hLine1.LineStyle = '--';
>>hLine2.LineStyle = ':';
>>title('Multiple Decay Rates')
>>xlabel('Time (\musec)')
>>ylabel(hAx(1),'Slow Decay') % left y-axis
>>ylabel(hAx(2),'Fast Decay') % right y-axis
```

执行以上操作后，输出如图 3-6 所示的图形。

2. yyaxis 函数

yyaxis 函数可以创建具有两个纵轴的图形。其调用格式如下：

```
yyaxis left
yyaxis right
yyaxis(ax,___)
```

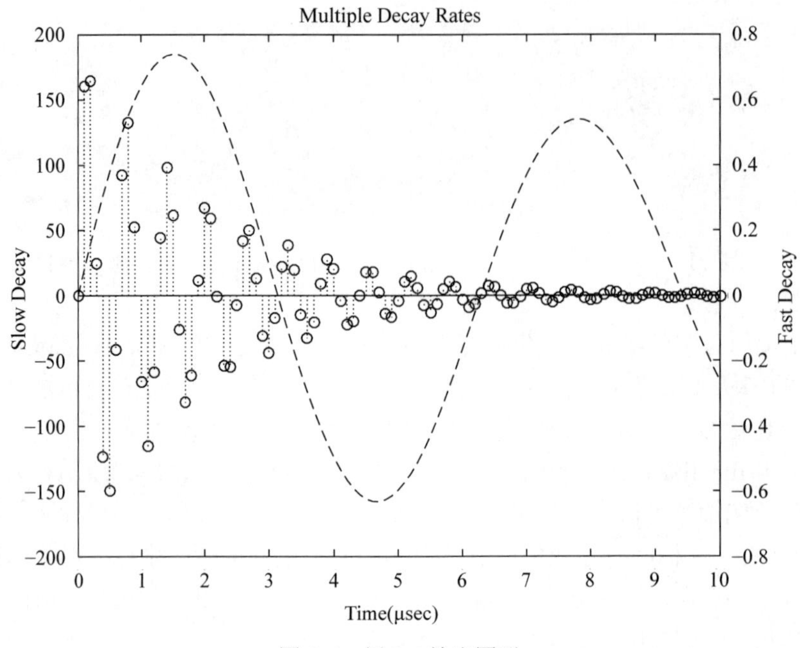

图 3-6　例 3-6 输出图形

yyaxis left 激活当前坐标区中与左侧纵轴关联的一侧。后续图形命令的目标为左侧。如果当前坐标区中没有两个纵轴，此命令将添加第二个纵轴。如果没有坐标区，此命令将首先创建坐标区。

yyaxis right 激活当前坐标区中与右侧纵轴关联的一侧。后续图形命令的目标为右侧。

yyaxis(ax,___)指定 ax 坐标区（而不是当前坐标区）的活动侧。如果坐标区中没有两个纵轴，此命令将添加第二个纵轴。指定坐标区作为第一个输入参数。使用单引号将 left 和 right 引起来。

3.1.4　图形标注与坐标控制

1. 文字标注

文字标注是图形修饰中的重要因素，它可以是用户添加的字符说明，还可以是坐标轴上的刻度标志等。字符对象的常用属性如下：

- Color 属性：字符的颜色。该属性的属性值是一个 1×3 的颜色向量。
- FontAngle 属性：字体倾斜形式，如'normal'（正常）和'italic'（斜体）等。
- FontName 属性：字体的名称，如'Times New Roman'与'Courier'等。
- FontSize 属性：字号。默认以 pt 为单位，属性值为实数。
- FontWeight 属性：字体是否加粗。可以选择'light'、'normal'（默认值）、'demi'和'bold'4 个选项，其笔画逐渐变粗。
- HorizontalAlignment 属性：表示文字的水平对齐方式。可以有'left'（按左边对齐）、'center'（居中对齐）、'right'（按右边对齐）3 种选择。
- FontUnits 属性：字号的单位。'points'（磅）为默认值，此外，还可以使用'inches'

（英寸）、'centimeters'（厘米）、'normalized'（归一值）与'pixels'(像素)等。

2. 图例注释

可以通过对每一条曲线标注不同颜色和应用不同的线条来区分一张图中绘制的多条曲线。用户可以通过插入菜单的图例项（Legend）为曲线添加图例，也可以使用 legend 函数为曲线添加图例。

当在一个坐标系中绘制多个图形时，为区分各个图形，MATLAB 提供了图例注释函数。其格式如下：

```
legend(字符串 1，字符串 2，字符串 3，…，参数)
```

这里参数的意义如下：

- 0：尽量不与数据冲突，自动放置在最佳位置。
- 1：放置在图形的右上角。
- 2：放置在图形的左上角。
- 3：放置在图形的左下角。
- 4：放置在图形的右下角。
- −1：放置在图形视窗外的右边。

legend 函数在图形中开启一个注释视窗，按照绘图的先后顺序，依次输出字符串对各个图形进行注释。例如，字符串 1 表示第一个出现的线条，字符串 2 表示第二个出现的线条，参数用于确定注释视窗在图形中的位置。同时，注释视窗也可以用鼠标拖动，以便将其放在一个合适的位置。

3. 颜色条标注

颜色条主要用于显示图形中颜色和数值的对应关系，常用于三维图形和二维等高线图形中。

用户可以通过“插入”菜单的“颜色条”（Colorbar）命令为图形添加颜色条，也可以使用 colorbar 函数为图形添加颜色条。其常见的调用格式如下：

（1）colorbar：在当前坐标轴的右侧添加新的垂直方向的颜色条。如果在那个位置已经存在颜色条，colorbar 函数将使用新的颜色条替代它；如果在非默认的位置存在颜色条，则保留该颜色条。

（2）colorbar('off')、colorbar('hide')和 colorbar('delete')：删除所有与当前坐标轴相关联的颜色条。

（3）colorbar(...,'peer',axes_handle)：创建与 axes_handle 所代表的坐标轴相关联的颜色条。

（4）colorbar(...,'location')：在相对于坐标轴的指定方位添加颜色条。如果在指定的方位存在颜色条，则它将被新的颜色条取代。location 可以是如下的值：North，图形边框内部靠近上方的位置；South，图形边框内部靠近下方的位置；East，图形边框内部靠近右方的位置；West，图形边框内部靠近左方的位置；NorthOutside，图形边框外部靠近上方的位置；SouthOutside，图形边框外部靠近下方的位置；EastOutside，图形边框外部靠近右方的位置；

WestOutside，图形边框外部靠近左方的位置。使用 4 个 Outside 值设置 location 能确保颜色条不会覆盖坐标系中的图形。

（5）colorbar(...,'PropertyName',propertyvalue)：指定用来创建颜色条的坐标轴的属性名称和属性值。location 属性值仅适用于颜色条和图例，不适用于坐标轴。

（6）cbar_axes = colorbar(...)：返回新的颜色条对象的句柄。颜色条对象是当前窗口的子对象。如果颜色条已经存在，将创建一个新的颜色条。

（7）colorbar(cbar_handle, 'PropertyName',propertyvalue,…)：为 cbar_handle 所代表的颜色条对象设置属性值。要得到已存在的颜色条的句柄，使用的命令为

```
cbar_handle = findobj(figure_handle,'tag','Colorbar')
```

其中，figure_handle 是包含颜色条的图形窗口的句柄。如果图形窗口包含多个颜色条，返回的 cbar_handle 是一个向量，用户需要选择指向要修改的颜色条的句柄。

4. semilogx 函数、semilogy 函数和 loglog 函数

在很多工程问题中，通过对数据进行对数转换可以更清晰地看出数据的某些特征，在对数坐标系中描绘数据点的曲线可以直接表现对数坐标转换，对数转换有单轴对数坐标转换和双轴对数坐标转换两种。用 semilogx 和 semilogy 函数可以实现单轴对数坐标转换，用 loglog 函数可以实现双轴对数坐标转换。

- loglog：横轴和纵轴均为对数刻度（Logarithmic scale）。
- semilogx：横轴为对数刻度，纵轴为线性刻度。
- semilogy：横轴为线性刻度，纵轴为对数刻度。

其中，最常用的是 semilogy 函数。

5. axis 函数

图形完成后，可以用 axis([xmin,xmax,ymin,ymax])函数调整坐标轴的范围。

控制坐标轴的 axis 函数的多种调用格式如下：

- axis([xmin,xmax,ymin,ymax])：指定二维图形坐标轴的刻度范围。
- axis auto：设置坐标轴的自动刻度(默认值)。
- axis manual（或 axis(asix))：保持刻度不随数据的大小而变化。
- axis tight：以数据的大小为坐标轴的范围。
- axis ij：设置坐标轴为矩阵轴模式，原点在左上角，i 轴是纵轴（从上往下标数），j 轴是横轴（从左往右标数）。
- axis xy：设置坐标轴回到直角坐标系。
- axis equal：设置坐标轴刻度增量相同。
- axis square：设置坐标轴长度相同，但刻度增量未必相同。
- axis normal：自动调节轴与数据的外表比例，使其他设置生效。
- axis off：使坐标轴消隐。
- axis on：显示坐标轴。

3.1.5 子图绘制

为了便于多个图形的比较，MATLAB 提供了 subplot 函数，实现一个图形窗口绘制多个图形的功能。subplot 函数可以将同一个窗口分割成多个子图，能在不同坐标系绘制不同的图形，这样便于对比多个图形，也可以节省绘图空间。将窗口划分成 m×n 个子图，subplot 函数的调用格式如下：

```
subplot(m, n, p)
```

其中，m 表示行，n 表示列，p 表示将子图画在第几行、第几列。

【例 3-7】 画出两个频率不同的正弦曲线。

```
>>close all
>>figure
>>grid on
>>t=0:0.001:1;
>>y1=sin(10*t);
>>y2=sin(15*t);
>>subplot(2,1,1)
>>plot(t,y1)
>>subplot(2,1,2)
>>plot(t,y2)
```

执行以上操作后，输出如图 3-7 所示的图形。

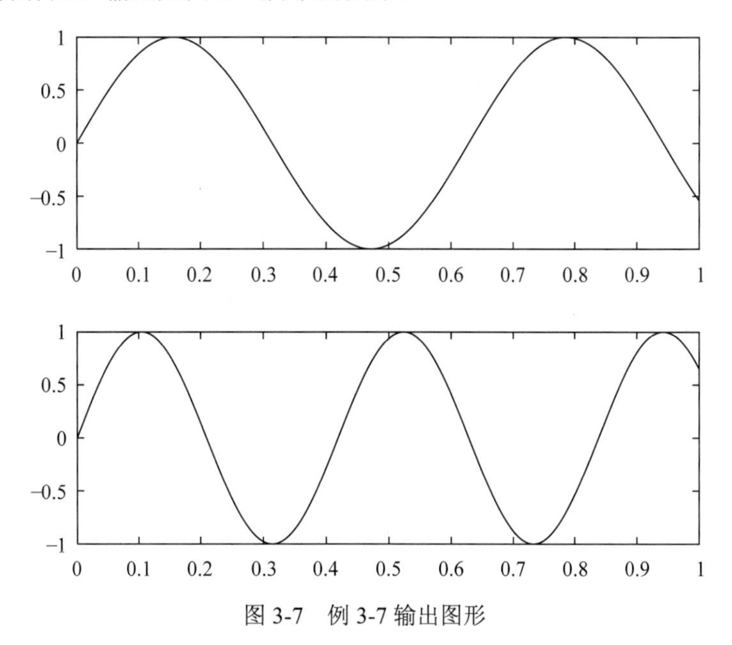

图 3-7　例 3-7 输出图形

3.2　三维图形绘制

MATLAB 具有强大的三维绘图能力，如绘制三维曲线、三维网格图和三维曲面图，并提供了大量的三维绘图函数。

3.2.1　三维曲线的绘制

三维曲线由与一组(x,y,z)坐标相对应的点连接而成。绘制三维曲线最常使用的是 plot3 函数，其调用格式如下：

```
plot3(x,y,z)                                          %格式 1
plot3(x,y,z,linespec)                                 %格式 2
plot3(x1,y1,z1,x2,y2,z2,…)                            %格式 3
plot3(x1,y1,z1,linespec1,x2,y2,z2,linespec2,…)        %格式 4
plot3(tbl,xvar,yvar,zvar)                             %格式 5
plot3(ax,___)                                         %格式 6
plot3(___,name,value)                                 %格式 7
p=plot3(___)                                          %格式 8
```

格式 1：绘制三维空间中的坐标。要绘制由线段连接的一组坐标，需将 x、y、z 指定为相同长度的向量。要在同一组坐标轴上绘制多组坐标，需将 x、y 或 z 中的至少一个指定为矩阵，其他指定为向量。

格式 2：使用指定的线型、数据点型和颜色创建绘图。

格式 3：在同一组坐标轴上绘制多组坐标。使用此语法作为将多组坐标指定为矩阵的替代方法。

格式 4：可为每个(x,y,z)三元组指定特定的线型、数据点型和颜色。这里可以对某些三元组指定 LineSpec，而对其他三元组省略它。例如，plot3(x1,y1,z1,'o',x2,y2,z2)对第一个三元组指定数据点型，但没有对第二个三元组指定数据点型。

格式 5：这种调用方法仅在 MATLAB R2022a 以后的版本中提供，用于绘制表 tbl 中的变量 xvar、yvar 和 zvar。要绘制一个数据集，需为 xvar、yvar 和 zvar 各指定一个变量；要绘制多个数据集，需为其中至少一个参数指定多个变量。对于指定多个变量的参数，指定的变量数目必须相同。

格式 6：在 ax 指定的目标坐标区上显示绘图。将坐标区指定为上述任一语法中的第一个参数。

格式 7：使用一个或多个名称-值对参数指定 Line 属性。需要在所有其他输入参数后指定 Line 属性。

格式 8：返回一个 Line 对象或 Line 对象数组。创建图形后，使用返回值 p 修改该图形的属性。

【例 3-8】 将 t 定义为由介于 0 和 10π 之间的值组成的向量。将 st 和 ct 定义为正弦和余弦值向量。然后绘制 st、ct 和 t 形成的三维曲线。

```
>>t = 0:pi/50:10*pi;
>>st = sin(t);
>>ct = cos(t);
>>plot3(st,ct,t)
```

执行以上操作后，输出如图 3-8 所示的图形。

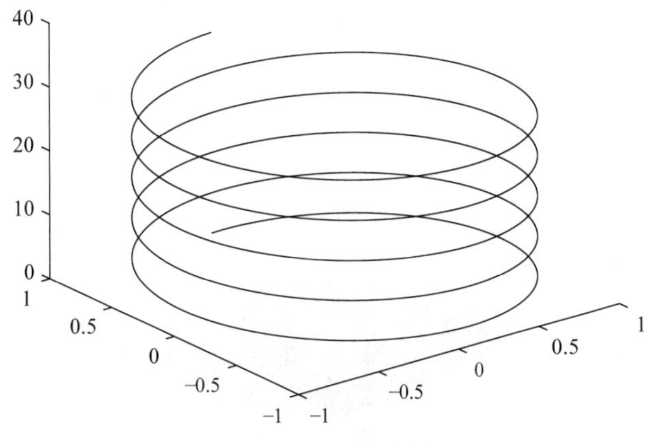

图 3-8　例 3-8 输出图形

3.2.2　三维曲面的绘制

1. mesh 函数

mesh 函数绘制由 x、y 和 z 指定网线面且由 c 指定颜色的三维网格图，其调用格式如下：

```
mesh(x,y,z,c)
```

x、y、z 必须均为向量或矩阵，x、y 是网格坐标矩阵，z 是网格点上的高度矩阵。c 用于指定在不同高度下的颜色范围。c 省略时，默认 c=z，即颜色的设定是正比于图形的高度的。当 x、y 为向量时，x、y 的长度分别为 m 和 n，则 z 必须是 m×n 的矩阵。若参数中不提供 x、y，则将(i,j)作为 z 矩阵元素 z(i, j)的 x、y 坐标值。

另外，mesh 函数还派生出另外两个函数——meshc 和 meshz。meshc 用来绘制带有等高线的三维网格图，meshz 用来绘制带基准平面的三维网格图，它们的用法和 mesh 类似。

2. surf 函数

surf 函数绘制三维表面图，surf 和其派生函数 surfc 是通过矩形区域观测数学函数的函数。surf 和 surfc 能够产生由 x、y、z 指定的有色曲面，即三维有色图。surf 函数调用格式如下：

```
surf(x,y,z,c)
```

其参数的定义和 mesh 函数相同。另外，surf 函数还派生出两个函数——surfc 和 surfl。surfc 用来绘制带有等高线的三维表面图，surfl 用来绘制带光照效果的三维表面图，它们的用法和 surf 类似。

【例 3-9】 用 surf(x,y,z,c)的调用形式，绘制 peaks 函数的图形。

```
>>[x,y]=meshgrid( [-3:0.1:3]);
>>z=3*(1-x).^2.*exp(-(x.^2)-(y+1).^2)-10*(x/5-x.^3-y.^5).*exp(-x.^2-y.^2)
                                        -1/3*exp(-(x+1).^2-y.^2);
>>surf(x,y,z)
```

执行以上操作后，输出如图 3-9 所示的图形。

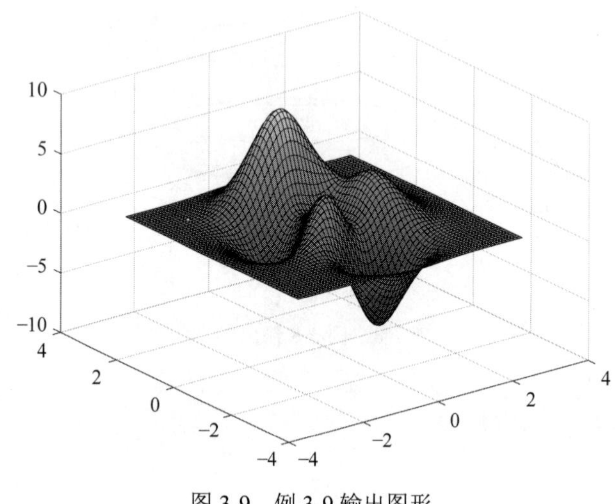

图 3-9 例 3-9 输出图形

3.3 交互式绘图工具

MATLAB 操作界面提供了丰富的工具，可以交互式探查和编辑绘图数据，以改善数据的视觉效果或显示有关数据的其他信息。

可用的交互操作取决于坐标区的内容，通常包括缩放、平移、旋转、数据提示、数据刷亮以及还原原始视图。有些类型的交互可通过坐标区工具栏进行。将鼠标指针悬停在图形区域时，工具栏会显示在坐标区的右上角。对于这些界面工具，本节不做详述。这里主要介绍常用的、与交互绘图有关的函数。

1. ginput 函数

ginput 函数的主要功能是接收来自鼠标或其他输入设备的图形输入，即手动输出点，形成曲线。其调用格式如下：

```
[x,y]=ginput(n)                 %格式 1
[x,y]=ginput                    %格式 2
[x,y,button]=ginput(…)          %格式 3
```

格式 1：能够从当前轴标识 n 个点并在 x 和 y 列向量中返回这些点的 x 和 y 坐标。按 Enter 键可在输入 n 个点之前结束输入。将 n 指定为正整数。

格式 2：可收集无限多个点，直到按 Enter 键为止。

格式 3：返回 x 坐标、y 坐标以及按钮或键名称。button 是一个向量，代表鼠标按键对应的整数（1 表示左键，2 表示中键，3 表示右键）或键盘上的键的 ASCII 码值。

ginput 提高当前坐标区中的交叉线以便标识图形窗口中的点，从而使用鼠标定位光标。图形窗口必须获得界面焦点，ginput 才能接收输入。如果图形窗口没有坐标区，将在第一次单击或按键时创建一个坐标区。

单击某个坐标区会使该坐标区成为当前坐标区。即使已经在调用 ginput 之前设置了当前坐标区，再单击其他坐标区，也会使其成为当前坐标区，并且 ginput 返回相对于该坐标区的点。如果在多个坐标区上选择了点，则会相对于各坐标区原本所处的坐标系返回相应的结果。

2. gtext 函数

gtext 函数的主要功能是用鼠标把字符串或者字符串元胞数组放置到图形中作为文字说明。其调用格式如下：

```
gtext(arg)
```

用户用鼠标确定其放置的位置，右击，字符串将被放置在光标十字的“第一象限”位置上。

如果 arg 是一行字符串，单击一次即可；如果 arg 是多行字符串，单击一次只能将一行放置在图形中。

3. zoom 函数

zoom 函数的主要功能是启动一个类似放大镜的光标，在当前图形上，可直接单击进行放大，也可按住鼠标左键框选需要放大的区域。右击即可进行图片的缩小。

3.4 实验三：MATLAB 绘图设计

3.4.1 实验目的

1. 掌握绘制三维曲面的方法。
2. 掌握交互式绘制二维曲线的方法。

3.4.2 实验内容

1. 根据 $z = \mathrm{e}^{-\frac{R}{10}}\cos R$ 和 $R = \sqrt{x^2 + y^2}$，编程计算 z 与 x、y 的关系。
2. 绘制上面的 x、y、z 形成的三维曲面。
3. 调用 ginput 函数接收手动输入的点。

4. 利用上面接收的手动输入的点绘制二维曲线。

3.4.3 参考程序

1. 编写脚本文件，代码如下。

```
clear
a=-0.1;
rm=20;
r=-rm:0.5:rm;
[x,y]=meshgrid(r);
R=sqrt(x.^2+y.^2);
z=exp(a*R).*cos(R);
```

2. 在上面的脚本中，添加如下代码。

```
z(x<0&y<0)=nan;
figure
surf(x,y,z)
```

运行程序，输出如图 3-10 所示的图形。

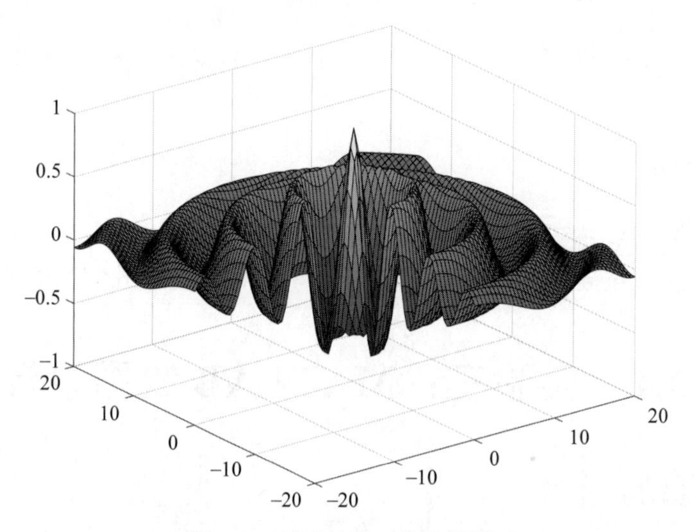

图 3-10 实验内容 2 输出图形

3. 编写脚本文件，代码如下。

```
clc;
clear all;
close all;
figure;
axis([0 10 0 10]);
hold on
x=[];
y=[];
n=0;
```

```
disp('单击鼠标左键点取需要的点');
disp('单击鼠标右键点取最后一个点');
but=1;
while but==1
    [xi,yi,but]=ginput(1);
    plot(xi,yi,'bo')
    n=n+1;
    disp('单击鼠标左键点取下一个点');
    x(n,1)=xi;
    y(n,1)=yi;
end
```

4. 在上面的脚本中，添加如下代码。

```
t=1:n;
ts=1:0.1:n;
xs=spline(t,x,ts);
ys=spline(t,y,ts);
plot(xs,ys,'r-');
hold off
```

在绘图区域内，用鼠标左键点取多个点，最后用右键点取一个点结束输入，输出如图 3-11 所示的图形。

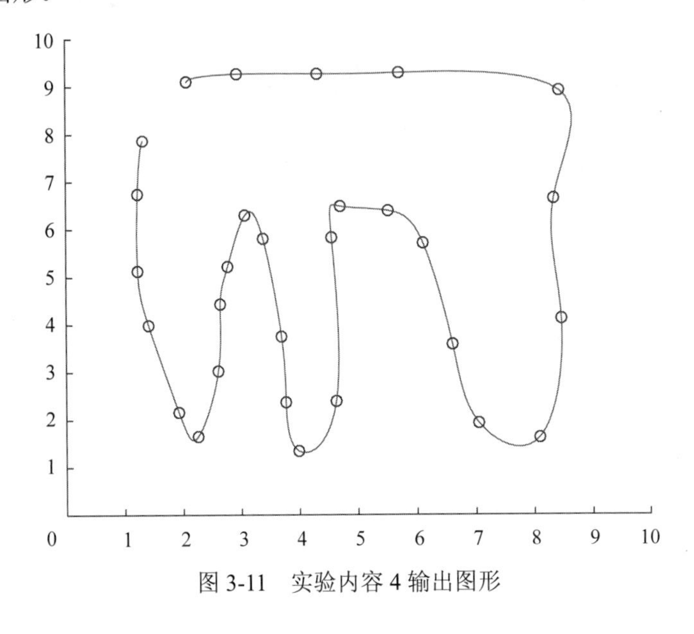

图 3-11 实验内容 4 输出图形

3.5 课 程 思 政

本章部分内容的思政元素融入点如表 3-3 所示。

表 3-3　本章部分内容的思政元素融入点

节	思政元素融入点
3.1　二维图形绘制	在函数调用方法的讲解中，使学生了解复杂输入参数的运用及常见错误，体会到注意细节在程序设计中的重要性，培养良好的职业精神和职业素养
3.2　三维图形绘制	以近年来国产三维数据可视化软件在技术和市场上的不断突破为例，激发学生积极投身于国家发展的热情
3.4　实验三：MATLAB 绘图设计	通过编写、调试程序的操作，引导学生形成理论联系实际的意识，不断增强动手解决问题的能力

练　习　三

一、选择题

1. 用 MATLAB 建立数据可视化图形，按照时间（x）记录支票余额（y）的变化曲线。当每一次发生收支时，支票余额都立即变更，而不是按照时间的推移缓缓地改变。此时最适用的绘图函数是（　　）。

A. plot 函数　　B. bar 函数　　C. stairs 函数　　D. pie3 函数

2. 在调用 plot 函数绘图时，希望数据点型为六角星，则要使用的符号为（　　）。

A. s　　B. h　　C. *　　D. 6

3. 以下关于 plot 与 fplot 两个指令叙述错误的是（　　）。

A. plot 只能绘制函数曲线　　B. 两者都可以绘制函数曲线

C. fplot 只能绘制函数曲线　　D. fplot 采用自适应算法控制点的选取

二、填空题

1. 在 MATLAB 中，使用 bar 函数可以绘制________，使用 stairs 函数可以绘制________，使用 pie 函数可以绘制________。

2. 在使用 plotyy(x1,y1,x2,y2,function)这种调用方式时，function 不仅可以是函数，而且可以是________向量。

3. 在使用 legend 函数为曲线添加图例时，调用方式为 legend(字符串 1,字符串 2,1)，则图例会放置在图形的________。

三、操作题

1. 绘制参数方程 $\begin{cases} x = t\sin^2 2t \\ y = t\cos\frac{1}{3}t \end{cases}$ $(-\pi \leqslant t \leqslant \pi)$ 的曲线。

2. 绘制单位矩阵的网格图。

参考答案

一、选择题

1. C　　2. B　　3. A

二、填空题

1. 柱状图、阶梯图、饼图
2. 字符
3. 右上角

三、操作题

1. 代码如下。

```
t=-pi:pi/100:pi;
x=t.*sin(2.0*t).*sin(2.0*t);
y=t.*cos(1.0/3.0*t);
plot(x,y)
```

2. 代码如下。

```
a=eye(30);
mesh(a)
```

第4章

符号计算

4.1 符号对象与表达式

MathWorks公司以Maple的内核作为符号计算引擎，依赖Maple已有的函数库，开发了实现符号计算的两个工具箱：基本符号工具箱和扩展符号工具箱。这使得MATLAB除了具有非常强大的数值运算功能外，还可以进行符号运算。符号运算的运算形式与数值运算不同，数值运算必须先对变量赋值，然后才能参与运算，运算结果是数值。而符号运算无须事先对独立变量进行赋值，而是以推理解析的方式进行运算和表达，可以不受计算误差累积所带来的困扰。

符号运算有以下特点：

- 运算对象可以是没有赋值的符号变量。
- 可以给出完全正确的封闭解或任意精度的数值解。
- 计算指令的调用比较简单。
- MATLAB提供了符号数学工具箱（Symbolic Math Toolbox）实现符号运算。
- 计算所需的运行时间较长。

1. 创建符号常量和符号变量

在符号计算中，需要定义一种新的数据类型——sym类。sym类的实例就是符号对象，它是一种数据结构，用来存储代表符号变量、表达式和矩阵的字符串。

在进行符号运算时，必须先定义基本的符号对象，可以是符号常量、符号变量、符号表达式等。MATLAB提供了两个创建符号对象的函数：

（1）sym 函数：用来创建单个符号量，通常用来创建符号常量、变量和表达式，格式如下：

```
x = sym('value', 'flag')
```

flag为数值域（复数、实数、正数），flag为复数时可以省略。

（2）syms函数：用来创建多个符号变量，格式如下：

```
syms var1 var2 … varn
```

注意，变量间是空格，不用“,”或者“;”分隔。syms 函数的输入参数必须以字母开头，并且只能包括字母和数字。

【例 4-1】 用 sym 创建符号量。

```
>> a1=sym('2')                          %定义符号常量 a1，它的值为 2
a1 =
2
>> a2=sym('b')                          %将 b 定义为符号
a2 =
b
>> a1+a2                                %符号加法运算
ans =
b + 2
>> a3=sym('c',[1 4])                    %定义符号向量
a3 =
[ c1, c2, c3, c4]
>> a3(2)                                %获取符号向量 a3 第 2 个元素信息
ans =
c2
>> a4 = sym('x_%d',[1 4])               %定义符号向量
a4 =
[ x_1, x_2, x_3, x_4]
>> a5 = sym('A',[3 4])                  %定义符号矩阵
a5 =
[ A1_1, A1_2, A1_3, A1_4]
[ A2_1, A2_2, A2_3, A2_4]
[ A3_1, A3_2, A3_3, A3_4]
>> a5(2,3)                              %获取符号矩阵 a5 的元素信息
ans =
A2_3
```

【例 4-2】 用 syms 创建符号变量。

```
>> syms a b c d                         %定义符号 a、b、c、d
>> B = [a, b ; c, d]                    %定义符号矩阵
B =
[ a, b]
[ c, d]
>> syms x y 9a                          %变量 9a 为无效变量名
错误使用 syms (line 265)
Invalid variable name.
```

2. 建立符号表达式

符号表达式是由符号常量、符号变量、符号运算符以及专用函数连接起来的符号对象，包括符号函数与符号方程。

【例 4-3】 创建 $y=a\sin x+b\cos x$ 的符号表达式。

```
>> syms x a b                                   %用 syms 函数定义表达式
```

```
>> y1=a*sin(x)+b*cos(x)
y1 =
a*cos(x) + b*sin(x)
>> x=sym('x'); a=sym('a'); b=sym('b'); %用 sym 函数定义相同的表达式
>> y2=a*sin(x)+b*cos(x)
y2 =
a*cos(x) + b*sin(x)                          %两种方法结果相同，但第一种方法更简单
```

注意：对于符号表达式，不同版本的 MATLAB 略有不同，低版本 MATLAB 可以直接调用函数 y=sym('a*cos(x) + b*sin(x)')实现，高版本 MATLAB 则需要使用 y=str2sym('a*cos(x) + b*sin(x)')实现。

3. 基本的符号运算

符号表达式、符号矩阵的运算和数学表达式的运算相同，但需注意，符号运算的结果是符号表达式。

1）四则运算

符号表达式的四则运算与数值运算一样，用+、–、*、/、^运算符实现。

【例 4-4】 符号表达式的四则运算。

```
>> syms x
>> f=2*x^2+5*x-6;g=x^2-3*x+2;
>> f+g
ans =
3*x^2 + 2*x - 4
>> y=f*g
y =
(x^2 - 3*x + 2)*(2*x^2 + 5*x - 6)
```

2）关系运算

符号表达式的关系运算有 6 种关系运算符：<、<=、>、>=、==、~=，对应的 6 个函数分别是 it、le、gt、ge、eq、ne。

若参与运算的是符号表达式，其结果是一个符号表达式；若参与运算的是符号矩阵，其结果是由符号关系表达式组成的矩阵。

注意：在符号运算中，这些关系运算并不是用来进行比较，而是通过这些关系运算符构建关系表达式，作为后续操作的限制条件。

3）逻辑运算

符号表达式的逻辑运算有 3 种逻辑运算符：&（与）、|（或）、~（非），还有 4 个逻辑运算函数：and(a,b)、or(a,b)、not(a,b)、xor(a,b)。

【例 4-5】 符号表达式的关系运算和逻辑运算。

```
>> syms x
>> assume(x>2);                              %假设 x 大于 2
>> solve((x+1)*(x+1)*(x-2)*(x-6)==0)         %在假设条件下解方程
ans =
```

```
6
>> y=x>0&x<0
y =
0 < x & x < 0
```

4）符号矩阵运算

符号矩阵运算与数值矩阵运算基本相同，其运算结果是一个符号矩阵。

【例 4-6】 求符号矩阵 $\boldsymbol{A}=\begin{bmatrix}\alpha_{11} & \alpha_{12}\\ \alpha_{21} & \alpha_{22}\end{bmatrix}$的行列式值、共轭转置和特征值。

```
>> syms a11 a12 a21 a22
>> A = [a11 a22 ; a21 a22]                %创建符号矩阵
A =
[a11, a22]
[a21, a22]
>> det(A)                                 %求行列式值
ans =
a11*a22 - a21*a22
>> A'                                     %求共轭转置
ans =
[conj(a11), conj(a21)]
[conj(a22), conj(a22)]
>> eig(A)                                 %求特征值
ans =
a11/2+a22/2-(a11^2-2*a11*a22+a22^2+4*a21*a22)^(1/2)/2
a11/2+a22/2+(a11^2-2*a11*a22+a22^2+4*a21*a22)^(1/2)/2
```

注意：除 atan2 外的三角函数和双曲函数与数值运算相同；复数运算没有提供相角的命令，指数和对数运算没有 $\log_2$ 和 $\log_{10}$。

4. 符号表达式的化简与替换

符号表达式可以用于多项式的表达，例如 $x^3-2x^2-5x+6=(x-1)(x+2)(x-3)=6+(-5+(-2+x)x)x$。根据不同的应用目的，其可以表示为多项式的常用表示方法、多项式求解或者多项式嵌套，以便于实际分析求解等。MATLAB 提供了很多用于符号表达式化简的函数，下面进行简要介绍。

1）collect 函数

collect 函数用于合并同类项。

- collect(s)：对 s 合并同类项，s 为符号表达式或符号矩阵。
- collect(s,v)：对 s 按照变量 v 合并同类项，s 为符号表达式或符号矩阵。默认对符号 x 进行合并同类项。也可以由 symvar 或 findsym 函数获取表达式变量后进行同类项合并。

【例 4-7】 用 collect 函数合并同类项。

```
>> syms x y
```

```
>> f=x^2*y+y*x-x^2+2*x;
>> collect(f)                          %对 x 合并同类项
ans =
(y - 1)*x^2 + (y + 2)*x
>> collect(f,y)                        %对 y 合并同类项
ans =
(x^2 + x)*y - x^2 + 2*x
```

2）expand 函数

expand 函数的操作对象可以是多项式、三角函数、指数函数等。

- expand(s)：对 s 进行展开，s 为符号表达式或符号矩阵。

【例 4-8】 用 expand 函数对符号表达式进行展开。

```
>> syms x
>> f=cos(3*acos(x));
>> expand(f)
ans =
4*x^3 - 3*x
>> f=(x-1)*(x+2)*(x-3);
>> expand(f)
ans =
x^3 - 2*x^2 - 5*x + 6
```

3）factor 函数

factor 函数实现符号表达式或符号矩阵的因式分解。如果输入的参数为正整数，就返回此数的素因数；如果输入的参数为数值型符号变量，则返回该参数的因式分解形式。

- factor(s)：对 s 进行因式分解。

【例 4-9】 用 factor 函数对表达式进行因式分解。

```
>> syms x y
>> f=x^3-y^3;
>> factor(f)                           %因式分解
ans =
[ x - y, x^2 + x*y + y^2]
>> factor(64)                          %对数值 64 进行因式分解
ans =
2    2    2    2    2    2
>> factor(sym('64'))                   %对数值型符号变量 64 进行因式分解
ans =
[ 2, 2, 2, 2, 2, 2]
```

4）horner 函数

horner 函数用于将符号表达式转换成嵌套表达式。

- y=horner(s)：将符号多项式 s 转换成嵌套表达式 y。

【例 4-10】 horner 函数的用法举例。

```
>> syms x
```

```
>> s=horner(2*x^4-6*x^3+9*x^2-6*x-4)
s =
x*(x*(x*(2*x - 6) + 9) - 6) - 4
>> f=(x+2)^3+5*(x+2)^2-3*(x+2)-8;
>> y=horner(f)
y =
x*(x*(x + 11) + 29) + 14
```

5）numden 函数

numden 函数用于提取符号表达式中的分子和分母。

- [n,d]=numden(s)：提取符号表达式 s 中的分子和分母。

【例 4-11】 用 numden 函数提取符号表达式的分子和分母。

```
>> syms x y
>> [n,d]=numden(x/y+y/x)                %分式通分，获取分子 n 和分母 d
n =
x^2 + y^2
d =
x*y
```

6）simplify 函数

simplify 函数用于实现符号表达式的化简。

- simplify(s)：用于实现符号表达式 s 的化简。

【例 4-12】 用 simplify 函数实现符号表达式的化简。

```
>> syms x
>> f=2*cos(x)^2-sin(x)^2;
>> simplify(f)
ans =
2 - 3*sin(x)^2
>> f=[(x^2+5*x+6)/(x+2),sqrt(49)];
>> simplify(f)
ans =
[ x + 3, 7]
```

7）subexpr 函数

subexpr 函数自动将符号表达式中重复出现的字符串用变量替换。

- y=subexpr(s, ssub)：用指定的符号变量 ssub 替换符号表达式 s 中重复出现的字符串。
- y=subexpr(s, 'ssub')：用字符串 ssub 替换符号表达式 s 中重复出现的字符串。

【例 4-13】 subexpr 函数的用法举例。

```
>> syms x y
>> f=(x+y)^2+3*(x+y);
>> y=subexpr(f)
sigma =
x + y
y =
```

```
sigma^2 + 3*sigma
```

5. 符号表达式的置换操作

MATLAB 还提供了一些函数，实现符号矩阵或符号表达式与数值矩阵间的置换操作。

1）subs 函数

subs 函数用给定值或表达式替换符号表达式中的变量。

- subs(s)：用给定值替换符号表达式 s 中的所有变量。
- subs(s,new)：用 new 替换符号表达式 s 中的自由变量。
- subs(s,old,new)：用 new 替换符号表达式 s 中的变量 old。

【例 4-14】 subs 函数的用法举例。

```
>> syms x y
>> f=(x+y)^2+3*(x+y)+5;
>> x=2;y=3;
>> f1=subs(f)                        %当 x=2、y=3 时，求表达式的值
f1 =
45
>> f2=subs(f,{x,y ,{2,3})            %当 x=2、y=3 时，求表达式的值
f2 =
45
>> f3=subs(f,x+y,log(y))             %用 ln y 替换 x+y
f3 =
3*log(y) + log(y)^2 + 5
```

2）double 函数

double 函数返回符号表达式的双精度浮点数值表示形式。

- y=double(s)：将符号数值 s 变成双精度浮点数值。若 s 为符号常数或表达式，double 返回 s 的双精度浮点数值表示形式；若 s 为元素是符号常数或表达式常数的符号矩阵，double 返回元素以双精度浮点数值表示的数值矩阵 y。

【例 4-15】 double 函数的应用。

```
>> f=str2sym('1/4+2/3')              %定义符号表达式 f=1/4+2/3
f =
11/12
>> double(f)                         %获取符号表达式的具体数值
ans =
0.9167
```

3）vpa 函数

符号计算的一个非常显著的特点是在计算过程中不会出现舍入误差，从而可以得到任意精度的数值解。如果希望计算结果精确，可以用 vpa 函数获取符合用户要求的计算精度。

- vpa(s,n)：将 s 的计算结果精确到 n 位。

【例 4-16】 vpa 函数的应用。

```
>> 1/2+2/3
```

```
ans =
      1.1667
>> vpa(1/2+2/3,11)
ans =
1.1666666667
```

可以看出，MATLAB在运算中默认采用浮点运算，其速度最快，所需的内存空间最小。在计算1/2+2/3时，浮点运算存在3次舍入误差：计算2/3的舍入误差、计算1/2+2/3的舍入误差以及将最后结果转换为十进制输出时的舍入误差。但是符号运算只有1次舍入误差，提高了运算的精度，但其增大了时间复杂度和空间复杂度。

4）sym2poly函数

sym2poly函数用于提取符号表达式中的系数向量。

- sym2poly(s)：提取符号表达式s中的系数向量。

【例4-17】 sym2poly函数的应用。

```
>> syms x
>> f=(x^2+5*x+6)*(x+2);
>> sym2poly(f)
ans =
1     7    16    12
```

注意：符号变量字母存在优先顺序。在符号计算中，x是首选的符号变量，其后的次序排列规则如下。与x的ASCII码值之差的绝对值小的字母优先；差的绝对值相同时，ASCII码值大的字母优先。自动识别符号变量时，字母的优先次序为x、y、w、z、v等，可通过命令findsym查询。

6. 符号函数绘图

MATLAB 提供的强大绘图功能除了可以绘制数值函数曲线外，还可以绘制符号函数曲线。

1）ezplot函数

ezplot 函数用于绘制二维曲线。

- ezplot(f)：绘制函数f在区间[−2π,2π]内的图形。
- ezplot(f,[min,max])：绘制函数f在指定区间[min,max]内的图形。
- ezplot(f,[min,max]，fign)：在指定窗口fign中绘制函数f的图形。

【例4-18】 绘制$f=1/\ln x^2$在区间[0,2π]内的图形。

```
>> syms x
>> f=1/log(x^2);
>> ezplot(f,[0,2*pi])
```

得到的运行结果如图4-1所示。

- ezplot(f)：绘制函数$f(x,y)=0$在$x\in[-2\pi,2\pi]$、$y\in[-2\pi,2\pi]$范围内的图形。
- ezplot(f,[xmin,xmax,ymin,ymax])：绘制函数f在$x\in$[xmin,xmax]、$y\in$[ymin,ymax]范

围内的图形。

- ezplot(f,[min,max])：绘制函数 f 在 $x\in$[min,max]、$y\in$[min,max]范围内的图形。

【例 4-19】 绘制 sin$x$+cos$y$=0 在区间[0,2π]内的图形。

```
>> syms x y
>> f=sin(x)+cos(y);
>> ezplot(f,[0,2*pi])
```

得到的运行结果如图 4-2 所示。

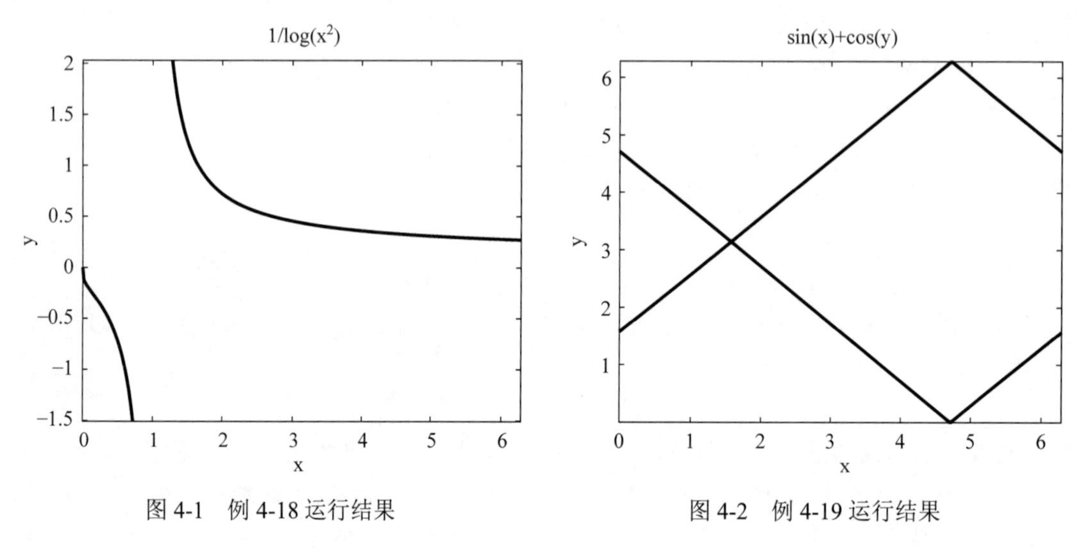

图 4-1　例 4-18 运行结果　　　　图 4-2　例 4-19 运行结果

- ezplot(x,y)：绘制参数方程 $x=x(t)$、$y=y(t)$在 $t\in$[0,2π]范围内的图形。
- ezplot(x,y,[min,max])：绘制参数方程 $x=x(t)$、$y=y(t)$在 $t\in$[min,max]范围内的图形。

【例 4-20】 绘制 f=sin$t$+cos$t$ 在区间[−2π,2π]内的图形。

```
>> syms t
>> f=sin(t)+cos(t);
>> ezplot(f,[-2*pi,2*pi])
```

得到的运行结果如图 4-3 所示。

2）ezplot3 函数

ezplot3 函数用于绘制三维曲线。

- ezplot3(x,y,z)：绘制参数方程 $x=x(t)$、$y=y(t)$，$z=z(t)$在区间[0,2π]内的图形。
- ezplot3(x,y,z,[min,max])：绘制参数方程 $x=x(t)$、$y=y(t)$，$z=z(t)$在区间[min,max]内的图形。

【例 4-21】 绘制 x=sin$t$、y=cos$t$、z=t 在区间[0,4π]内的图形。

```
>> syms t
>> f=sin(t)+cos(t);
>> ezplot(f,[-2*pi,2*pi])
```

得到的运行结果如图 4-4 所示。

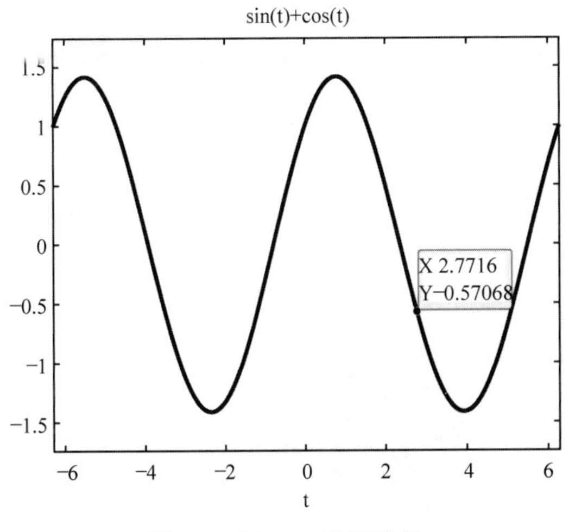

图 4-3　例 4-20 运行结果

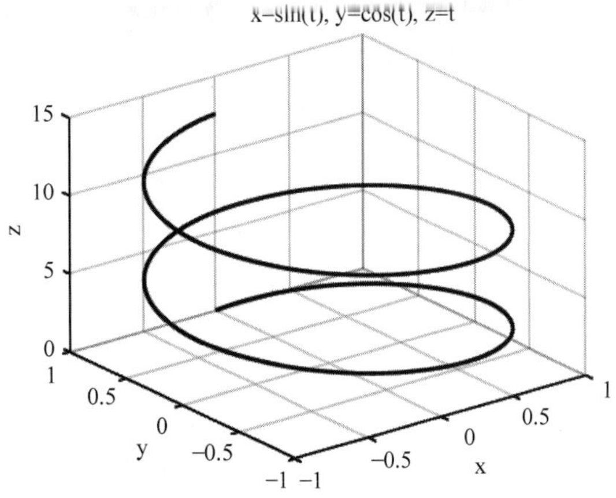

图 4-4　例 4-21 运行结果

3）ezmesh 和 ezsurf 函数

ezmesh 函数用于绘制三维网格图，ezsurf 函数用于绘制三维曲面图。

ezmesh 和 ezsurf 的调用格式相同，这里以 ezmesh 为例进行说明。

- ezmesh(f)：绘制函数 $f(x,y)$的图形。
- ezmesh(f, [min,max])：在指定区域绘制函数 $f(x,y)$的图形。
- ezmesh(x,y,z)：绘制三维参数方程图形。
- ezmesh(x,y,z, [min,max])：在区间[min,max]绘制函数三维参数方程图形。

【例 4-22】 绘制 $f(x,y)=x\mathrm{e}^{-x^2-y^2}$ 的网格图和曲面图。

```
>> syms x y
>> z=x*exp(-x^2-y^2);
>> subplot(1,2,1),ezmesh(z,[-2 2]);
>> subplot(1,2,2),ezsurf(z,[-2 2]);
```

得到的运行结果如图 4-5 所示。

4）ezmeshc 和 ezsurfc 函数

ezmeshc 函数用于绘制带等高线的三维网格图，ezsurfc 函数用于绘制带等高线的三维曲面图。

ezmeshc 和 ezsurfc 的调用格式相同，这里以 ezmeshc 为例进行说明。

- ezmeshc(f)：绘制函数 $f(x,y)$的图形。
- ezmeshc(f, [min,max])：在指定区域绘制函数 $f(x,y)$的图形。
- ezmeshc(x,y,z)，绘制三维参数方程图形。
- ezmeshc(x,y,z, [min,max])或 ezmeshc(x,y,z, [smin,smax,tmin,tmax])在指定区域绘制三维参数方程 $x=x(s,t)$、$y=y(s,t)$、$z=z(s,t)$的图形。

【例 4-23】 绘制 $f(x,y)=x\mathrm{e}^{-x^2-y^2}$ 的等高线网格图和等高线曲面图。

```
>> syms x y
```

```
>> z=x*exp(-x^2-y^2);
>> subplot(1,2,1),ezmeshc(z,[-2 2]);
>> subplot(1,2,2),ezsurfc(z,[-2 2]);
```

得到的运行结果如图 4-6 所示。

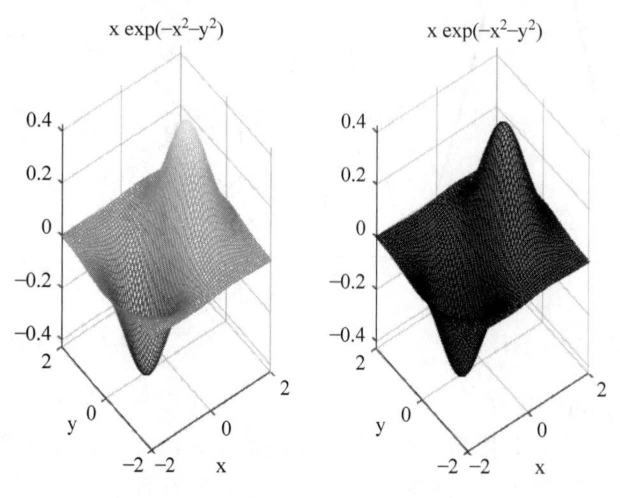

图 4-5　例 4-22 运行结果

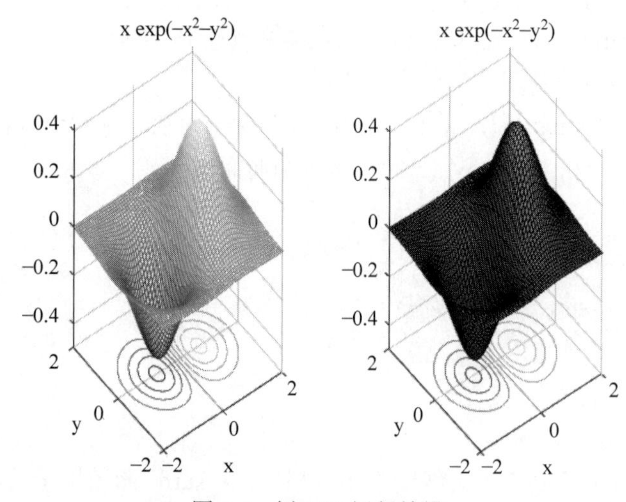

图 4-6　例 4-23 运行结果

4.2　符号微积分

微积分在数学中的地位举足轻重，在工程中也是不可替代的，是高等数学的重要内容之一。MATLAB 符号工具箱提供了很多支持微积分运算的函数，包括求极限、求微分、积分级数求和、求泰勒级数等的函数。

1. 符号表达式的极限

函数 limit 用于求符号函数的极限。系统可以根据用户要求计算变量从不同方向趋近于指定值的极限。

- limit(f)：求自变量趋近于 0 时 f 的极限。
- limit(f,x,a)：计算当变量 x 趋近于常数 a 时 f 的极限。
- limit(f,x,a,'right')：求符号函数 f 的极限，'right'表示变量 x 从右边趋近于 a。
- limit(f,x,a,'left')：求符号函数 f 的极限，'left'表示变量 x 从左边趋近于 a。

【例 4-24】求 $L=\lim\limits_{h\to 0}\dfrac{\ln(x+h)-\ln x}{h}$，$M=\lim\limits_{n\to\infty}\left(1-\dfrac{x}{n}\right)^n$。

```
>> syms x h n
>> L=limit((log(x+h)-log(x))/h,h,0)
L =
1/x
>> M=limit((1-x/n)^n,n,inf)
M =
exp(-x)
```

2. 符号微分

diff 函数用来求取符号表达式的导数。

- diff(f)：求 f 对自由变量的一阶导数。
- diff(f,'t')：求 f 对变量 t 的一阶导数。
- diff(f,n)：求 f 对自由变量的 n 阶导数。
- diff(f,'t',n)：求 f 对变量 t 的 n 阶导数。

【例 4-25】求 $f=\begin{bmatrix} t^3-\mathrm{e}^x & t/x \\ t\cos x & \ln x \end{bmatrix}$ 的 $\dfrac{\mathrm{d}f}{\mathrm{d}x}$、$\dfrac{\mathrm{d}^2 f}{\mathrm{d}t^2}$ 和 $\dfrac{\mathrm{d}^2 f}{\mathrm{d}t\mathrm{d}x}$。

```
>> syms x t
>> f=[t^3-exp(x),t/x;t*cos(x),log(x)]
f =
[ t^3 - exp(x),    t/x]
[      t*cos(x), log(x)]
>> diff(f,x,1)                         %求 f 对 x 的一阶导数
ans =
[    -exp(x), -t/x^2]
[ -t*sin(x),     1/x]
>> diff(f,t,2)                         %求 f 对 t 的二阶导数
ans =
[ 6*t, 0]
[   0, 0]
>> diff(diff(f,t,1),x,1)               %求 f 对 t 和 x 的一阶导数
ans =
```

```
[        0, -1/x^2]
[ -sin(x),       0]
```

【例 4-26】求 $\left.\frac{\mathrm{d}g}{\mathrm{d}y}\right|_{x=1,y=2}$ ，其中 $g(x,y)=\frac{x^3y-5y}{2x^2+7}$ 。

```
>> syms x y
>> g=(x^3*y-5*y)/(2*x^2+7);
>> gy=diff(g,y,1)
gy =
(x^3 - 5)/(2*x^2 + 7)
>> subs(gy,[x,y], 1,2])          %用 1、2 替换 x、y
ans =
-4/9
```

3. 符号积分

int 函数用来求取符号表达式的积分。

- int(f,'t')：求变量 t 的不定积分。
- int(f,'t',a,b)：求变量 t 在[a,b]区间的定积分。

【例 4-27】求 $I=\int\frac{x^2+1}{\left(x^2-2x+2\right)^2}\mathrm{d}x$ 和 $K=\int_0^{+\infty}\mathrm{e}^{-x^2}\mathrm{d}x$ 。

```
>> syms x
>> f=(x^2+1)/(x^2-2*x+2)^2;
>> I=int(f,x)
I =
(3*atan(x - 1))/2 + (x/2 - 3/2)/(x^2 - 2*x + 2)
>> K=int(exp(-x^2),x,0,inf)
K =
pi^(1/2)/2
```

【例 4-28】求 $y=\int\begin{bmatrix} ax & bx \\ 1/x & \sin x \end{bmatrix}\mathrm{d}x$ 和 $u=\iiint(x^2+y^2+z^2)\mathrm{d}x\mathrm{d}y\mathrm{d}z$ 。

```
>> syms a b x
>> f=[a*x,b*x;1/x,sin(x)];               %求矩阵的积分
>> y=int(f,x)
y =
[ (a*x^2)/2, (b*x^2)/2]
[    log(x),    -cos(x)]
>> syms x y z                            %求多重积分
>> f=x^2+y^2+z^2;
>> u=int(int(int(f,x),y),z)
u =
(x*y*z*(x^2 + y^2 + z^2))/3
```

4. 级数求和

symsum 函数用来求取符号表达式的级数和。

- symsum(f)：求默认自变量 x 在区间[0,v-1]内之和。
- symsum(f,v,a,b)：求变量 v 从 a 到 b 的和。

【例 4-29】 求 $y=1+\frac{1}{3}+\frac{1}{5}+\cdots+\frac{1}{2n-1}$ 当 n=100 时的值。

```
>> syms n
>> f=1/(2*n-1);
>> y=symsum(f,n,1,100)
y =
8654590343632330736271597329038616601268156410349231938070835683330531233950965153947472/2635106162757236442495826303084698495565581115509040892412867358728390766099042109898375
>> double(y)                        %将符号数字转换为数值数字
ans =
3.2843
```

5. 泰勒展开式

taylor 函数用来求取符号表达式的泰勒展开式。

- r=taylor(f)：计算表达式 f 的泰勒展开式。
- r=taylor(f,v,a,name,n)：表达式 f 对自变量 v 在 a 处的 n 阶泰勒展开式。name 可以取 3 种字符串。'ExpansionPoint'指定展开点，对应值可以是标量或向量，未设置时，展开点是 0; 'Order'指定截断参数，对应值为一个正整数，未设置时，截断参数为 6，即展开式的最高阶为 5；'OrderMode'指定展开式采用绝对阶或相对阶，对应值为'Absolute'或'Relative'，未设置时取'Absolute'。

【例 4-30】 求函数 $f(x)=\mathrm{e}^x$ 在 x=100 处的五阶泰勒展开式。

```
>> syms x
>> taylor(exp(x),x,100,'order',5)
ans =
exp(100) + exp(100)*(x - 100) + (exp(100)*(x - 100)^2)/2 + (exp(100)*(x - 100)^3)/6 + (exp(100)*(x - 100)^4)/24
```

6. 其他常用数学变换

其他常用数学变换如下：

- L=fourier(f,t,w)：求时域函数 f 的傅里叶变换 L。返回结果 L 是符号变量 w 的函数，当参数 w 省略时，默认返回结果为 w 的函数；f 为 t 的函数，当参数 t 省略时，默认自由变量为 x。
- F=ifourier(L)：求频域函数 L 的傅里叶反变换 F(t)。
- L=laplace(F)：对 F 进行拉普拉斯变换，默认自变量为 t。

- F=ilaplace(L)：对 L 进行拉普拉斯反变换，得到时域函数 F。
- Z=ztrans(F)：返回独立变量 t 关于符号 F 的 Z 变换函数。
- F=iztrans(T)：返回独立变量 z 关于符号向量 T 的 Z 反变换函数。默认自变量为 n。

【例 4-31】 求函数 $f = t$ 的傅里叶变换、拉普拉斯变换、Z 变换及各自的反变换。

```
>> syms t w
>> F=fourier(t,t,w)                  %傅里叶变换
F =
pi*dirac(1, w)*2i
>> f=ifourier(F,t)                   %傅里叶反变换
f =
1/t
>> f=ifourier(F)                     %默认自变量为 x 的傅里叶反变换
f =
x
>> L=laplace(t)                      %对 t 进行拉普拉斯变换
L =
1/s^2
>> F=ilaplace(L)                     %对 L 进行拉普拉斯反变换
F =
t
>> Z=ztrans(t)                       %对 t 进行 Z 变换
Z =
z/(z - 1)^2
>> T=iztrans(Z)                      %Z 反变换
T =
n
>> T=iztrans(Z,t)                    %自变量为 t 的 Z 反变换
T =
t
```

4.3　符号方程求解

MATLAB 符号运算能够求解一般的代数方程、代数方程组，也能够求解微分方程和反函数。

1. 求解代数方程和代数方程组

对于一元二次方程 $ax^2 + bx + c = 0(a \neq 0)$ 来说，根的形式为 $x_{1,2} = \dfrac{-b \pm \sqrt{b^2 - 4ac}}{2a}$。当给定参数值后，求根的过程就是数值计算问题；当需要给出通式时，求根的过程就是符号计算问题。

solve 函数用于求解代数方程和代数方程组。

- solve(eqn)：求解符号表达式 eqn 的代数方程，求解变量为默认变量。
- solve(eqn,var)：求解符号表达式 eqn 的代数方程，求解变量为 var。
- solve(eqn1,eqn2…)：求解符号表达式 eqn1,eqn2,…组成的代数方程组。

注意：方程可以包含等号；如果不包含等号，此时表示等于零的方程。此处的等号为“==”。

【例 4-32】解方程 $x^2-3x+1=0$。

```
>> syms x
>> f=x^2-3*x+1;
>> s=solve(f,x)                          %或 s=solve(f)
s =
 3/2 - 5^(1/2)/2
 5^(1/2)/2 + 3/2
>> s=solve(x^2-3*x+1==0,x)               %解符号方程
s =
 3/2 - 5^(1/2)/2
 5^(1/2)/2 + 3/2
```

【例 4-33】解方程组 $\begin{cases} x(y+1)+y(1-x)=2 \\ x(x+1)-y-x^2=0 \end{cases}$。

```
>> syms x y
>> equ1=x*(y+1)+y*(1-x)==2;equ2=x*(x+1)-y-x^2==0;
>> [sx,sy]=solve( equ1 equ2], x,y)
sx =
1
sy =
1
```

2. 求解微分方程

对于微分方程 $y'=ay$ 来说，解的形式为 $y(t)=\mathrm{e}^{at+c}=c_1\mathrm{e}^{at}$。当确定参数值后，求解的过程就是数值计算问题；当需要给出通式时，求解的过程就是符号计算问题。

dsolve 函数用于求解微分方程：

- S=dsolve(eqn)：求解微分方程。
- Y=dsolve(eqn,cond) 或 [y1,y2,…]=dsolve(eqn,cond)：求解微分方程，初始条件为 cond。

注意：这里 eqn 可以是符号表达式，也可以是字符串。在符号表达式中使用 diff 函数表示微分，如 diff(y)表示 y 的一阶微分，diff(y,n)表示 y 的 n 阶微分。以字符串表示 eqn 时，用大写字母 D 表示导数，如 Dy 表示 y'，D2y 表示 y''，Dy(0)=5 表示 $y'(0)=5$。返回值 S 为符号数组，Y 为结构数组，y1,y2,…为求解的所有变量值。

【例 4-34】求解二阶常微分方程 $\frac{\mathrm{d}^2y}{\mathrm{d}t^2}+y=1-t^2$ 的通解以及 $y(0)=0.4$、$y'(0)=0.7$ 时的

特解。

```
>> syms x y
>> dsolve('D2y+y==1-t^2')                              %D2y+y==1-t^2 是字符串
ans =
C3*cos(t) - C4*sin(t) - t^2 + 3
>> dsolve('D2y+y==1-t^2','y(0)=0.4','Dy(0)=0.7')   %求特解
ans =
(7*sin(t))/10 - (13*cos(t))/5 - t^2 + 3

>> syms y(t)                                          %定义 y 为 t 的符号表达式
>> dsolve(diff(y,2)+y==1-t^2)                         %求通解
ans =
C3*cos(t) - C4*sin(t) - t^2 + 3
>> Dy = diff(y,t);                                    %先定义微分
>> dsolve(diff(y,2)+y==1-t^2,y(0)==0.4,Dy(0)==0.7) %求通解
ans =
(7*sin(t))/10 - (13*cos(t))/5 - t^2 + 3
```

【例 4-35】求解微分方程 $\begin{cases} \dfrac{\mathrm{d}x}{\mathrm{d}t}+5x+y=\mathrm{e}^t \\ \dfrac{\mathrm{d}y}{\mathrm{d}t}-x-3y=0 \end{cases}$ 在初始条件 $x(0)=1$、$y(0)=0$ 时的特解。

```
>> syms x y t
>> [x,y]=dsolve('Dx+5*x+y=exp(t)','Dy-x-3*y=0','x(0)=1','y(0)=0',t);

>> syms x(t) y(t)
>> [x,y]=dsolve(diff(x)+5*x+y==exp(t),diff(y)-x-3*y==0,x(0)==1,y(0)==0,t)
```

3. 反函数

在一些运算中可能还会用到反函数，其命令格式如下：

- finverse(f)：求 f 关于默认变量的反函数。
- finverse(f,v)：求 f 关于指定变量 v 的反函数。

【例 4-36】 计算 $f=x^2+5t$ 的反函数。

```
>> syms x t
>> f=x^2+5*t;
>> finverse(f)                       %对默认变量的反函数
ans =
(x - 5*t)^(1/2)
>> finverse(f,t)                      %对变量 t 的反函数
ans =
- x^2/5 + t/5
>> finverse(f,x)                      %对变量 x 的反函数
ans =
```

```
(x - 5*t)^(1/2)
```

4.4　实验四：MATLAB 符号运算

4.4.1　实验目的

1. 了解符号对象和数值对象的差别以及它们的相互转换。
2. 掌握符号对象的基本操作和运算，以及符号运算的基本应用。

4.4.2　实验内容

1. 已知 x=4，y=7，利用符号表达式求 $f=\dfrac{x+2}{y^2+4\sqrt{x-y}+3}$ 的值。

2. 求极限。

（1）$\lim\limits_{x\to a}\dfrac{\sqrt[m]{x}-\sqrt[m]{a}}{x-a}$；（2）$\lim\limits_{n\to\infty}\left(1+\dfrac{1}{n}\right)^n$；（3）$\lim\limits_{x\to 1}\left(\dfrac{1}{1-x}+\dfrac{1}{1-x^3}\right)$。

3. 求积分。

（1）$y=\int(x^5+2x^2-\sqrt{x})\mathrm{d}x$；（2）$\int_2^{\sin x}\dfrac{4x}{t}\mathrm{d}t$；（3）$y=\iint x\mathrm{e}^{-xy}\mathrm{d}x\mathrm{d}y$。

4. 求 $f=\begin{bmatrix} a & t^3 \\ t\sin x & \ln x \end{bmatrix}$ 的 $\dfrac{\mathrm{d}f}{\mathrm{d}x}$、$\dfrac{\mathrm{d}^2 f}{\mathrm{d}t^2}$ 和 $\dfrac{\mathrm{d}^2 f}{\mathrm{d}t\mathrm{d}x}$。

5. 解方程 $\begin{cases} x+2y+z=1 \\ 2x+y-2z=3 \\ 3x-4y+2z=9 \end{cases}$。

6. 解微分方程。

（1）$\dfrac{\mathrm{d}^2 x}{\mathrm{d}t}=\sin t$；（2）$\dfrac{\mathrm{d}y}{\mathrm{d}s}=y^2+6$。

4.4.3　参考程序

1. 操作和结果如下。

```
>> syms x y
>> f=(x+2)/(y^2+4*sqrt(x-y)+3);
>>double( subs(f, [x,y],[4,7]))
ans =
0.1134 - 0.0151i
```

2. 操作和结果如下。

（1）

```
>> syms x a m
>> f=(x^(1/m)-a^(1/m))/(x-a);
>> limit(f,x,a)
ans =
a^(1/m - 1)/m
```

（2）

```
>> syms n
>> f=(1+1/n)^n;
>> limit(f,n,inf)
ans =
exp(1)
```

（3）

```
>> syms x
>> f=(1/(1-x)-1/(1-x^3));
>> limit(f,x,1)
ans =
NaN
```

3. 操作和结果如下。

（1）

```
>> syms x
>> int(x^5+2*x^2-sqrt(x))
ans =
(2*x^3)/3 - (2*x^(3/2))/3 + x^6/6
```

（2）

```
>> syms x t
>> int(4*x/t,t,2,sin(x))
ans =
4*x*(log(sin(x)) - log(2))
```

（3）

```
>> syms x y
>> f=x*exp(-x*y);
>> y=int(int(f,x),y)
y =
exp(-x*y)/y
```

4. 操作和结果如下。

```
>> syms a t x
>> f=[a t^3;t*sin(x) log(x)];
>> df=diff(f)
df =
[          0,   0]
[ t*cos(x), 1/x]
>> dft=diff(f,t,2)
dft =
[ 0, 6*t]
[ 0,   0]
>> dftx = diff(diff(f,t),x)
dftx =
[       0, 0]
[ cos(x), 0]
```

5. 操作和结果如下。

```
>> syms x y z
>> f1=x+2*y+z==1;
>> f2=2*x+y-2*z==3;
>> f3=3*x-4*y+2*z==9;
>> [x,y,z]=solve(f1,f2,f3)
x =
75/37
y =
-23/37
z =
8/37
```

6. 操作和结果如下。

（1）

```
>> syms x(t)
>> dsolve(diff(x,2)==sin(t))
ans =
C5 - sin(t) + C4*t
>> syms x t
>> dsolve('D2x=sin(t)','t')
ans =
C5 - sin(t) + C4*t
```

（2）

```
>> syms y(s)
>> dsolve(diff(y,s)==y^2+6)
ans =
 6^(1/2)*tan(6^(1/2)*(C9 + s))
```

```
                       6^(1/2)*1i
                      -6^(1/2)*1i
>> syms y s
>> dsolve('Dy=y^2+6','s')
ans =
 6^(1/2)*tan(6^(1/2)*(C9 + s))
                       6^(1/2)*1i
                      -6^(1/2)*1i
```

4.5 课 程 思 政

本章部分内容的思政元素融入点如表 4-1 所示。

表 4-1　本章部分内容的思政元素融入点

节	思政元素融入点
4.1　符号对象与表达式	讲解符号运算时，引导学生正确看待变化的世界，遵守基本原则，进而创造出有价值的产品，提供有价值的服务，为社会做出贡献
4.2　符号微积分	这部分内容不仅有微分和积分运算，还包括其他相关运算。在讲授中强调所有运算都是平等的，没有任何一个运算比其他运算更优越，引导学生理解在社会中每一个人都应该享有平等的权利和机会，没有任何人应该受到歧视或排斥
4.3　符号方程求解	方程是一个整体，是由几个表达式组合在一起构成的。在社会中人们应该相互合作，共同完成各项任务，实现共同目标

练　习　四

1. 创建符号表达式 f=sin$x$+2x，并求出 x=π/3 处的值，结果保留 6 位数字。

2. 若 $f = x^2 + 5x + 4$， $g = x^2 - 3x - 4$，完成如下运算。

（1）求 y_1=f+g，y_2=f/g。

（2）对 y_1 进行因式分解，对 y_2 进行化简并获取化简后的分子和分母。

（3）求 g 的反函数。

3. 符号绘图。

（1）绘制 $f(x)$=sin x+2cos x，0<x<2π 的图形。

（2）绘制 $z=x^2+6xy+y^2+6x+2y-1$，−10<x<10，−10<y<10 的网格图和表面图。

4. 完成以下运算。

（1）对 e^{-aT} 进行拉普拉斯变换及 Z 变换。

（2）求 $F(s)=\dfrac{s+2}{s^2+4s+3}$ 的原函数和 Z 变换并进行相应的反变换。

5. 求下列各表达式的极限。

（1） $\lim\limits_{x\to 0}\left(\frac{1+x}{1-x}\right)^{\frac{1}{x}}$；（2） $\lim\limits_{x\to\infty}\frac{\arctan x}{x}$；（3） $\lim\limits_{x\to 0}\frac{\tan x-\sin x}{1-\cos 2x}$。

6. 求积分。

（1） $y=\int\cos 2x\mathrm{d}x$；（2） $y=\int_2^{15}x/(1+z^2)\mathrm{d}z$；（3） $y=\iint y\sin x\mathrm{d}x\mathrm{d}y$。

7. 若 $f=xy\ln(x+y)$，求 $\frac{\mathrm{d}^2 f}{\mathrm{d}x^2}$ 和 $\frac{\mathrm{d}^2 f}{\mathrm{d}x\mathrm{d}y}$。

8. 解方程 $\begin{cases}6x_1+3x_2+4x_3=3\\-2x_1+5x_2+7x_3=-4\\8x_1-4x_2-3x_3=-7\end{cases}$。

9. 完成以下运算。

（1）解微分方程 $y'=6x$。

（2）求 $y''+3y'+5x-4=0$ 在 $y(0)=1$、$y'(0)=0$ 时的特解。

参考答案

1. 操作和结果如下。

```
>> syms x
>> f=sin(x)+2*x;
>> subs(f,pi/3)
ans =
(2*pi)/3 + 3^(1/2)/2
>> vpa(ans,6)
ans =
2.96042
```

2. 操作和结果如下。

（1）

```
>> syms x
>> f=x^2+5*x+4;g=x^2-3*x-4;
>> y1=f+g
y1 =
2*x^2 + 2*x
>> y2=f/g
y2 =
-(x^2 + 5*x + 4)/(- x^2 + 3*x + 4)
```

（2）

```
>> factor(y1)
ans =
```

```
[ 2, x, x + 1]
>> y3=simplify(y2)
y3 =
(x + 4)/(x - 4)
>> [n,d]=numden(y3)
n =
x + 4
d =
x - 4
```

（3）

```
>> finverse(g)
ans =
(4*x + 25)^(1/2)/2 + 3/2
```

3. 操作和结果如下。

（1）操作如下。

```
>> syms x
>> ezplot(sin(x)+2*cos(x),[0 2*pi])
```

结果如图 4-7 所示。

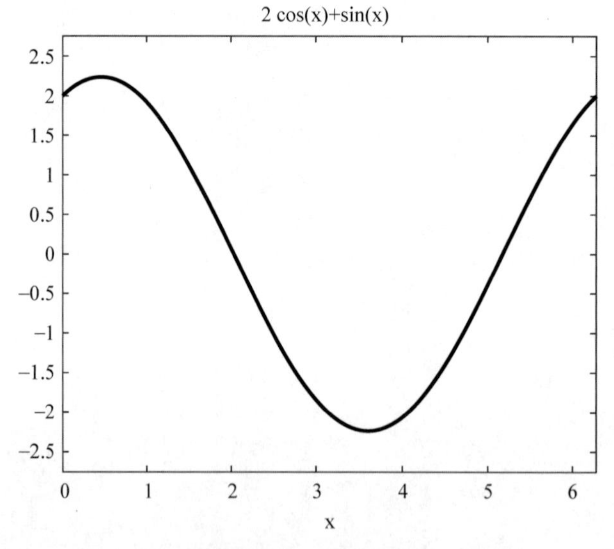

图 4-7　第 3 题（1）输出图形

（2）操作如下。

```
>> syms x y
>> z=x^2+6*x*y+y^2+6*x+2*y-1;
>> subplot(1,2,1);ezmesh(z,[-10,10])
>> subplot(1,2,2);ezsurf(z,[-10,10])
```

结果如图 4-8 所示。

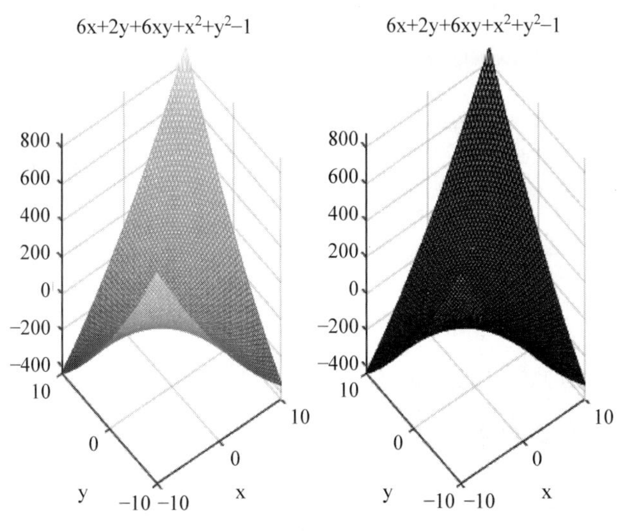

图 4-8　第 3 题（2）输出图形

4. 操作和结果如下。

（1）

```
>>syms a t
>>laplace(exp(-a*t))
ans =
1/(a + s)
>>syms a t
>>z=ztrans(exp(-a*t))
z=
z/(z - exp(-a))
```

（2）

```
>> syms s
>> y=(s+2)/(s^2+4*s+3);
>> y1=ilaplace(y)
y1 =
exp(-t)/2 + exp(-3*t)/2
>> y2=ztrans(y1)
y2 =
z/(2*(z - exp(-1))) + z/(2*(z - exp(-3)))
>> y3=iztrans(y2);
```

5. 操作和结果如下。

（1）

```
>> syms x
>> f=((1+x)/(1-x))^(1/x);
>> limit(f)
ans =
```

```
exp(2)
```

（2）

```
>> syms x
>> f=atan(x)/x;
>> limit(f,x,inf)
ans =
0
```

（3）

```
>> syms x
>> f=(tan(x)-sin(x))/(1-cos(2*x));
>> limit(f)
ans =
0
```

6. 操作和结果如下。

（1）

```
>> syms x
>> int(cos(2*x))
ans =
sin(2*x)/2
```

（2）

```
>> syms x z
>> int(x/(1+z^2),z,[2 15])
ans =
x*atan(13/31)
```

（3）

```
>> syms x y
>> int(int(y*sin(x),x),y)
ans =
-(y^2*cos(x))/2
```

7. 操作和结果如下。

```
>> syms x y
>> f=x*y*log(x+y);
>> diff(f,x,2)
ans =
(2*y)/(x + y) - (x*y)/(x + y)^2
>> diff(diff(f,x),y)
ans =
log(x + y) + x/(x + y) + y/(x + y) - (x * y)/(x + y)^2
```

8. 操作和结果如下。

```
>> syms x1 x2 x3
>> f1=6*x1+3*x2+4*x3==3;
>> f2=-2*x1+5*x2+7*x3==-4;
>> f3=8*x1-4*x2-3*x3==-7;
>> [x1,x2,x3]=solve(f1,f2,f3)
x1 =
3/5
x2 =
7
x3 =
-27/5
```

9. 操作和结果如下。

（1）

```
>> syms x y
>> dsolve('Dy=6*x','x')
ans =
3*x^2 + C11
```

（2）

```
>> syms x y
>> dsolve('D2y+3*Dy+5*x-4=0','Dy(0)=0','y(0)=1','x')
ans =
(17*x)/9 + (17*exp(-3*x))/27 - (5*x^2)/6 + 10/27
```

第5章

数据分析

5.1 数据的特征量

5.1.1 随机变量的数字特征

数据分析是科学研究中的常用方法。MATLAB 中提供的数据分析常用函数如表 5-1 所示。其中部分函数的功能是求取随机变量的数字特征，即与随机变量有关的某些数值，它们虽然不能完整地描述随机变量，但是能描述随机变量在某些方面的重要特征。

表 5-1 数据分析常用函数

函数	功 能	函数	功 能
max	求最大元素	mean	求算术平均值
min	求最小元素	median	求中值
sum	求和	cumsum	求累加和
prod	求积	cumprod	求累乘积
var	求方差	std	求标准差
cov	求协方差	corrcoef	求相关系数

求向量中的最大元素可调用函数 max(x)，求向量中的最小元素可调用函数 min(x)，具体调用格式如下（x 为向量）：

```
y=max(x)                    %返回 x 中的最大元素给 y
[y,k]=max(x)                %返回 x 中的最大元素给 y，所在位置为 k
y=min(x)                    %返回 x 中的最小元素给 y
[y,k]=min(x)                %返回 x 中的最小元素给 y，所在位置为 k
```

求矩阵各行或各列中的最大元素可调用函数 max(A)，求矩阵各行或各列中的最小元素可调用函数 min(A)，具体调用格式如下（A 为矩阵）：

```
Y=max(A)                    %返回矩阵 A 每列中的最大元素给 Y，Y 是一个行向量
[Y,k]=max(A)                %返回矩阵 A 每列中的最大元素给 Y，k 记录每列最大元素的行号
[Y,k]=max(A,[],dim)         %dim=2 时，返回每行中的最大元素；dim=1 时，与 max(A)完全
                            %相同
Y=min(A)                    %返回矩阵 A 每列中的最小元素给 Y，Y 是一个行向量
[Y,k]=min(A)                %返回矩阵 A 每列中的最小元素给 Y，k 记录每列最小元素的行号
```

```
[Y,k]=min(A,[],dim)       %dim=2 时，返回每行中的最小元素；dim=1 时，与 min(A)完全
                          %相同
```

对于相同维度的向量或矩阵，也可以用 max 函数和 min 函数求所有对应位置的最大值和最小值，具体调用方法参考例 5-1。

【例 5-1】 给定维度相等的矩阵 A 和 B（矩阵中元素值见下面的命令行输入），求其对应位置元素最大值和最小值。

```
>> A=[1 9 8;6 3 2;2 7 6];
>> B=[3 7 3;5 6 1;7 9 5];
>> C=max(A,B)
C =
     3     9     8
     6     6     2
     7     9     6
>> D=min(A,B)
D =
     1     7     3
     5     3     1
     2     7     5
```

mean 函数可以用来求向量或矩阵元素的算术平均值，具体调用格式如下（X 为向量，A 为矩阵）：

```
Y=mean(X)               %返回向量元素的算术平均值
B=mean(A)               %返回矩阵每列元素的算术平均值的行向量
B=mean(A,dim)           %dim=2 时，返回矩阵每行元素的算术平均值的列向量；dim=1 时，
                        %与 mean(A)完全相同
```

median 函数可以用来求向量或矩阵元素的中值，具体调用格式如下（X 为向量，A 为矩阵）：

```
y=median(X)             %返回向量元素的中值
B=median(A)             %返回矩阵每列元素的中值的行向量
B=median(A,dim)         %dim=2 时，返回矩阵每行元素的中值的列向量；dim=1 时，
                        %与 median(A)完全相同
```

sum 函数可以用来对向量或矩阵元素求和，具体调用格式如下（X 为向量，A 为矩阵）：

```
Y = sum(X)              %返回向量元素之和
B = sum(A)              %返回矩阵各列元素之和的行向量
B = sum(A,dim)          %dim=2 时，返回矩阵各行元素之和的列向量；dim=1 时，与 sum(A)
                        %完全相同
```

prod 函数可以用来对向量或矩阵元素求积，具体调用格式如下（X 为向量，A 为矩阵）：

```
Y = prod(X)             %返回向量元素之积
B = prod(A)             %返回矩阵各列元素之积的行向量
B = prod(A,dim)         %dim=2 时，返回矩阵各行元素之积的列向量；dim=1 时，与 prod(A)
                        %完全相同
```

cumsum 函数可以用来对向量或矩阵元素求累加和，具体调用格式如下（X 为向量，A 为矩阵）：

```
Y=cumsum(X)           %返回向量元素累加和
B=cumsum(A)           %返回矩阵各列元素累加和的行向量
B=cumsum(A,dim)       %dim=2 时，返回矩阵各行元素累加和的列向量；dim=1 时，
                      %与 cumsum(A)完全相同
```

cumprod 函数可以用来对向量或矩阵元素求累乘积，具体调用格式如下（X 为向量，A 为矩阵）：

```
Y=cumprod(X)          %返回向量元素累乘积
B=cumprod(A)          %返回矩阵各列元素累乘积的行向量
B=cumprod(A,dim)      %dim=2 时，返回矩阵各行元素累乘积的列向量；dim=1 时，与
                      %cumsum(A)完全相同
```

【例 5-2】 求向量 X 和矩阵 A 中元素的累加和与累乘积（向量和矩阵中的元素值见下面的命令行输入）。

```
>> A=[1 9 8;6 3 2;2 7 6];
>> X=[1 5 -2 3 6];
>> Y=cumsum(X)
Y =
1     6     4      7    13
>> Z=cumprod(X)
Z =
1     5   -10   -30  -180
>> B=cumsum(A)
B =
1     9     8
7    12    10
9    19    16
>> C=cumprod(A)
C =
 1     9     8
 6    27    16
12   189    96
>> D=cumsum(A,2)
D =
1    10    18
6     9    11
2     9    15
>> E=cumprod(A,2)
E =
1     9    72
6    18    36
2    14    84
```

var 函数可以用来返回向量或矩阵元素的方差，具体调用格式如下（X 为向量，A 为矩阵）：

```
Y=var(X)               %采用无偏估计式计算向量元素的方差，即前置因子为1/(n-1)
Y=var(X,1)             %采用有偏估计式计算向量元素的方差，即前置因子为1/n
B=var(A)               %采用无偏估计式计算矩阵中各列向量的方差，组成行向量
B=var(A,flag,dim)      %计算矩阵中指定维度的方差。dim用来指定在行方向或列方向计算；
                       %flag=0时采用无偏估计式，flag=1时采用有偏估计式
```

std函数可以用来返回向量或矩阵元素的标准差，具体调用格式如下（X为向量，A为矩阵）：

```
Y=std(X)               %采用无偏估计式计算向量元素的标准差
Y=std(X,1)             %采用有偏估计式计算向量元素的标准差
B=std(A)               %采用无偏估计式计算矩阵中各列向量的标准差，组成行向量
B=std(A,flag,dim)      %计算矩阵中指定维度的标准差。dim用来指定在行方向或列方向计算；
                       %flag=0时采用无偏估计式，flag=1时采用有偏估计式
```

对于随机变量x和y，其协方差的定义如下式所示：

$$\mathrm{cov}(x, y)=E\{[x-E(x)][y-E(y)]\}$$

对于n维随机变量$(x_1,x_2,\cdots, x_n)^{\mathrm{T}}$，定义其协方差矩阵如下：

$$\boldsymbol{C}=\begin{bmatrix} \mathrm{cov}(x_1,x_1) & \mathrm{cov}(x_1,x_2) & \cdots & \mathrm{cov}(x_1,x_n) \\ \mathrm{cov}(x_2,x_1) & \mathrm{cov}(x_2,x_2) & \cdots & \mathrm{cov}(x_2,x_n) \\ \vdots & \vdots & \ddots & \vdots \\ \mathrm{cov}(x_n,x_1) & \mathrm{cov}(x_n,x_2) & \cdots & \mathrm{cov}(x_n,x_n) \end{bmatrix}$$

使用协方差，还可以计算随机变量x和y的相关系数，其公式如下：

$$\mathrm{cof}(x,y)=\frac{\mathrm{cov}(x,y)}{\sqrt{D(x)}\sqrt{D(y)}}$$

在MATLAB中，使用cov函数计算向量的协方差或矩阵的协方差矩阵，具体调用格式如下（X和Y为维数相同的向量，A和B为维数相同的矩阵）：

```
Z=cov(X)               %采用无偏估计式计算向量元素的协方差
Z=cov(X,1)             %采用有偏估计式计算向量元素的协方差
Z=cov  (X,Y)           %采用无偏估计式得到两个向量的协方差矩阵
Z=cov(X,Y,1)           %采用有偏估计式得到两个向量的协方差矩阵
C=cov(A)               %采用无偏估计式得到矩阵列向量的协方差矩阵，即矩阵每行表示一组
                       %观察值，每列表示一个随机向量
C=cov(A,1)             %计算方法与C=cov(A)一致，但采用有偏估计式
C=cov(A,B)             %采用无偏估计式，通过计算所有对应元素得到两个矩阵的协方差矩阵
C=cov(A,B,1)           %采用有偏估计式，通过计算所有对应元素得到两个矩阵的协方差矩阵
```

使用corrcoef函数可以计算向量的相关系数或矩阵的相关系数矩阵，具体调用格式如下（X和Y为维数相同的向量，A为矩阵）：

```
Z=corrcoef(X,Y)        %返回两个向量的相关系数
B=corrcoef(A)          %返回矩阵列向量的相关系数矩阵
```

除了以上常用的特征量计算函数以外，MATLAB还提供了丰富的函数库用于计算数据特征量。

例如，对于平均值的计算，除了常用的mean函数外，还有以下函数：geomean函数用

于计算样本的几何平均值，harmmean 函数用于计算样本的调和平均值，nanmean 函数用于在计算样本的平均值时忽略样本中的非数值型输入，trimmean 函数用于在计算样本的平均值时忽略数值变化过大的值。

对向量或矩阵进行排序，可以调用 sort 函数，具体调用格式如下（X 为向量，A 为矩阵）：

```
Y=sort(X)                   %返回一个按升序排列的向量
[B,I]=sort(A,dim,mode)      %dim=1 时按列排序，dim=2 时按行排序；mode 为'ascend'时
                            %升序，为'descend'时降序；I 记录 B 中元素在 A 中的位置
```

5.1.2 随机变量的分布

有些随机变量服从特殊的数学分布，如均匀分布、正态分布等，MATLAB 工具箱提供了丰富的函数对这些特殊分布进行描述。

在 MATLAB 中，提供了 pdf 函数作为通用的概率密度计算方法，具体调用格式如下（X 为向量，A 为矩阵）：

```
Y=pdf(name,X,v1,v2)         %返回概率密度向量，即输入的样本向量各元素在此分布中对应的
                            %概率密度。name 为分布名称，v1、v2 为此分布的参数
B=pdf(name,A,V1,V2,V3)      %返回输入样本矩阵在此分布中对应的概率密度矩阵。name 为分布
                            %名称，V1、V2、V3 为此分布的参数矩阵
```

除了 pdf 函数以外，MATLAB 也为很多特殊分布提供了独立的实现函数，在实际应用中它们往往可以与 pdf 函数互相替代。

1. 均匀分布

均匀分布就是在一个大的区域内，数据出现在任何一个小的区域的概率都是相同的。其概率密度函数见下式：

$$p(z)=\begin{cases}\dfrac{1}{b-a}, & a\leqslant z<b\\ 0, & \text{其他}\end{cases}$$

式中，a、b 分别为均匀分布的下界、上界。

当 μ 表示 z 的平均值或期望值，σ 表示 z 的标准差，而标准差的平方 σ^2 称为 z 的方差。均匀分布概率密度的均值和方差分别为

$$\mu=\frac{a+b}{2}$$

$$\sigma^2=\frac{(b-a)^2}{12}$$

均匀分布在 MATLAB 中的实现方式如下（X 为向量）：

```
Y=pdf('unif',X,v1,v2)       %返回概率密度向量，X 为样本向量，v1、v2 分别为均匀分布
                            %的下界、上界
```

```
Y=unifpdf(X,v1,v2)        %返回值与各参数意义均与 pdf 函数相同
```

另外，均匀分布作为产生模拟随机数的工具是非常有用的。

2. 正态分布

正态分布也称高斯分布或常态分布，呈钟形，两头低，中间高，是一个在数学、物理学及工程等领域都非常重要的概率分布，在统计学的许多方面有着重大的影响力。其概率密度函数见下式：

$$p(z)=\frac{1}{\sqrt{2\pi\sigma}}\mathrm{e}^{\frac{-(z-\mu)^2}{2\sigma^2}}$$

式中，μ 和 σ 为正态分布的均值和标准差。

正态分布在 MATLAB 中的实现方式如下（X 为向量）：

```
Y=pdf('norm',X,v1,v2)     %返回概率密度向量，X 为样本向量，v1、v2 分别为正态分布的
                          %均值和标准差
Y=normpdf(X,v1,v2)        %返回值与各参数意义均与 pdf 函数相同
```

当随机变量满足正态分布时，其值约 70%落在$[\mu-\sigma, \mu+\sigma]$范围内，且有约 95%落在$[\mu-2\sigma, \mu+2\sigma]$范围内。

3. 伽马分布

伽马分布是一种连续概率函数，指数分布和χ^2分布都是伽马分布的特例。其概率密度函数见下式：

$$p(z)=\begin{cases}\dfrac{a^n z^{n-1}}{(n-1)!}\mathrm{e}^{-az}, & z\geqslant 0\\ 0, & z<0\end{cases}$$

式中，$a>0$，n 为正整数。

伽马分布概率密度的均值和方差分别为

$$\mu=\frac{n}{a}$$

$$\sigma^2=\frac{n}{a^2}$$

伽马分布在 MATLAB 中的实现方式如下（X 为向量）：

```
Y=pdf('gam',X,v1,v2)      %返回概率密度向量，X 为样本向量，v1、v2 分别为伽马分布的
                          %形状参数和逆尺度参数
Y=gampdf(X,v1,v2)         %返回值与各参数意义均与 pdf 函数相同
```

4. 瑞利分布

瑞利分布是最常见的用于描述平坦衰落信号接收包络或独立多径分量接收包络统计时变特性的一种分布类型。两个正交高斯噪声信号之和的包络服从瑞利分布。其概率密度函数见下式：

$$p(z)=\begin{cases}\dfrac{z}{b^2}\mathrm{e}^{\frac{-z^2}{2b^2}}, & z\geqslant 0\\ 0, & z<0\end{cases}$$

式中，b 为尺度参数。

瑞利分布概率密度的均值和方差分别为

$$\mu=\sqrt{\frac{\pi}{2}}b$$

$$\sigma^2=\frac{b^2(4-\pi)}{2}$$

瑞利分布在 MATLAB 中的实现方式如下（X 为向量）：

```
Y=pdf('rayl',X,v1)          %返回概率密度向量，X 为样本向量，v1 为尺度参数
Y=raylpdf(X,v1)             %返回值与各参数意义均与 pdf 函数相同
```

5. 指数分布

指数分布又称负指数分布。泊松事件流的等待时间（相继两次出现之间的间隔）服从指数分布。通常假定排队系统中服务器的服务时间和 Petri 网中变迁的实施速率服从指数分布。其概率密度函数见下式：

$$p(z)=\begin{cases}a\mathrm{e}^{-az}, & z\geqslant 0\\ 0, & z<0\end{cases}$$

式中，a 为形状参数。

指数分布概率密度的均值和方差分别为

$$\mu=\frac{1}{a}$$

$$\sigma^2=\frac{1}{a^2}$$

指数分布在 MATLAB 中的实现方式如下（X 为向量）：

```
Y=pdf('exp',X,v1)           %返回概率密度向量，X 为样本向量，v1 为形状参数
Y=exppdf(X,v1)              %返回值与各参数意义均与 pdf 函数相同
```

实践中，指数分布常被用于描述非老化性元件的寿命（非老化性元件不老化，仅由于突然故障而毁坏）。

6. 伪随机数

对应于各种分布并仿照随机数发生的规律所计算出来的随机数称为伪随机数。

不同于真正意义上的随机数，伪随机数是由数学公式计算出来的。

在 MATLAB 中，提供了 random 函数作为通用的伪随机数产生方法，具体调用格式如下：

```
Y=random (name,v1,v2,v3,v4)      %返回伪随机数矩阵，name 为伪随机数服从的分布名称，
```

```
                %v1、v2 为此分布的参数，返回的矩阵有 v3 行、v4 列
```

除了 random 函数以外，MATLAB 也针对很多特殊分布提供了独立的伪随机数生成函数，在实际应用中它们往往可以与 random 函数互相替代。

例如，unifrnd 函数、normrnd 函数和 raylrnd 函数分别可以生成服从均匀分布、正态分布和瑞利分布的伪随机数，具体调用格式如下：

```
y=unifrnd(v1,v2)     %生成服从均匀分布的伪随机数，v1、v2 分别为均匀分布的下界、上界
y=normrnd(v1,v2)     %生成服从正态分布的伪随机数，v1、v2 分别为正态分布的均值、标准差
y=raylrnd(v1)        %生成服从瑞利分布的伪随机数，v1 为瑞利分布的尺度参数
```

另外，比较常用的随机数生成函数还有 rand 函数和 randn 函数，常被用于生成伪随机数矩阵，具体调用格式如下：

```
B=rand(v1,v2)        %生成服从[0,1]区间内均匀分布的伪随机数矩阵，该矩阵有 v1 行、
                     %v2 列
B=randn(v1,v2)       %生成服从标准正态分布（均值为 0、标准差为 1）的伪随机数矩阵，
                     %该矩阵有 v1 行、v2 列
```

5.1.3 参数估计

参数估计是统计推断的一种，是根据从总体中抽取的随机样本来估计总体分布中未知参数的过程。从估计形式看，参数估计分为点估计与区间估计：从构造估计量的方法看，参数估计有矩法估计、最小二乘估计、似然估计、贝叶斯估计等。参数估计要处理两个问题：第一，求出未知参数的估计量；第二，在一定信度（可靠程度）下指出所求的估计量的精度。信度一般用概率表示，如信度为 95%；精度用估计量与被估参数之间的接近程度或误差来度量。

MATLAB 在工具箱中针对常用的多种随机变量分布，提供了对应的极大似然估计函数。

调用 unifit 函数可以对均匀分布参数进行极大似然估计，具体调用格式如下（X 为向量，为一组样本值）：

```
[y1,y2]=unifit(X)                 %返回值 y1、y2 分别为均匀分布的下界、上界的极大
                                  %似然估计
[y1,y2,z1,z2]=unifit(X,alpha)     %返回值 z1、z2 分别为 y1、y2 两个极大似然估计结果
                                  %在显著性水平 alpha 下的置信区间估计
[y1,y2,z1,z2]=unifit(X)           %返回值 z1、z2 分别为 y1、y2 两个极大似然估计结果
                                  %在显著性水平 0.05 下的置信区间估计
```

调用 normfit 函数可以对正态分布参数进行极大似然估计，具体调用格式如下（X 为向量，为一组样本值）：

```
[y1,y2]=normfit(X)                %返回值 y1、y2 分别为正态分布的均值、标准差的极大
                                  %似然估计
[y1,y2,z1,z2]=normfit(X,alpha)    %返回值 z1、z2 分别为 y1、y2 两个极大似然估计结果
                                  %在显著性水平 alpha 下的置信区间估计
```

```
[y1,y2,z1,z2]=normfit(X)          %返回值 z1、z2 分别为 y1、y2 两个极大似然估计结果
                                  %在显著性水平 0.05 下的置信区间估计
```

调用 gamfit 函数可以对伽马分布参数进行极大似然估计，具体调用格式如下（X 为向量，为一组样本值）：

```
[y]=gamfit(X)                 %返回值 y 为伽马分布参数的极大似然估计，y(1)和 y(2)
                              %分别是形状参数和尺度参数的估计
[y,za,zb]=gamfit(X,alpha)     %返回值 za、zb 分别为极大似然估计结果在显著性水平 alpha
                              %下的置信区间估计
[y,za,zb]=gamfit(X,alpha)     %返回值 zb、zb 分别为极大似然估计结果在显著性水平 0.05
                              %下的置信区间估计
```

调用 raylfit 函数可以对瑞利分布参数进行极大似然估计，具体调用格式如下（X 为向量，为一组样本值）：

```
[y]=raylfit(X)                %返回值 y 为瑞利分布参数的极大似然估计，y(1)和 y(2)
                              %分别是形状参数和尺度参数的估计
[y,za,zb]=raylfit(X,alpha)    %返回值 za、zb 分别为极大似然估计结果在显著性水平 alpha
                              %下的置信区间估计
[y,za,zb]=raylfit(X,alpha)    %返回值 za、zb 分别为极大似然估计结果在显著性水平 0.05
                              %下的置信区间估计
```

调用 expfit 函数可以对指数分布参数进行极大似然估计，具体调用格式如下（X 为向量，为一组样本值）：

```
[y]=expfit(X)                 %返回值 y 为指数分布参数的极大似然估计
[y,za,zb]=expfit(X,alpha)     %返回值 za、zb 分别为极大似然估计结果在显著性水平 alpha
                              %下的置信区间估计
[y,za,zb]=expfit(X,alpha)     %返回值 za、zb 分别为极大似然估计结果在显著性水平 0.05
                              %下的置信区间估计
```

【例 5-3】 假设数据 X 服从均匀分布，现采集到 X 的一组样本值，即向量 X1，试估计均匀分布的上下界以及 95%置信区间。

```
>> X1=[3.9 1.3 2.8 1.9 2.1 3.5];
>> [y1,y2,z1,z2]=unifit(X1)
y1 =
      1.3000
y2 =
      3.9000
z1 =
     -0.3836
      1.3000
z2 =
      3.9000
      5.5836
```

5.2 数据统计处理

5.2.1 假设检验

假设检验又称统计假设检验，用来判断样本与样本、样本与总体的差异是由抽样误差引起的还是本质差别造成的。显著性检验是假设检验中最常用的一种方法，也是一种最基本的统计推断形式。

显著性检验的基本原理是：先对总体的特征做出某种假设，然后通过抽样研究的统计推理，对此假设应该被拒绝还是被接受做出推断。

常用的假设检验方法有 *z* 检验、*t* 检验等。*z* 检验的前提条件是样本数据服从正态分布，而实际应用中总体方差往往是未知的，需要用大样本数据的方差作为总体方差的估计值。因此，*z* 检验主要适用于总体方差未知的大样本数据。*t* 检验是指在未知标准差的情况下对于服从正态分布的样本均值的检验。

在 MATLAB 中，用 ztest 函数实现 *z* 检验，具体调用格式如下（X 为向量，为一组样本值）：

```
h=ztest(X,m,sigma)              %已知标准差为 sigma 的情况下，在显著性水平 0.05 下
                                %对均值是否为 m 的检验
h=ztest(X,m,sigma,alpha)        %已知标准差为 sigma 的情况下，在显著性水平 alpha 下
                                %对均值是否为 m 的检验
```

在实际应用中，*t* 检验还可分为双侧检验、左尾检验和右尾检验。三者所检验的假设命题 H_0 均为“样本均值为 *m*”，但区别在于对立假设命题 H_1 不同，分别为“样本均值不为 *m*”“样本均值小于 *m*”和“样本均值大于 *m*”。左尾检验和右尾检验又可统称为单侧检验。

在 MATLAB 中，用 ttest 函数实现 *t* 检验，具体调用格式如下（X 为向量，为一组样本值）：

```
h=ttest(X)                      %检验正态分布样本均值是否为 0
h=ttest(X,m)                    %检验正态分布样本均值是否为 m
h=ttest(X,m,Name,Value)         %当 Name 为'Alpha'时，可指定显著性水平；当 Name 为
                                %'Tail'时，可根据 Value 为'both'、'left'或'right'
                                %指定假设检验为双侧检验、左尾检验或右尾检验，默认值为
                                %双侧检验
```

5.2.2 方差分析

方差分析又称变异数分析，常用于两个及两个以上样本均值差别的显著性检验。由于各种因素的影响，研究所得的数据往往呈现出波动。造成波动的原因可分成两类：一是不可控的随机因素；二是研究中施加的对结果形成影响的可控因素。

方差分析返回多组原假设样本来自具有相同均值总体的 *p* 值，根据数据设计类型的不同，有不同的方差分析方法：

（1）单因素方差分析。研究一个控制变量（因素）的不同水平是否对观测变量产生显著影响。

（2）双因素方差分析。研究两个控制变量是否对观测变量产生显著影响。

（3）多因素方差分析。研究两个以上控制变量是否对观测变量产生显著影响。

这里只介绍单因素方差分析和双因素方差分析。

在 MATLAB 中，用 anova1 函数实现单因素方差分析，具体调用格式如下（A 为矩阵，其每列均为一组独立样本值）：

```
p=anova1(A)                    %返回值为各列样本来自具有相同均值总体的 p 值，即
                               %判断控制变量是否产生了影响
p=anova1(A,group)              %输入矩阵 A 与返回值 p 的意义与 anova1(A)相同，
                               %group 标记了 A 样本的箱线图
p=anova1(A,group,displayopt)   %当 displayopt='on'时给出表格和箱线图，而当
                               %displayopt='off'时不给出
```

在 MATLAB 中，用 anova2 函数实现双因素方差分析。其输入矩阵 A 需要经过特殊处理：要把矩阵转换成每列对应因素一的一个水平，每行对应因素二的一个水平。具体调用格式如下：

```
PP=anova2(A,reps)    %当 reps 为 1 时，返回的向量 PP 包含两个值，分别为矩阵 A 中各列向
                     %量来自具有相同均值总体的 p 值和各行向量来自具有相同均值总体的 p
                     %值；当 reps 大于 1 时，返回的向量 PP 包含 3 个值，第 3 个值为矩阵
                     %A 中所有元素来自具有相同均值总体的 p 值
```

注意，对样本 A 进行方差分析，需要满足以下基本假定：所有样本均来自正态总体，且这些正态总体具有相同的方差。

5.2.3 其他数据统计方法

在 MATLAB 中，除了上述工具以外，还提供了丰富的方法工具用于其他数据统计。

例如，vartest 函数和 vartest2 函数分别可以完成对于单个总体和两个总体的正态总体方差假设检验。

jbtest 函数可以对数据进行 Jarque-Bera 检验。Jarque-Bera 检验是对样本数据是否具有符合正态分布的偏度和峰度的拟合优度的检验。

filloutliers 函数可以对数据中的离群值进行检测和替换。一般将离群值定义为偏离均值 3 倍标准差以上的点。

5.3 多项式计算

5.3.1 多项式的表示

在 MATLAB 中，创建多项式可用 poly2str 和 poly2sym 函数实现。

May all your wishes come true

扬帆起航

清華大学出版社
TSINGHUA UNIVERSITY PRESS
May all your wishes come true
如果知识是通向未来的大门，
我们愿意为你打造一把打开这扇门的钥匙！
https://www.shuimushuhui.com/
图书详情 | 配套资源 | 课程视频 | 会议资讯 | 图书出版

使用 poly2str 函数创建多项式，其返回结果为字符串型，调用格式如下：

```
f=poly2str(p,'x')     % p 为多项式的系数，指定 x 为多项式的变量
```

使用 poly2sym 函数创建多项式，其返回结果为符号型变量，调用格式如下：

```
f=poly2sym(p)         % p 为多项式的系数
```

【例 5-4】在命令行输入多项式系数向量，分别利用 poly2str 函数和 poly2sym 函数创建多项式，并用 whos 命令查看结果。

```
>> clear
>> p=[3 2 6 7]
p =
3     2     6     7
>> f1=poly2str(p,'x')
f1 =
3 x^3 + 2 x^2 + 6 x + 7
>> f2=poly2sym(p)
f2 =
3*x^3 + 2*x^2 + 6*x + 7
>> whos
  Name      Size            Bytes  Class     Attributes
  f1        1x26               52  char
  f2        1x1               112  sym
  p         1x4                32  double
```

在执行 whos 命令后可以发现，poly2str 函数和 poly2sym 函数创建多项式返回的结果虽然显示形式相似，但数据类型和大小都不一样。

5.3.2 多项式的计算

多项式之间可以进行四则运算，结果仍为多项式。

（1）加减运算。MATLAB 中未提供专门多项式加减运算的函数，事实上多项式的加减运算是多项式的向量系数相加减。在计算过程中，需要保证多项式阶次一致，缺少部分用 0 补足。

（2）乘法运算。两个多项式乘法运算可以用 conv 函数实现，调用格式如下（p1、p2 为两个多项式的系数向量）：

```
p=conv(p1,p2)              %返回值为乘积的系数向量
```

（3）除法运算。两个多项式除法运算可用 deconv 函数实现，调用格式如下（p1、p2 为两个多项式的系数向量）：

```
[q,r] = deconv(p1,p2)    %q 和 r 分别为商式和余式的系数向量
```

【例 5-5】 已知多项式 $f_1=3x^3+2x^2+6x+7$ 和 $f_2=2x^3-12x^2-x+16$，求这两个多项式加、减、乘、除的结果。

```
>> p1=[3 2 6 7]
p1 =
3     2       6       7
>> p2=[2 -12 -1 16]
p2 =
2   -12       -1      16
>> p=p1+p2
p =
5   -10       5      23
>> poly2sym(p)
ans =
5*x^3 - 10*x^2 + 5*x + 23
>> p=p1-p2
p =
1    14       7     -9
>> poly2sym(p)
ans =
x^3 + 14*x^2 + 7*x - 9
>> p=conv(p1,p2)
p =
6   -32     -15   -12   -58    89   112
>> poly2sym(p)
ans =
6*x^6 - 32*x^5 - 15*x^4 - 12*x^3 - 58*x^2 + 89*x + 112
>> [q,r]=deconv(p1,p2)
q =
1.5000
r =
0   20.0000    7.5000  -17.0000
>> poly2sym(r)
ans =
20*x^2 + (15*x)/2 - 17
```

使用 polyval 函数对多项式求值，其输入必须为代数多项式，调用格式如下（p 为多项式的系数向量）：

```
y=polyval(p,x)              %若 x 为数值，则求多项式在该点的值；若 x 为向量或矩阵，则对
                            %向量或矩阵中每个元素求其多项式的值
```

使用 polyvalm 函数也可对多项式求值，但其输入必须为矩阵多项式，调用格式如下（p 为多项式的系数向量）：

```
y=polyvalm(p,A)             %自变量矩阵 A 必须为方阵，以方阵为自变量求多项式的值
```

5.3.3　多项式回归分析

多项式回归在回归分析中很重要，因为任意一个函数至少在一个较小的范围内都可以用多项式逼近，所以，在比较复杂的实际问题中，有时不需要关注函数值与自变量的确切

关系，而是将其回归为多项式进行分析运算。

利用最小二乘原理可以进行多项式回归。

最小二乘法是一种常见的数学方法，用于解决线性回归问题。它可以用来估计因变量（目标变量）与自变量之间的线性关系，即通过已知的一组数据确定未知的回归方程。

具体来说，最小二乘法的目标是找到一条直线（或者更一般地说，是曲线），使得这条直线与已知数据点的距离平方和最小。这条直线的方程称为回归方程，可以用来预测因变量的值。

本节只讨论利用最小二乘法回归一元多项式，最小二乘法更广泛的应用可参见 5.4.5 节中的介绍。

在 MATLAB 中，polyfit 函数实现基于最小二乘法的多项式回归，调用格式如下（X 和 Y 为长度相等的向量）：

```
P=polyfit(X,Y,N)          %X 和 Y 为一组自变量和其对应的函数值，返回用这组数据回归的
                          %N 次多项式
```

【例 5-6】已知当 x 的值分别为 1、3、5、7 时，$y=f(x)$对应的近似值分别为 17.9、124.1、461.9、1176.1，用最小二乘法回归三次多项式 $f(x)$。

```
>> X=[1 3 5 7]
X =
     1     3     5     7
>> Y=[17.9 124.1 461.9 1176]
Y =
   1.0e+03 *
     0.0179    0.1241    0.4619    1.1760
>> P=polyfit(X,Y,3)
P =
    3.0167    1.8000    6.6833    6.4000
```

5.4 数据插值与拟合

5.4.1 一维数据插值

数据插值指在函数的一些已知点的基础上计算函数在新的点处函数值的方法。即，对于函数 $f(x)$，已知在一组自变量 $x_1, x_2, \cdots, x_n$ 处的函数值 $f_1, f_2, \cdots, f_n$，由这些已知信息求得其他自变量处函数值的方法称为数据插值。

如果在已知点 $x_1, x_2, \cdots, x_n$ 的数值范围内进行插值，则称为内插；在其数值范围外进行插值，称为外插。

在 MATLAB 中，interp1 函数实现一维数据插值，即对仅有一个未知数、形如 $y=f(x)$ 的函数进行插值。

已知 X 和 Y 为长度相等的向量，保存一组自变量和其对应的函数值，interp1 函数调用

格式如下：

```
Y1=interp1(X,Y,X1,method)  %X1 为向量，保存一组新的自变量，返回值向量 Y1 是这组
                           %自变量对应的函数值
```

其中的参数 method 是插值所使用的方法名，有'pchip'、'nearest'、'linear'、'spline'和'cubic' 5 种选择。前 4 种分别对应分段三次 Hermite 插值、最近邻点插值、线性插值、三次样条函数插值，而'cubic'的意义与'pchip'相同。最近邻点插值速度快，占用空间小，但误差最大。三次样条函数插值最为常用，其耗时虽然最长，但插值结果的一阶和二阶导数都是连续的。

5.4.2　二维与多维数据插值

在 MATLAB 中，interp2 函数实现二维网格点数据插值，即对有两个未知数、形如 $z=f(x,y)$的函数进行插值。

矩阵 X、Y 和 Z 分别为两个自变量已知网格点取值数据和其对应的函数值，interp2 函数调用格式如下：

```
Z1=interp2(X,Y,Z,X1,Y1,method)     %矩阵 X1 和 Y1 分别保存两个自变量新的网格点
                                   %取值数据，返回值矩阵 Z1 是其对应的函数值
```

其中的参数 method 与一维数据插值类似。唯一的不同在于，在 interp2 函数中'linear'的意义为双线性插值。

【例 5-7】 现有二元函数 $z=f(x,y)=(x^2-2x)\mathrm{e}^{-x^2-y^2-xy}$，观察者仅知道 $x\in[-9,9]$且 $y\in[-6,6]$范围内网格状分布自变量和函数值的对应关系，而函数 $f(x,y)$未知。对已知数据进行插值（内插），得到更多函数值。

```
>> [X,Y]=meshgrid(-3:0.3:3,-2:0.2:2);
>> Z=(X.^2-2*X).*exp(-X.^2-Y.^2-X.*Y);
>> [X1,Y1]=meshgrid(-3:0.03:3,-2:0.02:2);
>> Z1=interp2(X,Y,Z,X1,Y1,'spline');
```

此时，可以调用绘图方法，对插值前和插值后的数据绘制图形，如图 5-1 所示。

```
>> subplot 121; mesh(X,Y,Z);
>> subplot 122; mesh(X1,Y1,Z1)
```

可以看出，插值前的数据图形比较粗糙，而插值后的数据图形更光滑。本例中使用的是三次样条函数插值。

MATLAB 中还提供了对多维网格样本点进行插值的 interpn 函数。

该函数调用格式如下：

```
Yq=interpn(X1,X2,…,XN,Y,Xq1,Xq2,…,XqN,method) %返回值 Yq 是 N 个自变量新的网格
                                              %点取值对应的函数值
```

其中，X1, X2,…, XN 和 Y 中保存 N 个自变量已知网格点取值和其对应的函数值，而 Xq1,Xq2,…, XqN 为 N 个自变量新的网格点取值。

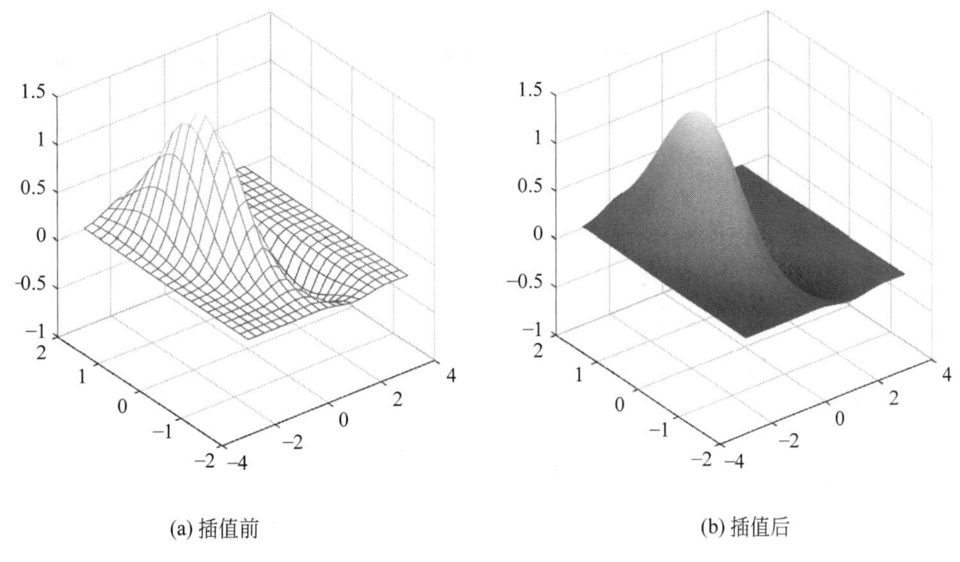

(a) 插值前　　(b) 插值后

图 5-1　插值前后的数据图形

5.4.3　其他插值方法

除了可以对自变量按网格点取值进行的插值处理以外，在 MATLAB 中，还支持二维散点插值，使用 griddata 函数实现，向量 X、Y 和 Z 分别为两个自变量已知散点数据和其对应的函数值，其调用格式如下：

```
Z1=griddata(X,Y,Z,X1,Y1,method) %向量 X1 和 Y1 分别保存两个自变量新的取值，返回值
                                %向量 Z1 是其对应的函数值
```

这里的参数 method 虽然仍表示插值方法，但与 interp2 函数中的参数 method 有所不同，因为散点数据取值没有规则，所以不能再使用三次样条函数插值了。griddata 函数中的参数 method 有'nearest'、'linear'、'v4'和'cubic' 4 种选择，分别对应最近邻点插值、线性插值、双调和样条插值和基于三角形的三次插补法。

在 MATLAB 中，对多维散点的插值用 griddatan 函数实现。列向量 X1,X2,⋯,XN 和 Y 中保存 N 个自变量已知散点取值序列和其对应的函数值，X=[X1,X2,⋯,XN]，而列向量 Xq1,Xq2,⋯,XqN 为 N 个自变量新的散点取值序列，Xq=[Xq1,Xq2,⋯,XqN]，griddatan 函数调用格式如下：

```
Yq=griddatan(X,Y,Xq,method)         %返回的列向量 Yq 是 N 个自变量新的散点取值序列对应
                                    %的函数值
```

【例 5-8】 对函数 $y = f(x_1, x_2, x_3) = x_1^2 + x_2^2 + x_3^2$，观察者仅知道自变量在[-1,1]区间内的分散点取值和其函数值的对应关系，函数 $f(x_1, x_2, x_3)$未知，对已知数据进行插值，得到新自变量值对应的函数值。

```
>> X = 2*rand([5000 3])-1;
>> Y = sum(X.^2,2);
>> d = -0.8:0.05:0.8;
```

```
>> [y0,x0,z0]=ndgrid(d,d,d);
>> XI=[x0(:)y0(:)z0(:)];
>> YI=griddatan(X,Y,XI);
```

5.4.4 多元线性回归

在 MATLAB 中，使用 regress 函数实现多元线性回归，得到一组系数和残差。列向量 X1,X2, ⋯ ,XN 和 Y 中保存 N 个自变量已知取值序列和其对应的函数值，X=[ones(N,1),X1,X2,⋯,XN]，即矩阵 X 的第一列全为 1，其他列是自变量取值，regress 函数调用格式如下：

```
[b,bint,r,rint,stats]=regress(Y,X,alpha)    %alpha 为显著性水平，与 stats 参数
                                            %中的 P 分量共同决定回归模型是否成
                                            %立，默认为 0.05
```

在返回值中，b 为线性回归结果的系数向量，其中第一个分量为常数项。bint 为各系数的置信区间。r 为残差向量。rint 为残差的置信区间。stats 是用于检验回归模型的统计量，其中有 4 个分量：第一个分量为 R^2，即相关系数的平方；第二个分量为 F 统计值；第三个分量为与 F 统计值对应的概率 P，当 P<alpha 时拒绝 H_0，即回归模型不成立；第四个分量为估计的误差方差。

5.4.5 最小二乘法拟合

在 MATLAB 中，使用 lsqcurvefit 函数实现基于最小二乘法的多变量拟合，可以实现非线性函数的拟合。

对形如 $y=f(\boldsymbol{a}, x)$的函数中的系数向量 $\boldsymbol{a}$ 进行拟合，需要预先定义函数 fun 作为函数原型，向量 X 和 Y 分别是自变量的已知取值序列和其对应的函数值，因为 lsqcurvefit 函数是一个迭代过程，所以还需要提供向量 a0 作为 $\boldsymbol{a}$ 的最优化初值，lsqcurvefit 函数调用格式如下：

```
[aa,resnorm]=lsqcurvefit(fun,a0,X,Y)    %返回值 aa 是对系数向量 a 的拟合结果，
                                        %而 resnorm 是残差的平方和
```

这里的函数 fun 可以是符号函数，也可以是预先定义的 *m* 函数。

【例 5-9】 对某国人口数据进行方程拟合，并绘制人口随年份变化的曲线（已知：数据 Y 为人口数据，单位为千人；X 为年份）。

```
>> Y=[3929 5308 7240 9638 12866 17069 23192 31443 38558 50156 62948 75995
91972 105711 122775 131669 150697 179323 203185 226500];
>> X=1790:10:1980;
>> fun=@(a,x) a(1)./(1+(a(1)/Y(1)-1)*exp(-a(2)*(x-1790)));
>> a0=[286660 0.0285 ];
>> [aa,resnorm]=lsqcurvefit(fun,a0,X,Y)
aa =
   1.0e+05 *
    2.8666    0.0000
```

```
resnorm =
   6.4293e+08
>> X2=1790:1980;
>> plot(X2,fun(aa,X2))
```

输出图形如图 5-2 所示。

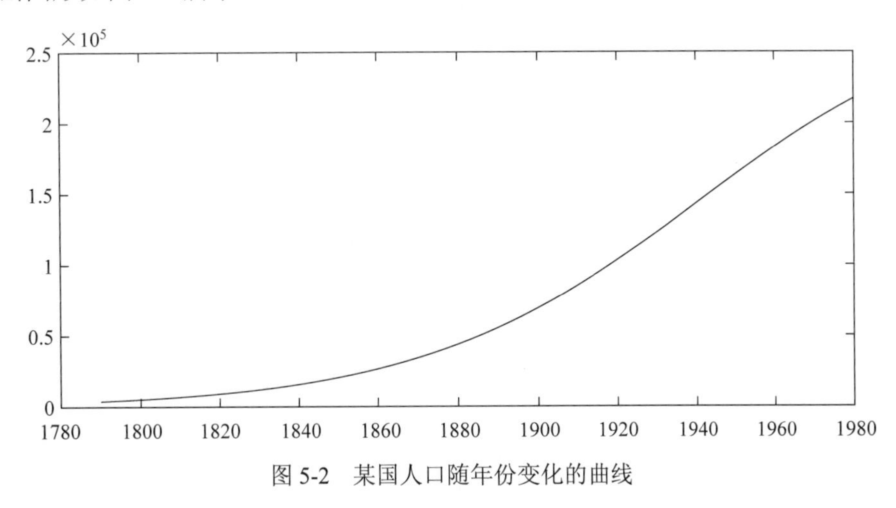

图 5-2　某国人口随年份变化的曲线

5.4.6　其他拟合方法

在 MATLAB 中包含了很多最优化算法的实现，可借助这些最优化算法实现数据拟合，也可以直接使用 MATLAB 神经网络工具箱中提供的神经网络拟合数据，因为神经网络本身的学习过程即利用已知输入信息 x 和理论输出 y 进行迭代优化的过程，故可将其视作待拟合函数。

【例 5-10】 利用精确径向基网络实现数据拟合。

```
>>interval=0.01;                %设置步长
%产生输入输出数据
>>x1=-1.5:0.01:1.5;
>>x2=-1.5:0.01:1.5;
%使用原型函数先求得响应的函数值，作为网络的理论输出
>>F=20+x1.^2-10*cos(2*pi*x1)+x2.^2-10*cos(2*pi*x2);
>>net=newrbe([x1;x2],F);       %网络建立，输入为[x1;x2]，输出为 F
>>ty=sim(net,[x1;x2]);         %将原数据回代，测试网络效果
>>figure
>>plot3(x1,x2,F,'r+');
>>hold on;
>>plot3(x1,x2,ty,'g.');
>>view(115,35);
>>xlabel('x1')
>>ylabel('x2')
>>zlabel('F')
>>grid on
```

输出图形如图 5-3 所示。

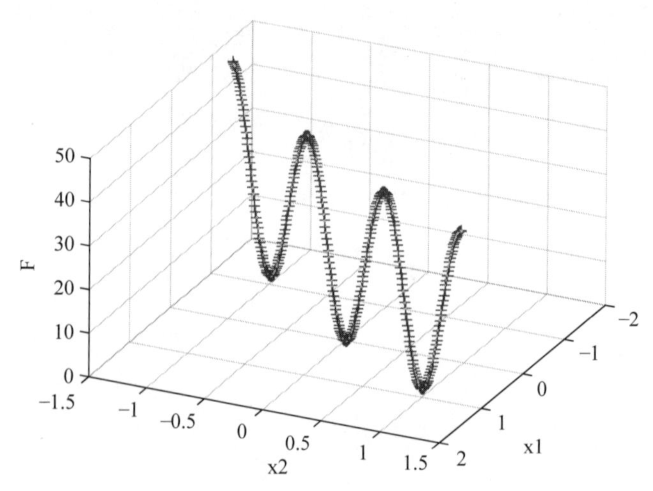

图 5-3　精确径向基网络的拟合效果

5.5　最优化问题

5.5.1　无约束最优化

最优化技术是科学与工程领域的重要工具。学会最优化问题的思想与求解方法，则自然会追求获得问题最好的解。最优化方法在现实中得到广泛应用，许多生产规划和管理问题都可以归纳为最优化问题。

无约束最优化问题一般描述为 $\min\limits_{x} f(x)$ 。

在 MATLAB 中，可以使用 fminsearch 函数或 fminunc 函数进行无约束最优化处理，两者调用方法相似。

无约束最优化问题本质上是求函数原型 $f(x)$的最小值问题，需要预先定义函数 fun 作为函数原型，如果需要求 $f(x)$的最大值，则将函数 fun 定义为 $f(x)$的相反数即可。$f(x)$中所有 N 个自变量看作一个 N 维向量，$\boldsymbol{X}$ 为其最优化初始值。fminsearch 函数和 fminunc 函数调用格式如下：

```
[X1,Y1]=fminsearch(fun,X)      %返回值 Y1 为函数最小值，向量 X1 为取最小值时所有自变量
                               %的值
[X1,Y1]=fminunc(fun,X)         %返回值 Y1 为函数最小值，向量 X1 为取最小值时所有自变量
                               %的值
```

fminsearch 函数和 fminunc 函数的本质区别在于内部实现方法不同：fminsearch 函数采用 Nelder-Mead 单纯形法，是一种直接搜索法；fminunc 函数采用拟牛顿法，是一种按导数寻优的算法。

5.5.2 约束最优化

有约束的最优化问题涵盖范围较广，线性规划问题是其中的一个特例，其特点是目标函数是线性的，约束条件是线性的，线性规划问题是凸问题，很多常用算法都能得到全局最优解。

在 MATLAB 中，可以使用 linprog 函数解决线性规划问题。其调用格式如下：

```
[x,fval]=linprog(f,A,b,Aeq,beq,lb,ub)   %返回值 x 为决策向量的取值，返回值 fval
                                         %是目标函数的最小值
```

其中，f 为目标向量，即需要最小化的表达式系数向量；A 和 b 对应线性不等式约束信息（默认不等式为“小于或等于”形式，矩阵 A 的每行均为一个不等式左侧线性表达式的系数向量，列向量 b 为不等式右值）；Aeq 和 beq 对应线性等式约束信息（矩阵 Aeq 的每行均为一个等式左侧线性表达式的系数向量，列向量 beq 为等式右值）；lb 和 ub 分别为变量的下界和上界。

关于 linprog 函数的详细使用方法可参见 5.6 节。

更具普遍意义的是一般非线性规划问题，即含有非线性约束的优化问题。在 MATLAB 中，可以使用 fmincon 函数解决此类问题。

需要预先定义函数 fun 作为函数原型，还要定义函数 nonlcon 作为非线性约束函数，非线性约束条件为此函数的第一个返回值小于或等于 0。x0 为待优化函数 fun 所有变量的优化初值；A、b、Aeq、beq、lb 和 ub 等参数与 linprog 函数中的对应输入参数意义相同，为线性约束条件。fmincon 函数调用格式如下：

```
[x,fval]=fmincon(fun,x0,A,b,Aeq,beq,lb,ub,nonlcon) %返回值 x 为决策向量的取值，
                                                   %返回值 fval 是目标函数的
                                                   %最小值
```

非线性约束函数 nonlcon 可以有多个返回值，除了第一个返回值代表非线性不等式以外，可以用第二个返回值代表非线性等式，还可以用第三和第四个返回值返回不等式和等式的梯度信息。

5.5.3 MATLAB 常用最优化函数

除了以上介绍的各种方法外，在 MATLAB 工具箱中还有很多用于最优化的常用函数。其中 quadprog 函数被用于二次规划问题，即优化的目标函数是二次函数，其调用格式如下：

```
[x,fval]=quadprog(H,f,A,b,Aeq,beq,lb,ub,x0)    %返回值 x 为决策向量的取值，返回
                                               %值 fval 是目标函数的最小值
```

在输入参数中，矩阵 H 和列向量 f 定义了优化目标函数的系数；x0 为待优化函数所有变量的优化初值，可省略；A、b、Aeq、beq、lb 和 ub 等参数与 linprog 函数中的对应输入参数意义相同，为线性约束条件。

【例 5-11】在满足 $x_1+x_2 \leqslant 2$、$-x_1+2x_2 \leqslant 2$、$2x_1+x_2 \leqslant 3$ 的条件下，求函数 $f(x_1, x_2)=\frac{1}{2}x_1^2+x_2^2-x_1x_2-2x_1-6x_2$ 的最小值。

```
%设列向量 x=[x1;x2]
>> H=[1 -1; -1 2];
>> f=[-2; -6];
>> A=[1 1; -1 2; 2 1];
>> b=[2; 2; 3];
>> [x,fval]=quadprog(H,f,A,b, [],[],[],[])
x=2×1
   0.6667
   1.3333
fval=-8.2222
```

此外，在 MATLAB 工具箱中，还为一些特殊最优化算法提供了实现函数。例如，可以使用 Opt_Simu 函数实现模拟退火算法，使用 Opt_Steepest 函数实现最速下降算法，使用 genetic 函数实现遗传算法。

5.6 实验五：MATLAB 最优化方法的应用

5.6.1 实验目的

1. 掌握线性规划问题的实现方法。
2. 熟悉 MATLAB 最优化工具箱的使用。

5.6.2 实验内容

有 5 种原料，其原料价格以及每种原料的 4 种元素含量的对应关系如表 5-2 所示。

表 5-2 原料价格与元素含量的关系

原料	x_1	x_2	x_3	x_4	x_5
a 元素含量	0.46	0	0.13	0.12	0.30
b 元素含量	0	0.52	0	0.60	0.06
c 元素含量	0	0.34	0.45	0	0
d 元素含量	0	0	0.129	0.119	0.297
单价	1600	7000	4400	5000	2500

限制条件：a、b、c 元素的总量都是 200，且配方总量不超过 1000。

分别实现以下 3 个目标：

（1）总量最小。

（2）总价最低。

（3）d 元素总量最大。

5.6.3 参考程序

1. 定义基础参数：

```
>> d = [0 0 0.129 0.119 0.297];
>> p = [1600 7000 4400 5000 2500]/1000;      %单价
>> a = [1 1 1 1 1];                          %不等式
>> b = 1000;
>> a1 = [0.455 0 0.129 0.119 0.297;0 0.515 0 0.604 0.059;0 0.337 0.45 0 0];
>> b1 = [200 200 200];
>> lb = [0 0 0 0 0];                         %限制下限和上限
>> ub = [1000 1000 1000 1000 1000];
```

2. 计算总量最小的配方：

```
>> f1 = [1 1 1 1 1];
>> x = linprog(f1,a,b,a1,b1,lb,ub);
Optimization terminated.
>> sum_x = sum(x);
>> sum_price = p*x;
>> sum_d = d*x;
>> format bank
>> [x;sum_x;sum_price;sum_d]
ans =
      396.01
      388.35
      153.61
        0.00
        0.00
      937.97
     4027.96
       19.82
```

3. 计算总价最低的配方：

```
>> f2 = p;
>> x = linprog(f2,a,b,a1,b1,lb,ub);
Optimization terminated.
>> sum_x = sum(x);
>> sum_price = p*x;
>> sum_d = d*x;
>> format bank
>> [x;sum_x;sum_price;sum_d]
ans =
      233.55
       15.17
      433.08
      318.19
```

```
      0.00
   1000.00
   3976.40
     93.73
```

4. 计算 d 元素总量最大的配方：

```
>> f3 = -d;
>> x = linprog(f3,a,b,a1,b1,lb,ub);
Optimization terminated.
>> sum_x = sum(x);
>> sum_price = p*x;
>> sum_d = d*x;
>> format bank
>> [x;sum_x;sum_price;sum_d]
ans =
     233.55
      15.17
     433.08
     318.19
       0.00
    1000.00
    3976.40
      93.73
```

5.7 课程思政

本章部分内容的思政元素融入点如表 5-3 所示。

表 5-3 本章部分内容的思政元素融入点

节	思政元素融入点
5.1 数据的特征量	通过对数据特征量的编程计算及特征量意义的讲解，引导学生在学习和生活中树立遵守规则和实事求是的意识
5.2 数据统计处理	本节与生产实践结合比较紧密。在课程思政教学中，可围绕信息化时代数据分析技术在生产和生活中的重要作用，培养学生将自身所学服务于国家经济建设的热情
5.4 数据插值与拟合	在数据分析等方法的讲解中，使学生懂得数据预处理工作需要细致和精确，体会到注意细节在程序设计中的重要性，培养良好的职业精神和职业素养
5.5 最优化问题	通过迭代寻优过程的讲解，引导学生深入理解事物本质，培养学生形成积极探索事物内在规律的意识，进而引导学生在探索中从多个角度和层次分析和处理问题
5.6 实验五：MATLAB 最优化方法的应用	通过编写、调试程序的手动操作培养学生形成理论联系实际的意识，引导学生不断增强动手解决问题的能力

练　习　五

一、选择题

1. 计算矩阵 A 每行的最大元素，正确的调用方法是（　　）。

A. [Y,k]=max(A,[],1)　　B. [Y,k]=max(A,[],2)

C. Y=max(A)　　D. Y=max(A,0)

2. 采用有偏估计式计算矩阵中各列向量的标准差，正确的调用方法是（　　）。

A. B=std(A,1,1)　　B. B=std(A,0,1)　　C. B=std(A,0,2)　　D. B=std(A)

3. Z1=interp2(X,Y,Z,X1,Y1,'linear')中，X 为 $N \times N$ 矩阵，则 Z 为（　　）。

A. N 维列向量　　B. N 维行向量　　C. 单个数值　　D. $N \times N$ 矩阵

二、填空题

1. 计算均匀分布的概率密度向量，X 为样本向量，v1、v2 分别为均匀分布的下界、上界，则表达式为 Y=pdf(________,X,v1,v2)。

2. y=polyval([1 2 3],[3 2 1])的运算结果为________。

3. interpn 函数和 griddatan 函数都可用于多维数据插值，但在自变量取值规律上，interpn 函数适用于________取值，而 griddatan 函数适用于________取值。

4. [b,bint,r,rint,stats]=regress(Y,X,alpha)中，返回值 stats 的第一个分量表示________，第二个分量表示________。

5. fminsearch 函数和 fminunc 函数的本质区别在于内部实现方法不同：fminsearch 函数采用 Nelder-Mead________法，fminunc 函数采用________法。

三、操作题

1. 求向量 $\boldsymbol{X}$=[3,2,−2,4,7,9,10,5]和矩阵 $\boldsymbol{A}$=[12 1 6;−4 23 12;2 −3 18]的标准方差。

2. 已知多项式为 $f(x)=x^3-2x_2+4x+6$，分别求 $x_1=2$ 和向量 $\boldsymbol{x}$=[0,2,4,6,8,10]对应的多项式的值。

3. 求函数 $f(x_1, x_2)=100(x^2-x_1^2)^2+(a-x_1)^2$ 在 a=3 处的最小值。

参 考 答 案

一、选择题

1．B　　2．A　　3．D

二、填空题

1. 'unif'

2. [18 11 6]

3. 网格点、散点

4. 相关系数的平方、F 统计值

5. 单纯形、拟牛顿

三、操作题

1. 代码如下。

```
X=[3,2,-2,4,7,9,10,5];
A=[12 1 6;-4 23 12;2 -3 18];
d=std(X)
D1=std(A,0,1)
D2=std(A,0,2)
D3=std(A,1,1)
D4=std(A,1,2)
```

2. 代码如下。

```
x1=2;
x=[0:2:10];
p=[1 -2 4 6];
y1=polyval(p,x1)
y=polyval(p,x)
```

3. 代码如下。

```
f = @(x,a)100*(x(2) - x(1)^2)^2 + (a-x(1))^2;
a = 3;
fun = @(x)f(x,a);
x0 = [-1,1.9];
[x,fval,exitflag]= fminsearch(fun,x0)
```

第6章

图形用户界面设计

6.1　图形用户界面对象概述

在 MATLAB 中，图形用户界面（Graphical User Interface，GUI）是一种通过窗口、菜单、对话框、按钮和文本框等图形化元素实现用户和计算机进行输入输出交互的软件操作界面。与命令行窗口相比，图形用户界面具有功能直观、简单易用等特点。

6.1.1　图形对象

MATLAB 的图形对象包括屏幕（root）、图形窗口对象（figure object）、坐标轴对象（axes object）、用户交互对象（UI object）等。系统将所有的图形对象都按父对象和子对象的方式按树状结构组织起来，如图 6-1 所示。坐标轴对象有 3 种子对象：核心对象（core object）、绘图对象（plot object）和组对象（group object）。

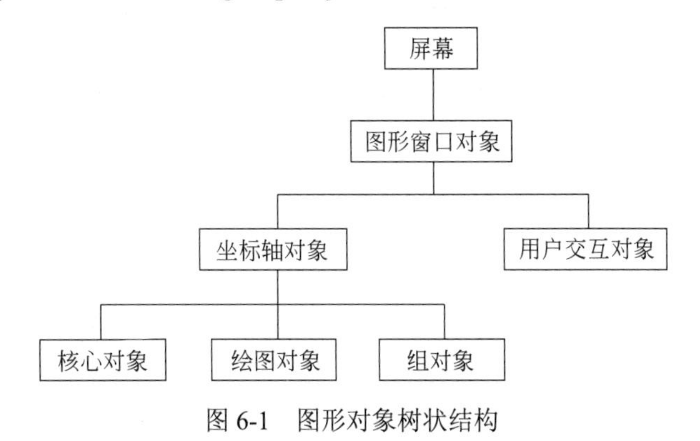

图 6-1　图形对象树状结构

6.1.2　图形对象句柄

在 MATLAB 中创建一个图形对象，系统会自动建立一个映射到该对象的句柄（handle），用于存储相应的对象属性。对坐标轴及其 3 种子对象的操作即构成低层绘图操作，也就是对图形对象句柄的操作。从 MATLAB R2014b 起图形对象句柄就代表图形对象，句柄变量相当于对象名，可以作为一个图形对象的标识。

屏幕作为根对象由系统自动建立，其句柄值为 0。而图形窗口对象的句柄值为一个正整数，并显示在该窗口的标题栏。其他图形对象的句柄值为浮点数。MATLAB 提供了若干函数用于获取已有图形对象的句柄。

1. 创建图形对象句柄

图形对象句柄的通用创建格式如下：

```
H_obj=Funcname('PropertyName1',PropertyValue1,'PropertyName2',
PropertyValue2,…)
```

其中：

- H_obj 是图形对象的句柄。
- Funcname 是函数名，每个创建的图形对象函数名与对象名相同。
- PropertyName 是属性名，属性名是一个字符串类型的值。
- PropertyValue 是 PropertyName 对应的属性值。

【例 6-1】 图形对象句柄创建示例。figure 函数创建一个图形对象窗口，返回图形对象句柄存入变量 h1 中，通过图形对象句柄 h1 可以访问图形对象的属性。

```
>>h1=figure('Position',[50 100 200 200])
>>h1.Position
ans =
      50   100   200   200
```

2. 常用图形对象访问函数

MATLAB 提供了若干函数用于帮助用户识别特定图形用户对象，如表 6-1 所示。

表 6-1　常用图形对象访问函数

函数名称	函 数 功 能	函数名称	函 数 功 能
gcf	获取当前图形窗口的句柄	gco	获取窗口的当前对象的句柄
gca	获取窗口的当前坐标轴的句柄	findobj	查找符合指定属性值的对象句柄

这些函数的返回值都是句柄。gco 函数返回的当前对象句柄是指被鼠标最近点击过的图形对象。可以利用图形对象的 Parent 属性获取容纳该图形对象的容器，Children 属性获取该图形对象所容纳的图形对象。利用图形对象访问函数获取句柄后，可以利用句柄变量获取或设置相关图形对象属性。

【例 6-2】 创建正弦曲线，利用 findobj 函数查找该曲线的主要属性，如需获取所有属性，可以单击运行结果后面的“显示所有属性”，分析并观察运行结果。

```
>>x=0:0.1:10;
>>y=sin(x/2);
>>h1=figure('Position',[200 200 500 500],'menubar','none');%创建无标题窗口
>>h2=axes('Position',[0.2,0.2,.7,.7]);                    %创建坐标轴
>>h3=title(h2,'~~正弦曲线~~');                             %创建标题
>>h4=line(x,y);                                           %建立曲线对象
>>h4.findobj()
```

```
ans =
  Line - 属性:
        Color: [0 0.4470 0.7410]
         LineStyle: '-'
         LineWidth: 0.5000
         Marker: 'none'
         MarkerSize: 6
    MarkerFaceColor: 'none'
```

3. 图形对象属性的设置和获取

1）设置图形对象的属性

在创建一个图形对象时，需要设置图形对象属性，否则系统会自动将默认值赋予图形对象属性。当图形对象创建完成后，可以使用 set 函数修改相关属性的属性值，格式如下：

```
set(h_obj,'PropertyName1',PropertyValue1,'PropertyName2',PropertyValue2,…)
```

2）获取图形对象的属性

get 函数的调用格式如下：

```
v=get(h_obj,'PropertyName')
```

其中，v 是返回的属性值。如果在调用 get 函数时省略属性名，则将返回图形对象的所有属性值。

【例 6-3】 利用图形对象绘制公式 $x=2(\cos t+t\sin t)$，$t\in\left[0,\frac{\pi}{2}\right]$ 的图形，并用红色线表示该图形，获取该图形的颜色属性。修改颜色属性为绿色，并再次获取该图形的颜色属性。观察运行结果。

```
>> t=0:pi/2:30;
>>x=2*(cos(t)+t.*sin(t));
>>h=plot(t,x,'r')          %绘制图形
>> v=get(h,'Color')        %获取颜色属性
v =
     1     0     0
>> set(h,'Color','g')      %修改颜色属性为绿色
>> v=get(h,'Color')        %再次获取颜色属性
v =
     0     1     0
```

4. 创建图形对象的常用函数

创建不同的图形对象往往需要用到不同的函数，常用的图形对象创建函数如表 6-2 所示。

表 6-2　常用的图形对象创建函数

函数名称	函 数 功 能
figure	创建一个新的图形对象
newplot	做好开始画新图形对象的准备
axes	创建坐标轴对象
line	画线
patch	填充多边形
surface	绘制三维曲面
image	显示图片对象
uicontrol	生成用户控件对象
uimenu	生成图形窗口的菜单中的菜单项与下一级子菜单

6.1.3　控件对象

在 MATLAB 里定义了很多控件对象，这些控件对象可以实现相关界面控制。常用控件对象如图 6-2 所示。

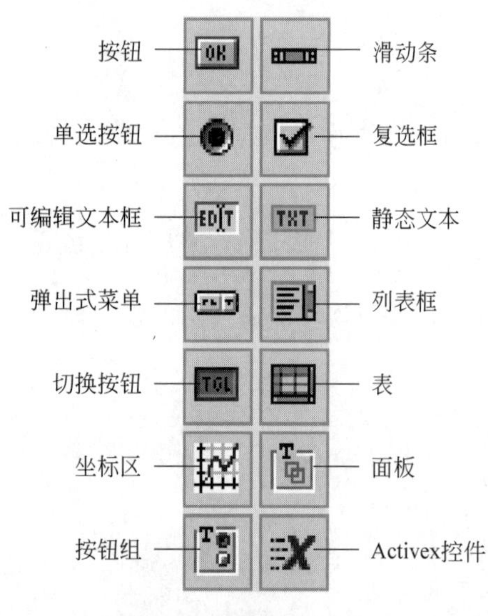

图 6-2　常用控件对象

下面介绍各个控件对象的作用。

（1）按钮（push button）。按钮是最常用的控件对象，表示命令式操作控件，主要用于捕获鼠标点击事件，以启动预定义的处理程序，其特征是在灰色矩形框上添加文字说明。

（2）滑动条（slider）。滑动条可以通过直观的方式输入指定范围内的一个数量值。用户可以通过鼠标移动滑动条中间的滑块改变其值。

（3）单选按钮（radio button）。单选按钮是向用户提供选项的按钮控件，在外观上是一个圆圈加上描述。当单选按钮被选中时，圆圈的中心有一个实心的黑点；否则圆圈为空白。单选按钮通常多个一起出现，表示一组互斥的选项，这组单选按钮共享一个绑定的控制变量。通常只能有一个单选按钮被选中。如果改变选择的单选按钮，则原来被选中的单选按钮就不再处于被选中状态。

（4）复选框（check box），也称多选按钮或检测框。复选框是一个小方框加上描述。它的作用和单选按钮相似，也是一组选项，但其与单选按钮不同的是用户一次可以选择多个复选框，被选中的复选框的小方框中会出现“√”。

（5）可编辑文本框（edit box）。可编辑文本框可供用户输入数据。可提供默认的输入值，在文本框内输入的数据通常是文本类型，用户进行数学运算时可以根据需要进行类型转换。

（6）静态文本（static text）。静态文本用于显示说明文字，主要作用是在用户操作过程中即时给出必要的提示，使用户能够更好地完成操作。在操作过程中用户是不能改变这些说明文字的，因此称之为静态文本。

（7）弹出式菜单（popup menu）。弹出式菜单是一个长方形框，右侧有一个向下箭头可以单击，平时只显示当前选项，单击其向下箭头会弹出一个下拉菜单列表，列出全部选项，从列表项中选择其中一个选项，就会替换当前选项。

（8）列表框（list box）。相比于弹出式菜单，列表框的显示范围更大，其中列出可供选择的选项，当选项数量超过列表框显示区域时，可使用列表框右端的滚动条进行查看。

（9）切换按钮（toggle button）。切换按钮在外观上形如普通按钮。这种按钮有两个状态，即按下状态和弹起状态。每单击一次，其状态将改变一次。

（10）表（table）。表的主要作用是显示数据，可以用来显示数值矩阵、逻辑矩阵、数值单元数组、字符串单元数组以及由数值、字符串、逻辑值组成的混合单元数组等。

（11）坐标区（axes）。坐标区是一种容器，用来显示图形。

（12）面板（panel）。面板的作用是对图形用户界面中的控件和坐标轴进行分区，便于用户操作和管理。

（13）按钮组（button group）。按钮组中可以放置若干个单选按钮或者切换按钮，但不可以放多个按钮。其特点是同一时刻只有一个可以被选中，在按钮组的 SelectionchangeFcn 响应函数中，可以获取当前选中的按钮，返回的是字符串，然后结合 switch-case 语句，即可实现单击不同的按钮实现不同的功能。

（14）ActiveX 控件。ActiveX 控件是基于 COM 标准的能够被外部调用的 OLE 对象，是对通用控件的扩充，MATLAB 支持将用户自己创建或第三方提供的 ActiveX 控件插入某个应用程序中，以实现组件重用和代码共享。ActiveX 控件只能作为图形窗口的子对象，不能作为面板和按钮组的子对象。

6.1.4 控件对象的常用属性

MATLAB 的控件对象使用相同的属性类型，但是不同类型的控件对象相同属性的含义和使用方法略有不同。在这些属性中，除了包含图形对象的公共属性（如 Parent、Children 等）外，还包含一些控制控件外观和行为的特殊属性。

1. 公共属性（Public）

（1）Parent 属性。属性值是所有子对象的句柄构成的数组。

（2）Children 属性。属性值是该对象的父对象的句柄。

2. 标识属性（Identifiers）

（1）Tag 属性。用于定义控件标识。当一个程序中包含多个对象时，通过 Tag 属性给每个对象设置唯一的标识，以方便对这些对象的管理。该属性的取值为字符串。

（2）UserData 属性。每个 GUI 对象都包含该属性，默认为空数组。它的作用是供用户存取简单数据。直接通过对象的 UserData 属性进行各个 CallBack（回调函数）之间的数据存取操作。需要注意的是，每个对象仅取一个变量值。当一个对象进行两次存储时，第二次存储的数据会覆盖第一次存储的数据。

3. 外观属性（Appearance）

（1）BackgroundColor 属性。设置控件对象的背景色，以红、绿、蓝三原色表示，默认值为浅灰色（0.94,0.94,0.94）。

（2）ForegroundColor 属性。设置控件对象说明文字的颜色，同样以红、绿、蓝三原色表示，默认值为黑色（0.0,0.0,0.0）。

（3）Visible 属性。设置控件是否可见。

4. 字体属性（Font Style）

（1）FontAngle 属性。该属性的取值是 normal（默认值）和 litalic，作用是定义控件对象标题等文字为正体或斜体。其值为 normal 时，使用正体；而其值为 litalic 时，使用斜体。

（2）FontName 属性。该属性的取值是控件对象标题等使用字体的字库名，必须是系统支持的各种字库。默认字库是 MS Sans Serif。

（3）FontSize 属性。该属性定义控件对象标题等的字号，取值是数值类型。其默认值与系统有关。

（4）FontUnits 属性。该属性的取值以下拉菜单形式显示，选项分别是 points（磅，默认值）、inches（英寸）、normalized（相对单位）、centimeters（厘米）和 pixels（像素），该属性定义字号的单位。normalized 将 FontSize 属性值解释为控件对象图标高度的百分比。

（5）FontWeight 属性。该属性定义字符的粗细，取值是 normal（正常，默认值）和 bold（粗体）。

5. 位置属性和大小属性（Location and Size）

（1）Position 属性。用于定义控件对象在用户界面中的位置和大小，属性值是一个四元向量[x，y，width，height]。x 和 y 为控件对象左下角相对于父对象的坐标，width 和 height 分别为控件对象的宽度和高度，它们的单位由 Units 属性决定，Units 属性的取值以下拉菜单形式显示，其选项与 FontUnits 属性相同。

（2）Extent 属性。只读属性，属性值是一个四元向量[0，0，width，height]。它返回用来标识这个控件所使用的文本字符串的大小，单位由 FontUnits 属性定义。

6. 文本属性（Text）

（1）HorizontalAlignment 属性。用于设置说明文字的水平对齐方式，可取值为 center（居中，默认值）、left（左对齐）和 right（右对齐）。

（2）String 属性。用于定义控件对象的说明文字，取值是字符串，例如按钮、列表框等控件上面的说明文字。

7. 控制类型属性（Type of Control）

（1）Style 属性。用于定义控件对象的类型，可取值包括 pushbutton（按钮，默认值）、togglebutton（切换按钮）、radiobutton（单选按钮）、checkbox（复选框）、editbox（可编辑文本框）、text（静态文本）、slide（滑动条）、frame（边框）、listbox（列表框）、popupmenu

（弹出式菜单）。

（2）ListboxTop 属性。默认值为 1，列表框中最顶层字符串的索引。

（3）Value 属性。该属性表示控件的当前值。

（4）Max、Min 属性。用于指定控件对象的最大值和最小值，默认值分别是 1 和 0。这两个属性值对于不同的控件对象类型有不同的意义。

- 对于单选按钮和复选框对象，当对象处于选中状态时，其 Value 属性值为 Max 属性对应的值。当单选按钮处于未选中状态时，其 Value 属性值为 Min 属性对应的值。
- 对于滑动条对象，Max 定义滑动条的最大值，Min 定义滑动条的最小值，滑动条对象的值是滑块所处位置对应的值。
- 对于可编辑文本框对象，如果 Max−Min＞1，那么对应的可编辑文本框接收多行字符输入；如果 Max−Min≤1，那么可编辑文本框仅接收单行字符输入。
- 对于列表框对象，如果 Max−Min＞1，那么在列表框中允许一次选择多项；如果 Max−Min≤1，那么在列表框中一次仅允许选择一项。

（5）SliderStep 属性。作用是控制滑动的步长。一个是小步长，是单击滑动两端的箭头移动的步长；另一个是大步长，是单击滑动时移动的步长，取值介于 0 和 1 之间。

8. 创建和删除事件属性（Creation and Deletion Control）

（1）CreateFcn 属性。作用为建立指定控件对象时执行的命令或调用的函数。

（2）DeleteFcn 属性。作用为删除指定控件对象时执行的命令或调用的函数。

9. 交互事件属性（Interactive Control）

（1）Callback 属性。属性值是描述命令的字符串或函数句柄。当单击控件时，系统将自动执行字符串描述的命令或调用句柄所代表的函数，实施相关操作。

（2）ButtonDownFcn 属性。作用为定义在控件对象上单击按钮时执行的命令或调用的函数。

（3）KeyPressFcn 属性。作用为定义在控件对象上按下键盘键时执行的命令或调用的函数。

（4）KeyReleaseFcn 属性。作用为指定在控件对象上释放按下的键盘键时执行的命令或调用的函数。

（5）windowButtonDownFcn 属性。作用为指定在鼠标按下时执行的命令或调用的函数。

（6）WindowButtonMotionFcn 属性。作用为指定在鼠标移动时执行的命令或调用的函数。

（7）CloseRequestFcn 属性。作用为指定在关闭窗口时执行的命令或调用的函数。

（8）uimenu 属性。作用为指定在对象被选中时执行的命令或调用的函数。

这些定义事件响应的属性的可取值可以是空字符串（默认值）、函数句柄、单元数组、字符串。

【例 6-4】 建立一个图形窗口，标题名称为“我的窗口”，起始点于屏幕左下角，宽度和高度分别为 400 像素和 300 像素，背景颜色为绿色，且当用户从键盘按下任意一个键时，将在该图形窗口绘制正弦曲线。

```
>>h=figure('Color',[0,1,0],'Position',[1,1,400,300],…
        'Name','我的窗口','NumberTitle','on','MenuBar','none',…
        'KeyPressFcn','plot(sin(0:0.01:2*pi))');
```

用户按键盘键前后的图形窗口如图 6-3 所示。

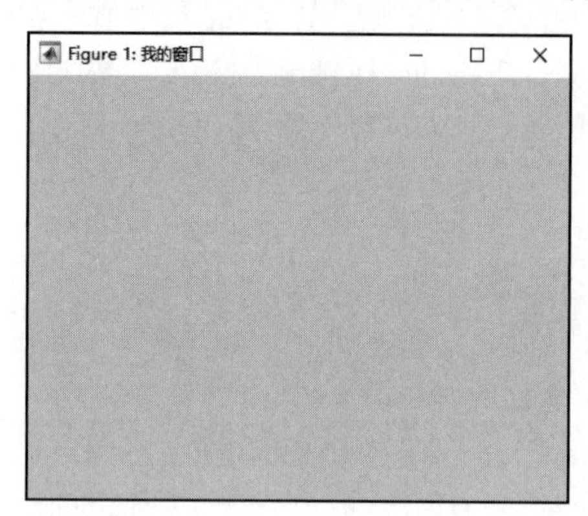

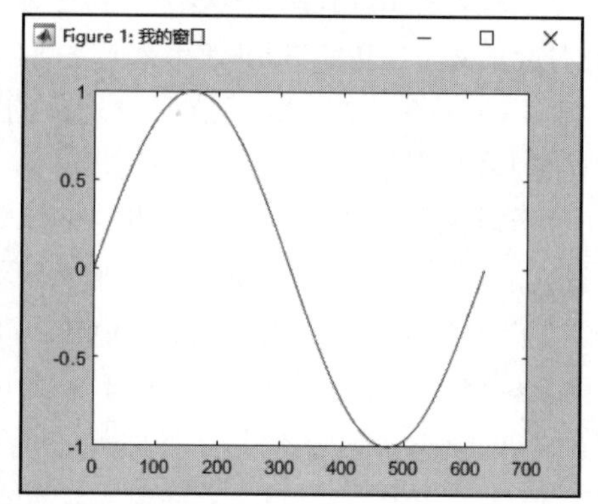

图 6-3　用户按键盘键前后的图形窗口

6.1.5　回调函数

回调函数是控件接收到用户的操作时调用的特定函数。一旦一个对象指定的事件发生，将自动调用相应的函数，它可以是 MATLAB 文件，也可以是一组 MATLAB 程序。

回调函数的基本格式如下：

```
function Callback_name(hObject, eventdata, handles)
```

其中：

- hObject：当前回调函数的图形对象句柄。
- eventdata：预留输入参数。
- handles：存放图形窗口中所有图形对象句柄的结构体，存储了界面中所有控件菜单等的句柄，可以在函数之间传递数据。

如果回调函数只引用一个参数，不需要引用其他参数，可以在引用的参数后以“~”作为第二个参数。

【例 6-5】 改写例 6-3 的程序，编写一个回调函数，通过参数 h 获取曲线图形句柄，当在曲线上单击时，将曲线颜色转换成蓝色。

编写一个函数文件，将文件命名为 push_Callback.m。创建 push_Callback 函数。

```
function push_Callback(hObject, ~)
hObject.Color=[0,0,1];      %设置颜色为蓝色
End
```

在同一目录下创建另一个文件 plottest.m，绘制曲线，并设置曲线的 ButtonDownFcn 属性值为 push_Callback 函数的句柄。

```
t=0:pi/2:30;
x=2*(cos(t)+t.*sin(t));
h=plot(t,x,'r');
h.ButtonDownFcn=@push_Callback;
```

执行 plottest.m 文件，打开曲线窗口，单击曲线，观察曲线颜色的变化。

6.1.6 控件对象创建函数

MATLAB 提供了用于创建控件对象的函数 uicontrol，该函数的调用格式为

```
h_obj = uicontrol(Parent,'PropertyName1',PropertyValue1,'PropertyName2',
PropertyValue2,…)
```

其中，参数 parent 用于指定控件对象的容器（父对象）。当父句柄省略时，默认在当前窗口创建控件对象。若还没有图形窗口，需要首先按默认方式创建图形窗口。

控件对象编写过程在后面的内容中会多次出现，因此这里不逐一详细介绍。下面用一个按钮和单选按钮的案例介绍控件对象的创建。

【例 6-6】 在窗口中创建单选按钮，设置 3 个选项，分别用于将窗口变成红色、蓝色和黄色。在单选按钮下面创建一个按钮，单击该按钮可实现窗口关闭功能。

```
% 加载文本'设置窗口颜色'
htxt=uicontrol(gcf,'Style','text','Position',[200,130,150,20],'String',
'设置窗口颜色')
% 加载单选按钮
hr=uicontrol(gcf,'Style','radio','Position',[200,100,150,25], 'String',
'红色','Value',1,'call',
['set(hr,''Value'',1);','set(hb, ''Value'',0);','set(hy,''Value'',0);',
'set(gcf,''Color'',''r'')']');
hb=uicontrol(gcf,'Style','radio','Position',[200,75,150,25], 'String','蓝
色','Value',1,'call',
['set(hb,''Value'',1);','set(hr,''Value'',0);','set(hy,''Value'',0);',
'set(gcf,''Color'',''b'')']');
hy=uicontrol(gcf,'Style','radio','Position',[200,50,150,25], 'String','黄
色','Value',1,'call',
['set(hb,''Value'',0);','set(hr,''Value'',0);','set(hy,''Value'',1);',
'set(gcf,''Color'',''y'')']');
% 加载“退出”按钮
he=uicontrol(gcf,'Style','push','String','退出','call','close');f,
''Color'',''y'')']');
```

运行结果如图 6-4 所示。

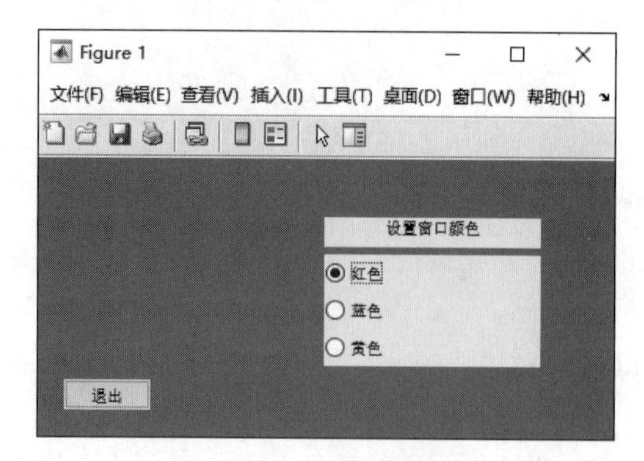

图 6-4　例 6-6 运行结果

6.2　对话框设计

对话框是用户与计算机交互的临时窗口，借助对话框可以更好地满足用户的操作需求，使操作更加灵活便利。这里主要介绍 3 种常用对话框的创建方法。

1. 普通对话框

使用 dialog 函数创建对话框的基本格式如下：

```
h=dialog('PropertyName1',ProperValue1,'PropertyName2',ProperValue2,…)
```

- h 返回一个对话框对象句柄。
- PropertyName 是属性名，属性名是一个字符串类型的值。
- PropertyValue 是 PropertyName 对应的属性值。

dialog 函数产生一个图形对象并为对话框设置推荐的图形属性。

【例 6-7】 创建一个普通对话框，设置标题为“图形对话框”，颜色为红色。

```
h=dialog('Name','图形对话框','Position',[200,200,400,300],'Color','r');
```

运行结果如图 6-5 所示。

图 6-5　例 6-7 运行结果

2. 输入对话框

输入对话框为用户输入信息提供了界面，使用 inputdlg 函数创建，并提供了“确定”和“取消”两个按钮。inputdlg 函数的命令格式如下：

```
answer= inputdlg(prompt,title,lineno,defans,Resize)
```

其中：

- answer 返回一个对话框对象句柄。
- prompt 是一个包含提示字符串的数组。
- title 为对话框指定一个标题。
- lineno 为用户的每个输入值指定输入的行数，可以是标量、列向量或矩阵。列向量为一个提示符指定输入的行数；矩阵的大小是 $m\times2$，其中 m 是对话框中提示符的个数，矩阵的第一列指定输入的行数，第二列指定字符的域宽。
- defans 指定每个提示符的默认值。
- Resize 说明对话框是否改变尺寸，取值为'on'和'off'，默认值为'off'。

inputdlg 函数返回用户在数组中输入的内容。

【例 6-8】 创建输入对话框示例。

```
>>prompt={'请输入正弦函数的频率'};
defans={'5'};
w=inputdlg(prompt,'输入',1,defans,'on');
```

运行结果如图 6-6 所示。

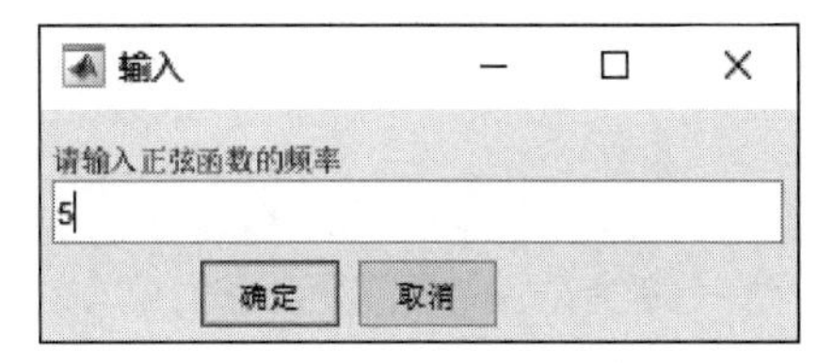

图 6-6　例 6-8 运行结果

3. 输出消息框

输出消息框用来显示各种输出消息，使用 msgbox 函数创建，只有一个“确定”按钮，并利用图标表示不同的消息类型。msgbox 函数的命令格式如下：

```
mes=msgbox(message,title,icon,icondata,iconcmap,createmode)
```

- message 为输出的消息。
- title 为输出消息框指定标题。
- icon 指定在输出消息框中显示哪一个图标，可以是'none'、'error'、'help'、'warn'、'custom'等。
- 当'icon'的值为'custom'时，表示使用自定义图标，icondata 包含自定义图标的图形数据，iconcmap 是图形所用的色图。

- createmode 指定输出消息框是否为模式化的以及是否要取代其他有同样标题的输出消息框。取值可以为'modal'、'non-modal'和'replace'。

【例 6-9】 创建输出消息框示例。

```
>>message='输入参数超出范围';
icon='error';
h=msgbox(message,'错误提示窗口',icon)
```

运行结果如图 6-7 所示。

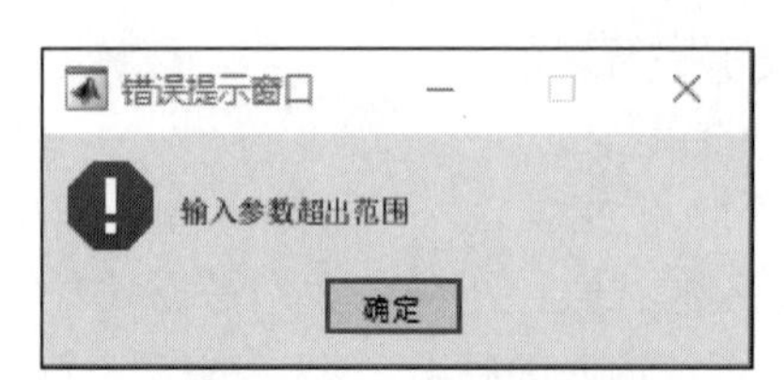

图 6-7 例 6-9 运行结果

6.3 菜 单 设 计

MATLAB 的菜单对象是图形窗口的子对象，所以菜单设计要在一个图形窗口容器中进行。MATLAB 的图形窗口有自带的菜单栏，如果用户需要创建自定义菜单时，需要将图形窗口的 MenuBar 属性设置为 none，取消图形窗口自带菜单栏后，再自定义新的菜单。

6.3.1 菜单的建立

用户可以自行建立的菜单通常为一级菜单和二级菜单，有时根据需要还可以继续往下建立子菜单（三级菜单等）。每一级菜单又包括若干个菜单项。要建立用户菜单，可以使用 uimenu 函数，调用格式如下：

```
h_obj=uimenu(h_ex,PropertyName1,PropertyValue1,PropertyName2,
PropertyValue2,…)
```

其中：

- h_obj 是图形对象的句柄。
- h_ex 是菜单的父对象句柄。当建立一级菜单时，该变量取值为图形窗口句柄（通常为 gcf）；当建立二级菜单或三级菜单时，该变量取值为上一级菜单对象句柄。
- PropertyName 是属性名，是一个字符串类型的值。
- PropertyValue 是 PropertyName 对应的属性值。

6.3.2 常用菜单属性

菜单对象除具有 Children、Parent、Tag、Type、UserData、Visible 等公共属性外，还有

一些常用的特殊属性。

（1）Label 属性。该属性的取值是字符串，用于定义菜单项的名字，可以定义中文字符、英文字符等。

（2）Accelerator 属性。该属性的取值可以是任意字母，用于定义菜单项的快捷键。例如，取值为字母 H，则表示定义快捷键为 Ctrl + H。

（3）Checked 属性。该属性的取值是 on 或 off，默认值为 off，该属性为菜单项定义一个指示标记，可以用这个特性指明菜单项是否已选中。

（4）Enable 属性。该属性的取值是 on 或 off，默认值为 off，该属性控制菜单项的可用性。如果它的值是 off，则此时该菜单项呈灰色并且不可用。

（5）Position 属性。该属性的取值是数值，它定义一级菜单项在菜单条上的相对位置或子菜单项在菜单组内的相对位置。例如，对于一级菜单项，若 Position 属性值设置为 1，则表示该菜单项位于图形窗口菜单条最左端的位置。

（6）Separator 属性。该属性的取值是 on 或 off，默认值为 off。如果该属性值为 on，则在该菜单项上方添加一条分隔线。可以用分隔线将各菜单项按功能分组。

【例 6-10】 在当前图形窗口菜单中建立名为 File 的菜单项。其中，Label 属性值 File 就是菜单项的名字，h 是 File 菜单项的句柄，供定义该菜单项的子菜单使用。接下来 3 条命令将在 File 菜单项下建立 New、Open 和 Save 3 个子菜单项。最后一条命令在 Save 下建立二级子菜单项 Save as。

```
h=figure('Position',[100 100 300 300],'menubar','none');
h1=uimenu(h,'Label','File','Accelerator','F');
hh1=uimenu(h1,'Label','New','Accelerator','N');
hh2=uimenu(h1,'Label','Open','Accelerator','O');
hh3=uimenu(h1,'Label','Save');
hh4=uimenu(hh3,'Label','Save as','Accelerator','S');
```

运行结果如图 6-8 所示。

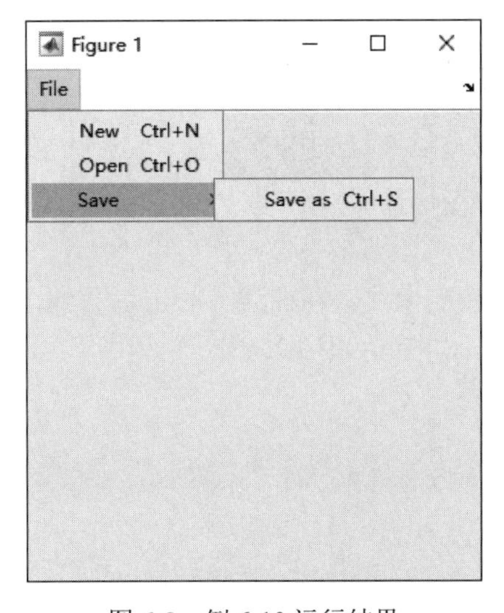

图 6-8　例 6-10 运行结果

6.3.3 快捷菜单

快捷菜单是右击某对象时在屏幕上弹出的菜单。这种菜单出现的位置是不固定的，而且总是和某个图形对象相联系。在 MATLAB 中，可以使用 uicontextmenu 函数和图形对象的 Ui ContextMenu 属性建立快捷菜单，具体步骤如下：

（1）利用 uicontextmenu 函数建立快捷菜单。

（2）利用 uimenu 函数为快捷菜单建立菜单项。

（3）利用 set 函数将该快捷菜单和某图形对象联系起来。

【例 6-11】 绘制曲线 $y = 2\sin 5x\sin x$，$x \in [0, 2\pi]$，并建立一个与之相联系的快捷菜单，用以控制曲线的线型和颜色。

编写脚本程序，代码如下：

```
x=0:pi/100:2*pi;
y=2*sin(5*x).*sin(x);
hf=figure('Name','快捷菜单');
h=plot(x,y,'Tag','line1');
hc=uicontextmenu;
hls=uimenu(hc,'Label','线型');
hlc=uimenu(hc,'Label','线色');
uimenu(hls,'Label','虚线','Tag','--','CallBack',@pb1);
uimenu(hls,'Label','实线','Tag','-','CallBack',@pb1);
uimenu(hlc,'Label','红色','Tag','red','CallBack',@pb1);
uimenu(hlc,'Label','绿色','Tag','green','CallBack',@pb1);
uimenu(hlc,'Label','黄色','Tag','yellow','CallBack',@pb1);
set(h,'UicontextMenu',hc);
```

编写回调函数文件 pb1.m，代码如下：

```
function pb1(source,~)
h=findobj('Tag','line1');
if source.Parent.Label=="线色";
    h.Color=source.Tag;
elseif source.Parent.Label=="线型";
    h.LineStyle=source.Tag;
end
```

执行程序后，系统默认绘制曲线。在曲线上右击，会弹出快捷菜单，分别选择相应的子菜单，查看程序运行结果，如图 6-9 所示。

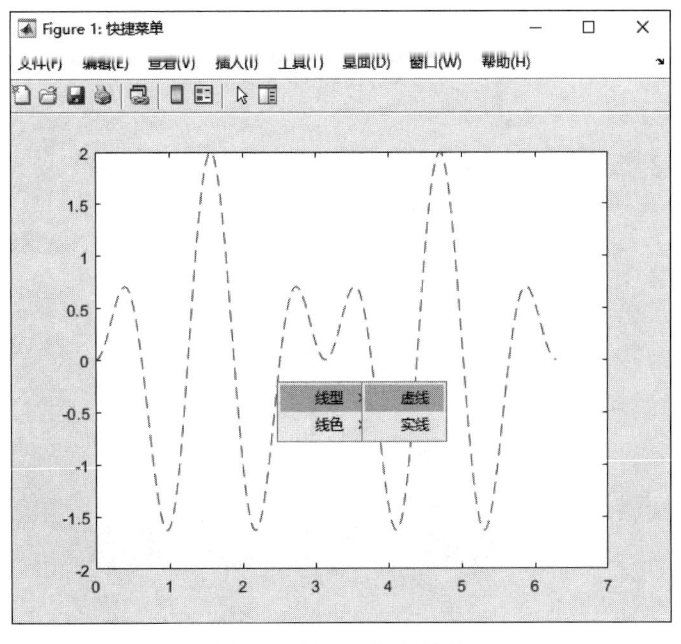

图 6-9 例 6-11 运行结果

6.4 使用 GUIDE 创建图形用户界面

MATLAB 提供了图形用户界面开发环境（Graphical User Interface Development Environment，GUIDE），在这种开发环境下，用户界面设计变得简单、直观，能够实现“所见即所得”的可视化设计。

6.4.1 GUIDE 简介

1. 图形用户界面设计窗口

在 MATLAB 命令行窗口输入 guide 命令，会进入图形用户界面设计窗口，如图 6-10 所示。该窗口由菜单栏、工具栏、控件工具箱、图形对象设计区、状态栏等部分组成。在图形用户界面设计窗口左边的是控件工具箱，其中含有按钮、坐标轴、面板、按钮组等控件。从中选择一个控件，以拖曳方式将其添加至图形对象设计区，即可生成控件对象。右击图形对象，则弹出一个快捷菜单，用户可以从中选择某个菜单项进行相应的设计。例如，选择“查看回调”子菜单的 CallBack、CreateFcn、DeleleFcn、ButtonDownLen、KeyPressFcn 等命令，可以打开代码编辑器，编写对应事件发生时执行的程序代码。图形用户界面设计窗口下部的状态栏用于显示当前对象的标签、当前点和位置属性。

2. 图形设计模板

打开图形用户界面设计窗口后，选择“文件”菜单中的“新建”命令，可以打开“GUIDE

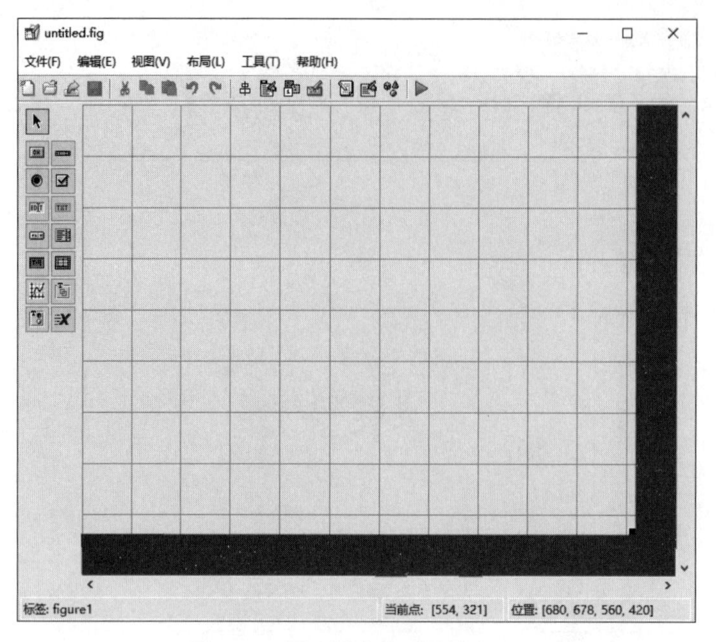

图 6-10　图形用户界面设计窗口

快速向导”窗口，如图 6-11 所示。MATLAB 为图形用户界面设计准备了 4 种模板，分别是 Blank GUI（默认模板）、GUI with Uicontrols（带控件对象的模板）、GUI with Axes and Menu（带坐标轴与菜单的模板）和 Modal Question Dialog（带模式询问对话框的模板）。

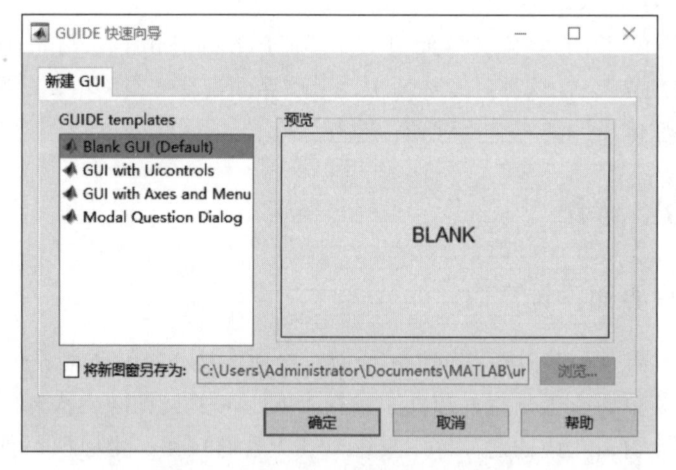

图 6-11　“GUIDE 快速向导”窗口

当用户选择不同的模板时，在“预览”区中就可以预览与该模板对应的图形用户界面。

6.4.2　可视化界面设计工具

MATLAB 常用的图形用户界面设计工具有对象属性检查器、菜单编辑器、工具栏编辑器、对齐对象工具、对象浏览器和 Tab 键切换顺序编辑器 6 种，下面分别介绍这 6 种设计工具的主要作用和用法。

1. 对象属性检查器

利用对象属性检查器（property inspector），可以查看、修改和设置每个对象的属性值，如图 6-12 所示。打开对象属性检查器的方法有 3 种：

（1）双击窗口中某个控件对象，即可弹出该对象的对象属性检查器。

（2）选中某个对象后，在图形用户界面设计窗口工具栏单击（对象属性检查器）命令按钮，即可弹出该对象的对象属性检查器。

（3）选中某个对象后，选择“视图”菜单中的“对象属性检查器”命令，即可打开对象属性检查器。

另外，在 MATLAB 命令行窗口中输入命令 inspect，也可以打开对象属性检查器，不过以这种打开方式打开的对象属性检查器不是直接关联某个具体控件的，需要用户通过搜索栏找到对应的控件才能打开对应的对象属性检查器。

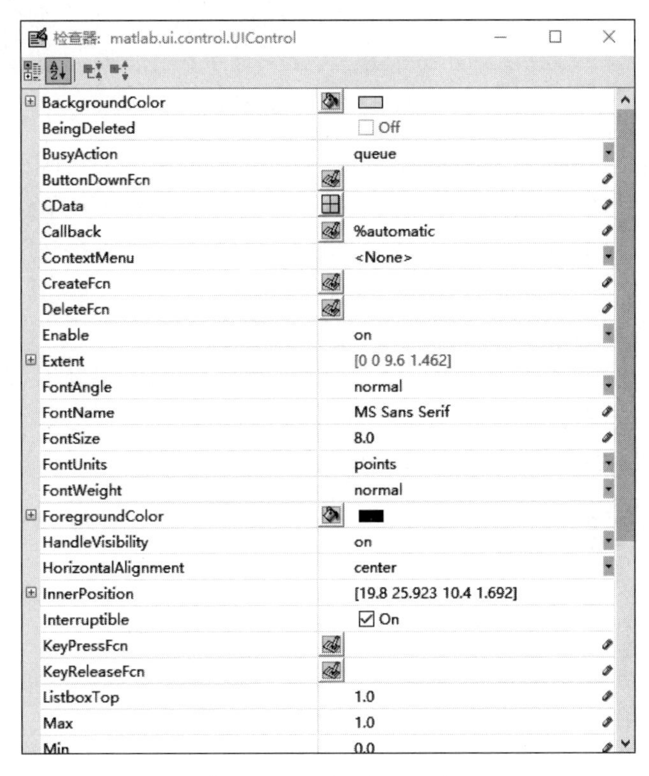

图 6-12　对象属性检查器

2. 菜单编辑器

利用菜单编辑器（meun editor），可以创建、设置、修改下拉式菜单和快捷菜单，如图 6-13 所示。打开菜单编辑器的方法有两种：

（1）在图形用户界面设计窗口工具栏单击（菜单编辑器）命令按钮，即可打开菜单编辑器。

（2）选择“工具”菜单中的“菜单编辑器”命令，即可打开菜单编辑器。

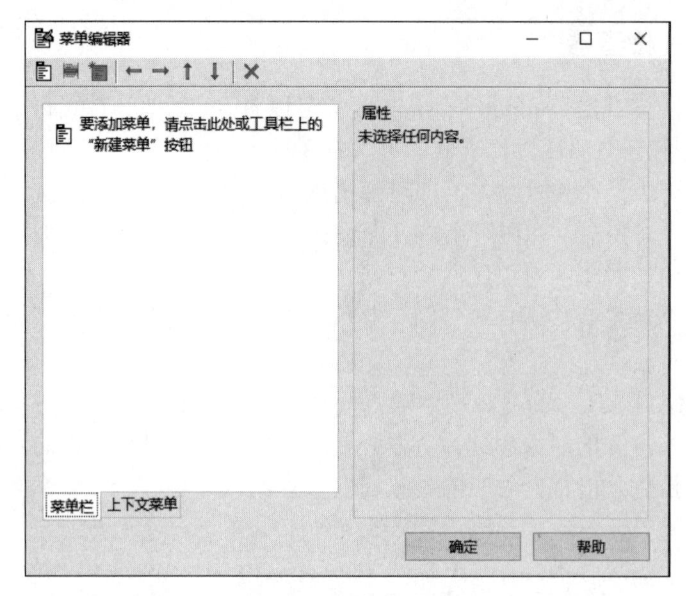

图 6-13　菜单编辑器

菜单编辑器左上角的第一个按钮用于创建一级菜单项。第二个按钮用于创建子菜单项，在选中已经创建的一级菜单项后，可以单击该按钮创建其子菜单。选中创建的某个菜单项后，菜单编辑器的右边就会显示该菜单项的有关属性，可以在这里设置、修改菜单项的属性。

例如，在图 6-14 中，利用菜单编辑器创建了“图形颜色调整”与“图形线条宽度调整”两个一级菜单项，并且在“图形颜色调整”一级菜单项下创建了“红色”“绿色”和“蓝色”3 个子菜单项，在“图形线条宽度调整”一级菜单项下创建了“正常”“中等”和“加粗”3 个子菜单项，并且可以设置每个子菜单的快捷键。

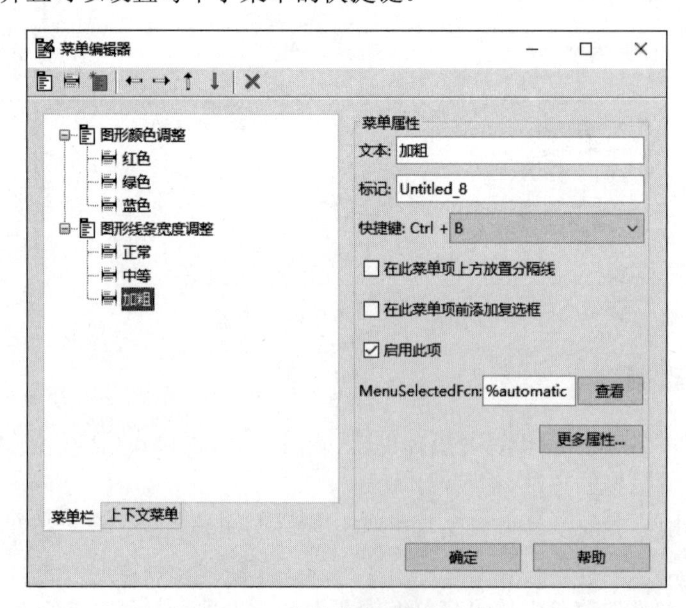

图 6-14　菜单编辑器使用示例

工具栏上第 4 个按钮和第 5 个按钮用于改变菜单项的级，第 6 个按钮和第 7 个按钮用于对选中的菜单项进行平级上移与下移操作，最右边的按钮用于删除选中的子菜单项。

菜单编辑器的左下角有两个选项卡。选择“菜单栏”选项卡，可以创建下拉式菜单。选择“上下文菜单”选项卡后，工具栏的第 3 个按钮就会变成可用，可以用来创建快捷菜单。

3. 工具栏编辑器

利用工具栏编辑器（toolbar editor）可以创建、设置和修改工具栏，如图 6-15 所示。打开工具栏编辑器的方法有两种：

（1）在图形用户界面设计窗口工具栏单击（工具栏编辑器）命令按钮，即可打开工具栏编辑器。

（2）选择“工具”菜单中的“工具栏编辑器”命令，即可打开工具栏编辑器。

工具栏编辑器的上部是显示正在设计的工具栏，左半部为工具选项板，右半部用于增加、删除工具按钮和设置工具按钮、工具栏的属性，通过使用分隔符，实现工具按钮的分组效果。“新建”“打开”等按钮只能设计单击时的回调方法，一般采用默认回调方法。“放大”“缩小”等切换按钮除可以设计单击时的回调方法外，也可以设计按钮在打开和关闭时的回调方法。

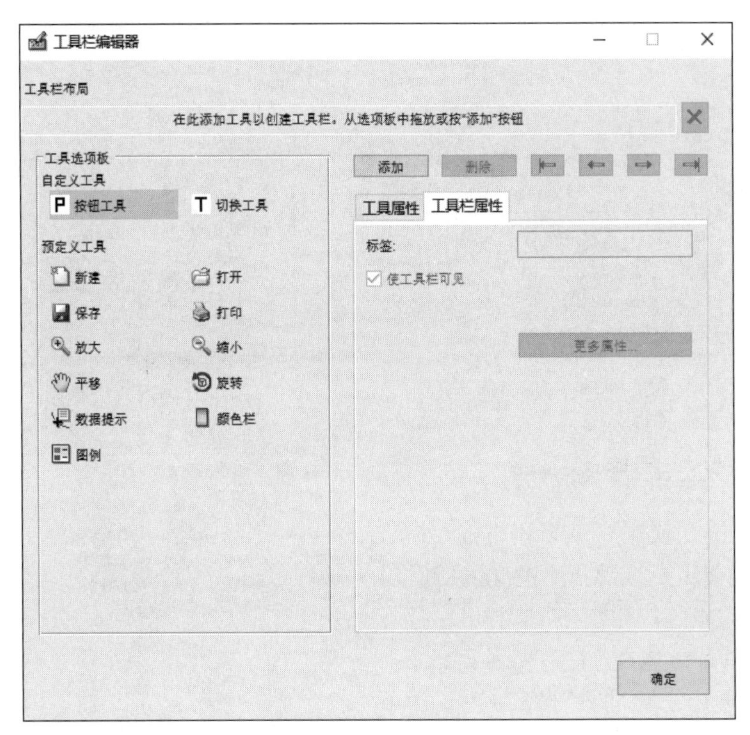

图 6-15　工具栏编辑器

4. 对齐对象工具

利用对齐对象工具（align tool），可以对图形对象设计区内多个对象的位置进行调整，如图 6-16 所示。在选中多个对象后，打开对齐对象工具的方法有两种：

（1）在图形用户界面设计窗口工具栏单击 串（对齐对象）命令按钮，即可打开对齐对象工具。

（2）选择“工具”菜单中的“对齐对象”命令，即可打开对齐对象工具。对齐对象工具中的“对齐”组按钮用于多个对象的对齐方向调整，“分布”组按钮用于多个对象的间距调整。

5. 对象浏览器

对象浏览器（object browser）可以查看当前设计阶段的各个图形对象，如图 6-17 所示。打开对象浏览器的方法有两种：

（1）在图形用户界面设计窗口工具栏单击（对象浏览器）命令按钮，即可打开对象浏览器。

（2）选择“视图”菜单中的“对象浏览器”命令，即可打开对象浏览器。在对象浏览器中，可以看到已经创建的每个图形对象以及图形窗口对象。双击其中的任意对象，就可以打开该对象的对象属性检查器。

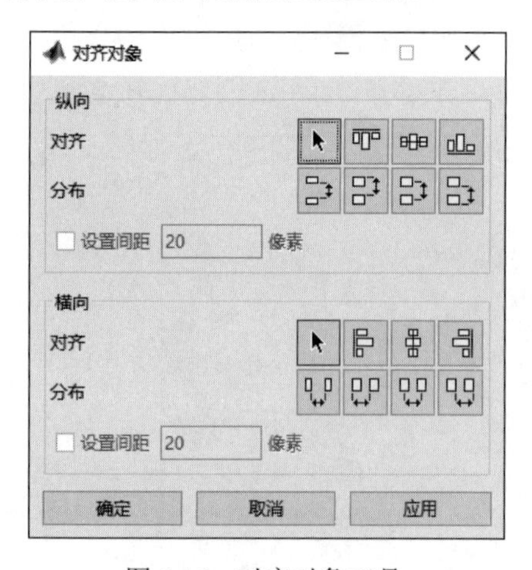

图 6-16　对齐对象工具

图 6-17　对象浏览器

6. Tab 键切换顺序编辑器

利用 Tab 键切换顺序编辑器（tab order editor），可以设置用户按键盘上的 Tab 键时对象被选中的先后顺序，如图 6-18 所示。打开 Tab 键切换顺序编辑器的方法有两种：

（1）在图形用户界面设计窗口工具栏单击（Tab 键切换顺序编辑器）命令按钮，即可打开 Tab 键切换顺序编辑器。

（2）选择“工具”菜单中的“Tab 键切换顺序编辑器”命令，即可打开 Tab 键切换顺序

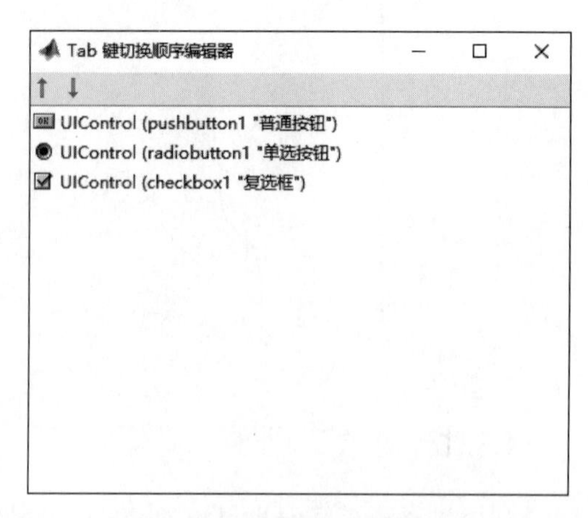

图 6-18　Tab 键切换顺序编辑器

编辑器。

6.4.3 GUIDE 设计实例

合理利用图形用户界面设计工具，可以设计出界面友好、操作简便、功能强大的图形用户界面，然后通过编写对象的事件响应过程，就可以完成相应的任务。下面通过实例说明这些工具的具体使用方法。

【例 6-12】应用 GUIDE 设计一个如图 6-19 所示的图像处理辅助系统的图形用户界面，该系统界面可以对图像进行图像处理、噪声处理和边缘检测。其中，边缘检测的 3 种检测方式分别由若干分组的命令按钮完成。

操作步骤如下：

（1）打开图形用户界面设计窗口，添加有关的图形对象。

打开图形用户界面设计窗口，选中图形用户界面设计窗口控件工具箱中的可编辑文本框控件和坐标轴控件，并在图形对象设计区中拖曳出两个可编辑文本框和两个坐标轴，调整好控件的大小和位置。在界面左上方绘制 3 个按钮，在界面下方绘制 3 个按钮组，并在按钮组中添加按钮。

（2）利用对齐对象工具调整控件位置。

依次选中每组按钮，利用对齐对象工具把按钮设为左对齐，宽和高都相等，且间距相同。

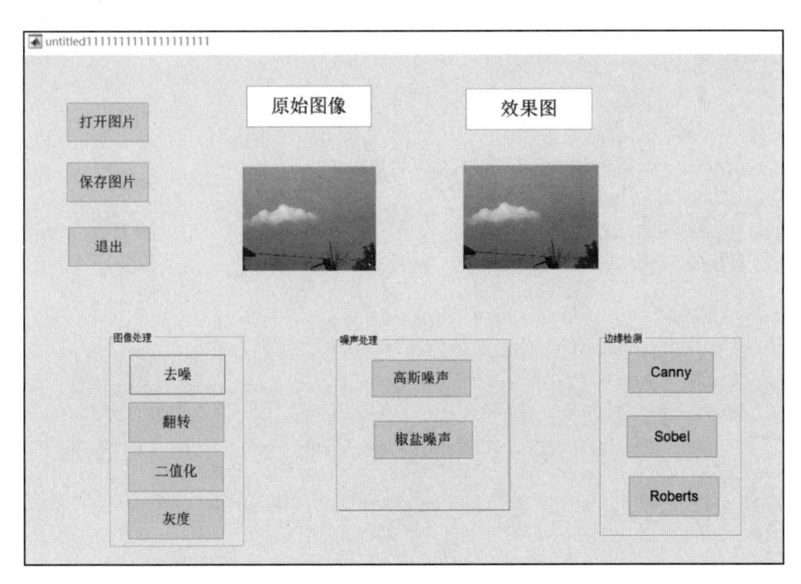

图 6-19　图像处理辅助系统的图形用户界面

（3）利用对象属性检查器设置界面对象的属性。

将界面左上方 3 个按钮作为操作命令按钮，String 属性分别设置为“打开图片”“保存图片”和“退出”。绘制 3 个按钮组。第一个按钮组的 Title 属性设置为“图像处理”，上面放置 4 个按钮，String 属性分别设置为“去噪”“翻转”“二值化”和“灰度”。第二个按钮组的 Title 属性设置为“噪声处理”，上面放置两个按钮，String 属性分别设置为“高斯噪声”

和“椒盐噪声”。第三个按钮组的 Title 属性设置为“边缘检测”，上面放置 3 个按钮，String 属性分别设置为 Canny、Sobel 和 Roberts。设计完成的图形用户界面控件如图 6-20 所示。

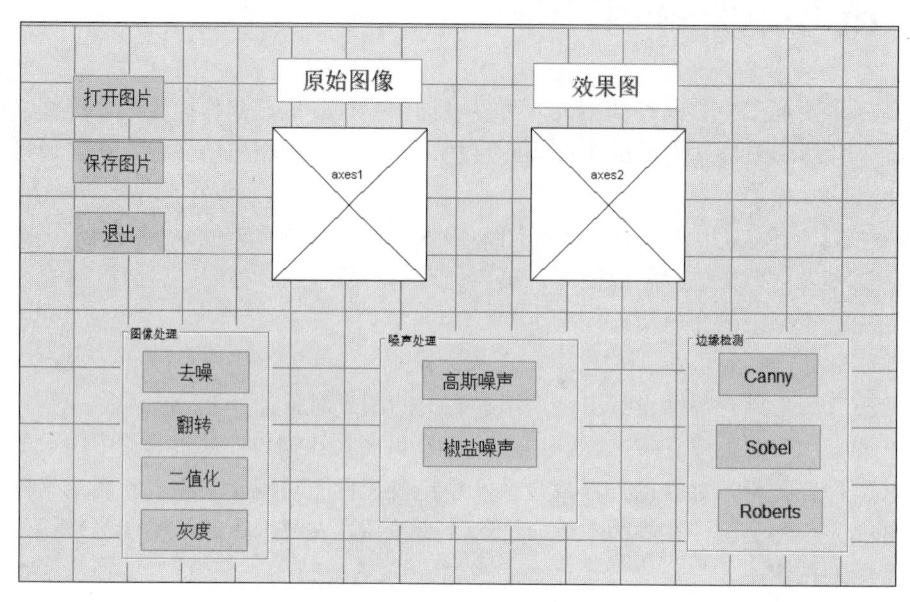

图 6-20　图形用户界面控件图

（4）保存图形用户界面。

选择“文件”菜单中的“保存”命令，或者单击工具栏中的保存图形按钮，将设计的图形用户界面保存为.fig 文件。例如，将其存为 guidetest.fig。这时系统还将自动生成一个 guidetest.m 文件，该文件用于保存各图形对象的程序代码。

（5）编写代码，实现控件功能。

如果实现代码较为简单，可以直接修改控件的 Callback 属性。对于较为复杂的程序代码，最好还是编写 M 文件。单击图形用户界面设计窗口工具栏中的编辑器按钮，将打开一个 M 文件，图形用户界面开发环境会自动向其中添加相应的回调函数框架，这时可以在各控件的回调函数区输入具体的程序代码。

① “打开图片”按钮回调函数完整代码如下：

```
    function pushbutton1_Callback(hObject, eventdata, handles)
    % hObject      handle to pushbutton1 (see GCBO)
    % eventdata    reserved - to be defined in a future version of MATLAB
    % handles      structure with handles and user data (see GUIDATA)
    global im
    [filename,filepath]=uigetfile({'*.bmp;*.jpg;*.png;*.jpeg;*.tif;*gif;
*Image files'},'选择图像');
    if isequal(filename,0)||isequal(filepath,0)
        return;
    end
    image =[filepath,filename]; %合成路径+文件名
    im=imread(image);            %根据 image 中的路径和文件名找到图片，并将其读入 im
    axes(handles.axes1);         %在显示图像之前，需要指定图像要显示在哪个坐标轴
    imshow(im);
```

② “保存图片”按钮回调函数完整代码如下：

```
    function pushbutton2_Callback(hObject, eventdata, handles)
    new_f_handle=figure('visible','off');
    new_axes=copyobj(handles.axes3,new_f_handle);
set(new_axes,'units','default','position','default');
    [filename,pathname,fileindex]=uiputfile({'*.jpg';'*.bmp';'*.png'},'save
picture as');
    if ~filename
        return
    else
        file=strcat(pathname,filename);
    switch fileindex
        case 1
            print(new_f_handle,'-djpeg',file);
        case 2
            print(new_f_handle,'-dbmp',file);
        case 3
            print(new_f_handle,'-dpng',file)
    end
    end
    delete(new_f_handle);
```

③“退出”按钮回调函数完整代码如下：

```
    function pushbutton3_Callback(hObject, eventdata, handles)
    clc
    close all
    close(gcf)
    clear
```

④ 由于 3 个按钮组的函数代码类似，这里只给出“图像处理”按钮组回调函数完整代码。其他按钮组事件均在 pushbutton_Callback 函数中编写相应代码，用户可以自行查阅资料完成)。

```
    function pushbutton4_Callback(hObject, eventdata, handles)
    global im;
    y=rgb2gray(im);
    p=imnoise(y,'salt & pepper',0.1); %加 10%的椒盐
    axes(handles.axes2);
    imshow(p);
    g=medfilt2(p);
    axes(handles.axes2);
    imshow(g);
    function pushbutton5_Callback(hObject, eventdata, handles)
    global im
    theta=30;
    p=imrotate(im,theta);
    axes(handles.axes2);
    imshow(p);
    function pushbutton6_Callback(hObject, eventdata, handles)
```

```
global im
y=rgb2gray(im);
n=graythresh(y);
axes(handles.axes2);
% im2bw(x,n);
output=imbinarize(y,n);
imshow(output);
function pushbutton7_Callback(hObject, eventdata, handles)
global im
axes(handles.axes2)
y=rgb2gray(im);
imshow(y);
```

（6）运行图形用户界面。

保存程序代码后，在图形用户界面设计窗口中选择“工具”菜单中的“运行”命令，或者单击工具栏中的“运行图形”命令按钮，即可得到如图 6-19 所示的图形用户界面。图形用户界面的相关文件存盘后，也可以在命令行窗口直接输入文件名运行图形用户界面。例如，可以输入 guidetest 运行本例的界面。

6.5 实验六：使用命令行窗口创建对象控件

6.5.1 实验目的

1. 掌握使用命令行窗口创建对象控件的方法。
2. 掌握编写触发对象后产生动作的执行程序的方法。
3. 掌握菜单文件的创建方法。

6.5.2 实验内容

1. 在图形窗口上放置一个按钮，在按钮上显示文字“Click me!”。设置一个回调函数，实现单击该按钮后将按钮背景色修改成红色并将按钮上的文字修改成蓝色的功能。运行代码，观察按钮的对象属性检查器中各个属性值的设置。

2. 绘制 $y = x^3 + x + 1$ 曲线，其中 $x \in [-5,5]$，并建立一个与之相联系的快捷菜单，用于控制曲线的线型和宽度。

6.5.3 参考程序

1. 编写脚本文件，代码如下：

```
h1=figure('Position',[20 20 50 50],'menubar','none');
but=uicontrol(figure,'Style','pushbutton','String','Click me!',
              'Position', [10,10,300,100],…
```

```
              'Callback',@pushbutton1_Callback);
```

回调函数如下：

```
function pushbutton1_Callback(source,~)
source.ForegroundColor=[0,0,1];
source.BackgroundColor='r';
end
```

2. 编写脚本文件，代码如下：

```
x=-5:0.1:5;
y=x.^3+x+1;
hl=plot(x,y);
hc=uicontextmenu;                        %建立快捷菜单
hls=uimenu(hc,'Label','线型');           %建立菜单项
hlw=uimenu(hc,'Label','线宽');
uimenu(hls,'Label','虚线','callback','set(hl,''LineStyle'','':'');');
uimenu(hls,'Label','实线','callback','set(hl,''LineStyle'',''-'');');
uimenu(hlw,'Label','加宽','callback','set(hl,''LineWidth'',2);');
uimenu(hlw,'Label','变细','callback','set(hl,''LineWidth'',0.5);');
set(hl,'UIContextMenu',hc);
```

6.6 实验七：使用 GUIDE 设计一个简单计算器

6.6.1 实验目的

1. 掌握 GUIDE 中的各种可视化界面设计工具的作用和使用方法。
2. 掌握利用 GUIDE 设计图形用户界面的方法。

6.6.2 实验内容

使用 GUIDE 设计一个简单计算器，图形窗口中加入一个面板，设置“简单计算器”，相继在面板中添加可编辑文本（edit）、滑动条（slider）、弹出式菜单（popupmenu）、静态文本（text）和按钮（pushbutton），并编写动作事件函数，实现两个输入数的加、减、乘和除的计算功能，简单计算器的图形用户界面可参考图 6-21。

6.6.3 参考程序

程序 easycount.m 的主要代码如下。

（1）两个填写数字的可编辑文本框的回调函数：

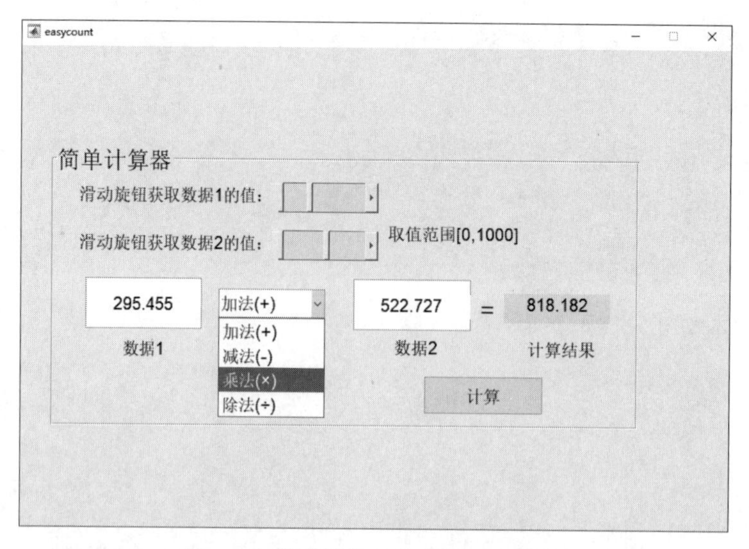

图 6-21 简单计算器的图形用户界面

```
function edit1_Callback(hObject, eventdata, handles)
%以字符串的形式存储可编辑文本框 1 的内容。如果字符串不是数字，则显示空白内容
input = str2num(get(hObject,'String'));
%检查输入是否为空。如果为空，则默认显示 0
if (isempty(input))
set(hObject,'String','0')
end
guidata(hObject, handles);
function edit3_Callback(hObject, eventdata, handles)
input = str2num(get(hObject,'String'));
%检查输入是否为空。如果为空，则默认显示 0
if (isempty(input))
set(hObject,'String','0')
end
guidata(hObject, handles);
```

（2）滑动条的回调函数：

```
function slider1_Callback(hObject, eventdata, handles)
a = get(handles.slider1,'value');
set(handles.edit1,'string',num2str(a))
function slider2_Callback(hObject, eventdata, handles)
b = get(handles.slider2,'value');
set(handles.edit3,'string',num2str(b))
```

（3）按钮的回调函数：

```
function pushbutton1_Callback(hObject, eventdata, handles)
a = get(handles.edit1,'String');
b = get(handles.edit3,'String');
val = get(handles.popupmenu1,'value');  %获得弹出式菜单值的下标
```

```
switch val
    case 1
      total = str2double(a) + str2double(b);
    case 2
      total = str2double(a) - str2double(b);
    case 3
      total = str2double(a)*str2double(b);
    case 4
      total = str2double(a) / str2double(b);
end
d = num2str(total);
set(handles.text6,'String',d);
guidata(hObject, handles);
```

6.7 课程思政

本章部分内容的思政元素融入点，如表 6-3 所示。

表 6-3　本章部分内容的思政元素融入点

节	思政元素融入点
6.1　图形用户界面对象概述	讲解每个控制对象的作用和属性时，引导学生在学习和生活中形成遵守规则的意识
6.3　菜单设计	通过对菜单的层次设计相关内容的讲解，引导学生做事要有规划、有条理
6.4　使用GUIDE创建图形用户界面	在 GUIDE 实例讲解中，通过每个控件代码以及对应事件代码的编写，使学生懂得这些程序代码的编写都是环环相扣的，引导学生在学习和工作中严谨认真，注意每一小问题和小细节，使学生体会到每个小失误都有可能导致大问题

练　习　六

一、选择题

1. 用于建立控件对象的函数是（　　）。

   A．uicontextmenu　　B．uicontext　　C．uimenu　　D．uicontrol

2. 用来建立菜单的函数是（　　）。

   A．uicontextmenu　　B．uicontext　　C．uimenu　　D．uicontrol

3. 用于检查和设置对象属性的图形用户界面设计工具是（　　）。

   A．对象属性检查器　　B．工具栏编辑器

   C．对象浏览器　　D．对象属性窗格

4. 定义控件对象的说明文字的属性是（　　）。

A．Style　　B．Units　　C．String　　D．Value

5. 以下语句中生成按钮控件的语句是（　　）。

A．h_1=uimenu(gcf,'Label','&Blue');

B．h_1=uicontrol(gcf,'style','pushbutton', 'string','grid off','callback','grid off');

C．h_1=uicontrol(gcf,'style','text', 'horizontal','left','string',{'输入'});

D．h_1=axes('unit','normalized','position',[0,0,1,1],'visible','off');

二、填空题

1. 控件________和________外形都是矩形，并且可以在多个可选项中选择其中一个作为当前选项。

2. Position 属性取值是一个 4 个元素构成的向量[x,y,w,h]，这个向量定义了控件对象在屏幕上的位置和大小，其中 x、y 为控件对象左下角相对于________的坐标值，w、h 分别为________的宽度和高度。

3. 菜单编辑器有两个选项卡，选择________选项卡可以创建快捷菜单。

4. ________属性可以是某个脚本文件或命令，在该属性被选中后会自动调用对应的回调函数。

5. 在 MATLAB 命令行窗口输入________命令打开图形用户界面设计模板窗口。

三、操作题

1．设计一个如图 6-22 所示的图形用户界面，通过调节滑动条可以绘制出不同频率的正弦曲线。

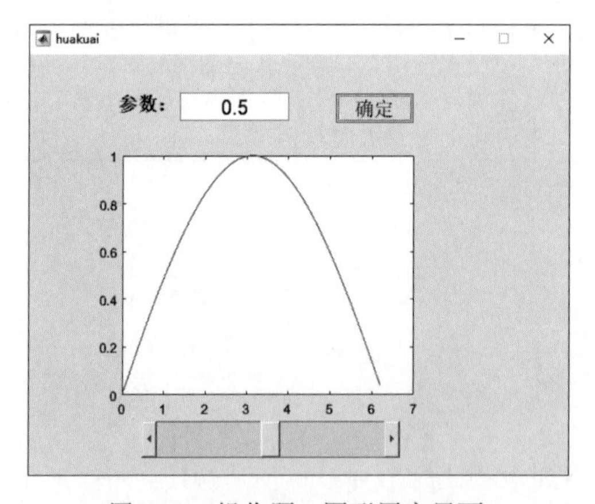

图 6-22　操作题 1 图形用户界面

2. 建立如图 6-23 所示的图形演示系统菜单。菜单条中含有 3 个菜单项：“曲线”“操作”“退出”。“曲线”菜单项有“正弦波”和“余弦波”两个子菜单项，分别用于在本图形窗口画出正弦和余弦曲线。“操作”菜单项有 3 个子菜单项。其中，“网格线 on”和“网格线 off”用于控制是否给坐标轴加网格线，而且这两项只在画曲线时才是可选的；“窗口颜色”控制图形窗口背景颜色。“退出”菜单项用于退出系统。

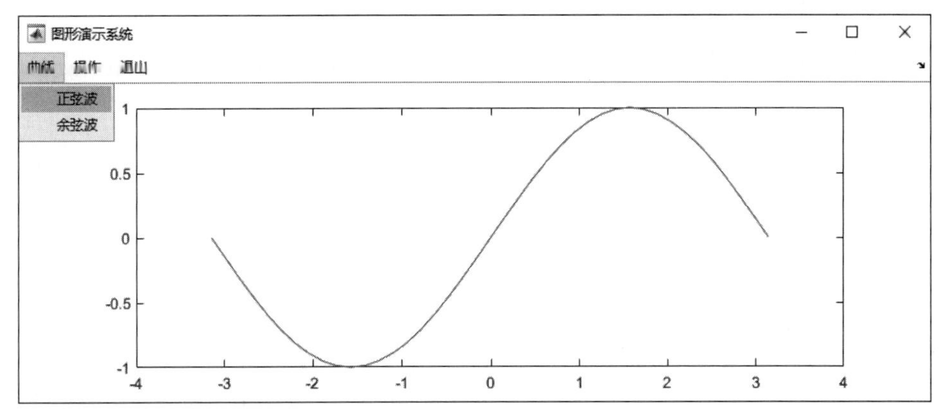

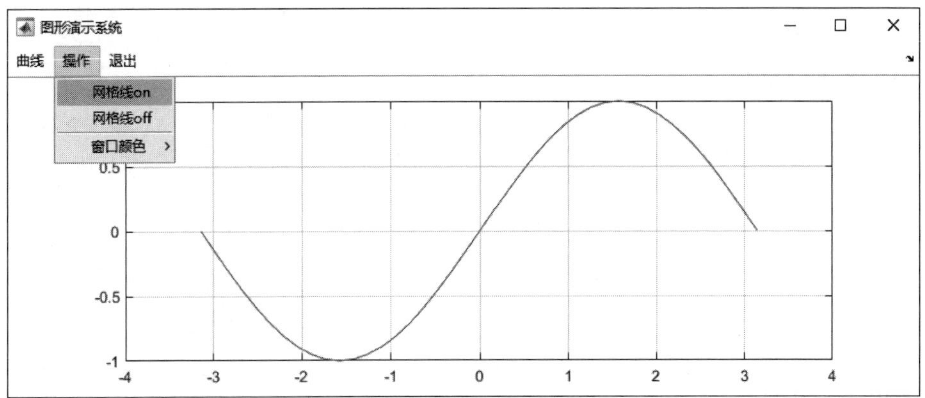

图 6-23　操作题 2 图形用户界面

参 考 答 案

一、选择题

1. D　2. C　3. A　4. C　5. B

二、填空题

1. 列表框、弹出式菜单
2. 图形窗口、控件对象
3. 上下文菜单
4. Callback
5. guide

三、操作题

1. 主要代码：

```
%通过滑动条获取数值
function slider1_Callback(hObject, eventdata, handles)
```

```
a = get(handles.slider1,'value');
set(handles.edit1,'string',num2str(a))
%按钮操作
function pushbutton1_Callback(hObject, eventdata, handles)
x=0:0.1:2*pi;
y=sin(a*x);
h=plot(handles.axes3,x,y);
```

2．主要代码：

```
screen=get(0,'ScreenSize');
W=screen(3);H=screen(4);
figure('Color',[1,1,1],'Position',[0.2*H,0.2*H,0.5*W,0.3*H],…
      'Name','图形演示系统','NumberTitle','off','MenuBar','none');
%定义“曲线”菜单项
hplot=uimenu(gcf,'Label','&曲线');
uimenu(hplot,'Label','正弦波','callback',…
      ['t=-pi:pi/20:pi;','plot(t,sin(t));',…
       'set(hgon,''Enable'',''on'');',…
       'set(hgoff,''Enable'',''on'');',…
       'set(hbon,''Enable'',''on'');',…
       'set(hboff,''Enable'',''on'');' ]);
uimenu(hplot,'Label','余弦波','callback',…
     ['t=-pi:pi/20:pi;','plot(t,cos(t));',…
      'set(hgon,''Enable'',''on'');',…
      'set(hgoff,''Enable'',''on'');',…
      'set(hbon,''Enable'',''on'');',…
      'set(hboff,''Enable'',''on'');']);
%定义“操作”菜单项
hoption=uimenu(gcf,'Label','&操作');
hgon=uimenu(hoption,'Label','&网格线 on',…
      'callback','grid on','Enable','off');
hgoff=uimenu(hoption,'Label','&网格线 off',…
      'callback','grid off','Enable','off');
hwincor=uimenu(hoption,'Label','&窗口颜色','Separator','on');
uimenu(hwincor,'Label','&红色','Accelerator','r',…
      'callback','set(gcf,''Color'',''r'');');
uimenu(hwincor,'Label','&蓝色','Accelerator','b',…
      'callback','set(gcf,''Color'',''b'');');
uimenu(hwincor,'Label','&黄色','callback',…
      'set(gcf,''Color'',''y'');');
uimenu(hwincor,'Label','&白色','callback',…
      'set(gcf,''Color'',''w'');');
%定义“退出”菜单项
uimenu(gcf,'Label','&退出','callback','close(gcf)');
```

第 7 章

Simulink 建模与仿真

Simulink 是美国 MathWorks 公司推出的 MATLAB 中的一种可视化仿真工具，是动态系统和嵌入式系统建模、仿真和综合分析工具。它一推出就受到了相关领域的青睐。它可以将一系列模块连接起来，构成一个复杂的系统模型。Simulink 被广泛应用于工业自动化、航空、信号处理、图像处理、复杂逻辑等领域，这些领域的任何数学模型，包括空气动力学、力学、热学、机械、电子、通信、导航等模型，都可以用 Simulink 描述和仿真。

Simulink 针对不同行业和领域提供了大量的公共模块库和专业模块库，用户可以使用鼠标对模块进行拖曳与连接，操作简单。图形化的输入输出模块使得系统创建更加快速、准确，设计结果一目了然。Simulink 可以动态显示仿真结果，并且在仿真过程中随时修改参数，使得不同算法和结构的评估，系统性能的验证更加直观，设计流程更加简化，大大地提高了工作效率。

同时，Simulink 还提供了开放的设计环境，用户可以自定义 S-函数，用编程的模式更加灵活地实现设计目标，以满足不同任务的需要。

Simulink 与 MATLAB 相结合，可以将 MATLAB 工作空间中的数据导入仿真模型，作为仿真模型的输入，也可以将仿真结果导出到 MATLAB 工作空间，以便进一步分析、处理和运用。

前面几章重点讲述了数据的处理与分析，但是对于复杂的模型系统，语句的表述往往并不是很直观。本章引入 MATLAB 下的仿真工具 Simulink，重点讨论其模块库、建模基本操作、S-函数和仿真实例。

7.1 Simulink 模块库

Simulink 为用户提供了两大类模块库——公共模块库和专业模块库。其中包含了大量的子模块，用户可以通过快捷图标 library 打开模块库。

7.1.1 Simulink 公共模块库

Simulink 中的公共模块库包含 18 个基础模块库和 1 个自定义模块库，如图 7-1 所示。不同专业领域经常使用的模块都包含在公共模块库中。

1. 常用模块组

为了方便用户快速调用模块，Simulink 将一些常用的模块集中在常用模块组（Commonly Used Blocks）中，如图 7-2 所示。其中各模块的功能将在相应的具体模块组中进行介绍。

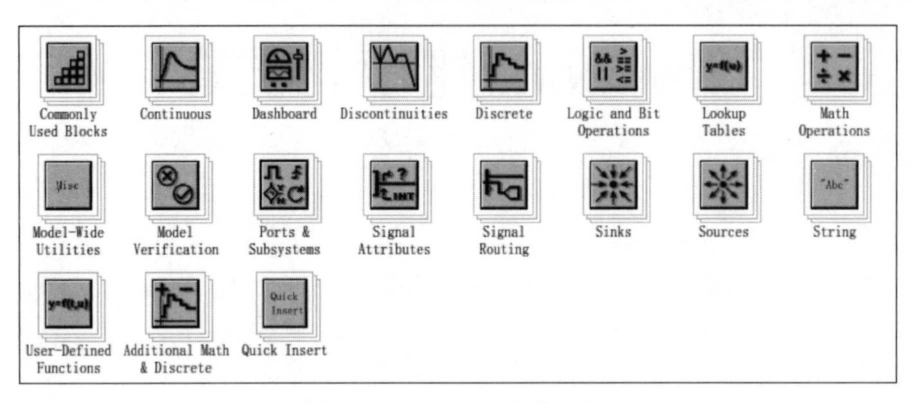

图 7-1　Simulink 公共模块库

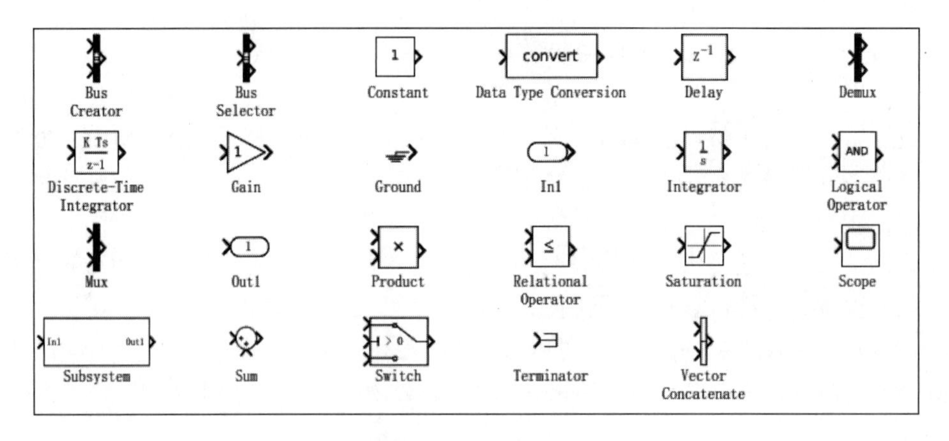

图 7-2　常用模块组

2. 连续系统模块组

连续系统模块组(Continuous)主要包含一些进行连续系统运算的模块,如图 7-3 所示。

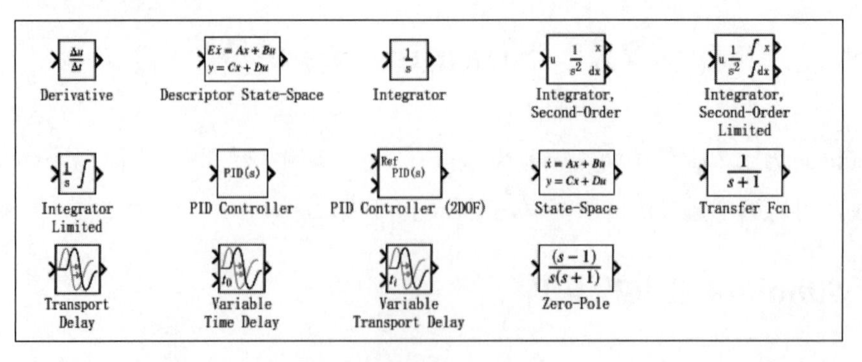

图 7-3　连续系统模块组

- Derivative：微分器模块，对输入端的信号进行时间上的一阶微分。
- Descriptor State-Space：描述符状态空间模块，对线性隐式系统进行模型表述。
- Integrator：积分器模块，对输入量进行积分。
- Integrator，Second-Order：二阶积分模块，输出对输入进行两次积分。
- Integrator，Second-Order Limited：二阶积分限幅模块，对两次积分结果进行限幅。
- Integrator Limited：积分限幅模块，对积分结果进行限幅。
- PID Controller：PID 控制器模块，可以进行连续或离散的 PID 控制。
- PID Controller(2DOF)：连续时间或离散时间双自由度 PID 控制器模块。
- State-Space：状态空间模块，是线性系统状态方程的表达，其输入信号为 u，输出信号为 y。
- Transfer Fcn：传递函数模块，是频域下线性方程的一种表述形式。
- Transport Delay：传输延时模块，通过设置延迟参数，将输入信号延迟指定的时间。
- Variable Time Delay 和 Variable Transport Delay：可变延时模块和可变传输延时模块两者功能相同，既可用于输入延时，也可用于传输延时，通过第二输入信号决定第一输入信号的延迟时间。这两个模块可用于模拟管道中不可压缩液体流动等可变传输延迟现象。
- Zero-Pole：零极点函数模块，以零极点的形式表示系统传递函数。

3. 非线性系统模块组

非线性系统模块组（Discontinuities）中包含了很多常用的非线性运算模块，如图 7-4 所示。

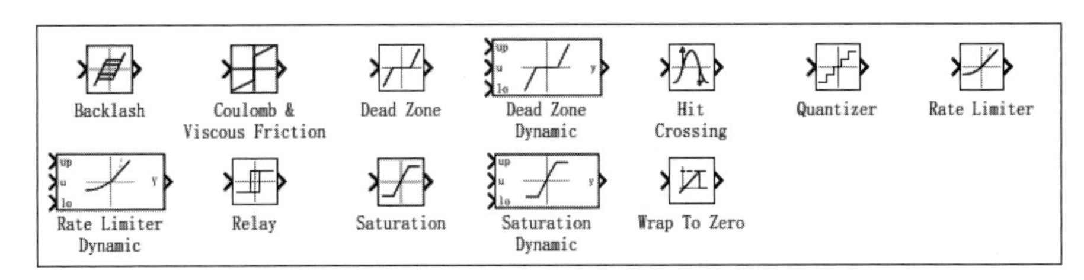

图 7-4 非线性系统模块组

- Backlash：磁滞回环模块，若输入信号的方向不改变，则输入信号的改变使得输出信号产生相同的改变量。
- Coulomb &Viscous Friction：库仑摩擦和黏性摩擦模块，用于对库仑（静态）摩擦和黏性（动态）摩擦进行建模。此模块可以对值为零时的不连续性以及非零时的线性增益进行建模。
- Dead Zone：死区模块，在指定的区域内生成零值输出，此区域称为死区。
- Dead Zone Dynamic：动态死区模块，基于指定上限和下限的动态输入信号生成零值输出区域。
- Hit Crossing：交叉偏移检测模块，检测输入何时达到交叉偏移参数值。
- Quantizer：量化器模块，按给定间隔将输入离散化。

- Rate Limiter：速率限制器模块，限制信号的上升和下降速率。
- Rate Limiter Dynamic：动态速率限制器模块，用第一输入量（上限）和第三输入量（下限）控制第二输入量的变化速率。
- Relay：继电器模块，通过将输入与指定的阈值进行比较，输出指定的 on 或 off 值。
- Saturation：饱和模块，将输入信号限制在饱和上界和下界之间。
- Saturation Dynamic：动态饱和模块，将输入信号限制在动态饱和上界和下界之间。
- Wrap To Zero：回零模块，如果输入大于阈值，将输出设置为零。

4. 离散函数模块组

离散函数模块组（Discrete）中包含了很多常用的离散函数模块，如图 7-5 所示。

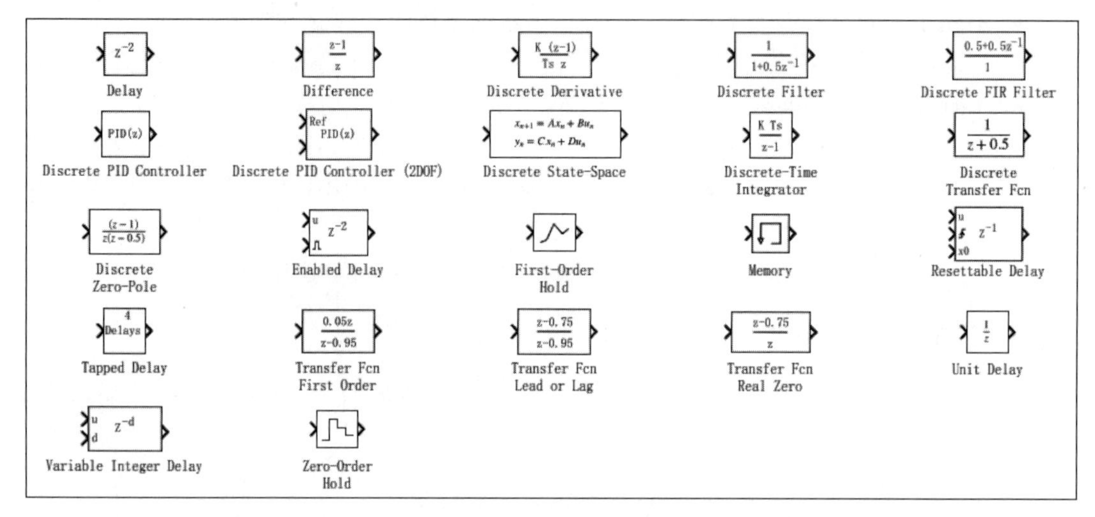

图 7-5　离散函数模块组

- Delay，Enabled Delay，Resttable Delay，Variable Integer Delay：这几个延时模块按固定或可变采样周期延迟输入信号。
- Difference：差值模块，输出当前输入值与上一输入值的差值。
- Discrete Derivative：离散导数模块，计算离散时间导数，不应在具有非周期性触发器的子系统中使用此模块。
- Discrete Filter：离散滤波器模块，使用 IIR 滤波器单独对输入信号的每个通道进行滤波。
- Discrete FIR Filter：离散 FIR 滤波器模块，使用 FIR 滤波器单独对输入信号的每个通道进行滤波。
- Discrete PID Controller 和 Discrete PID Controller(2DOF)：离散 PID 控制器模块，用法同连续函数的 PID 控制器模块。
- Discrete State-Space：离散状态空间模块，实现离散状态空间系统。
- Discrete-Time Integrator：离散时间积分器模块，执行信号的离散时间积分或累积。
- Discrete Transfer Fcn：离散传递函数模块，实现离散传递函数。
- Discrete Zero-Pole：离散零极点模块，对由离散传递函数的零点和极点定义的系统建模。

- First-Order Hold：一阶采样保持模块，实现一阶采样保持器，实现以指定采样间隔运行的一阶采样保持器。
- Memory：存储模块，输出上一个时间步的输入，将其输入保持并延迟一个主积分时间步。
- Tapped Delay：抽头延时模块，将标量信号延迟多个采样周期并输出所有延迟信号。
- Transfer Fcn First Order：离散时间一阶传递函数模块。
- Transfer Fcn Lead or Lag：离散时间前导或滞后补偿器模块。
- Transfer Fcn Real Zero：具有实零和无极点的离散时间传递函数模块。
- Unit Delay：单位延时模块，将信号延迟一个采样周期。
- Zero-Order Hold：零阶采样保持模块，在指定的采样周期内保持其输入不变。

5. 数学运算模块组

数学运算模块组（Math Operation）主要进行复杂的数学运算，包括 Abs（取绝对值）、Add（加）、Algebraic Constraint（限制输入的代数运算）、Assignment（为指定的信号元素赋值）、Bias（为输入添加偏差）、Complex to Magnitude-Angle（计算复信号的幅值与相角）、Complex to Real-Imag（输出复信号的实部与虚部）、Divide（除）、Dot Product（生成两个向量的点积）、Find Nonzero Elements（查找数组中的非零元素）、Gain（增益）、Magnitude-Angle to Complex（将幅值与相角信号转换为复信号）、Math Function（执行数学函数）、Matrix Concatenate/Vector Concatenate（串联相同数据类型的输入信号以生成连续输出信号）、MinMax/MinMax Running Resettable（求输入的最小值或最大值）、Permute Dimensions（重新排列多维数组的维度）、Polynomial（获取输入多项式的系数）、Product（乘）、Product of Elements（向量或矩阵的乘与逆运算）、Real-Imag to Complex（将实部与虚部输入转换为复信号）、Sqrt/Reciprocal Sqrt/Singed Sqrt（计算平方根、有符号平方根或平方根的倒数）、Reshape（改变信号维度）、Rounding Function（对输入量进行舍入）、Sign（获取输入量的符号）、Sine Wave Funtion（使用模拟时间作为时间源生成正弦波）、Slider Gain（使用滑块改变标量增益）、Squeeze（从多维信号中删除单个维度）、Subtract（减）、Sum（求和）、Trigonometric Function（对输入进行三角函数转换）、Unary Minus（输入取反）和 Weighted Sample Time Math（加权采样时间数学函数），如图 7-6 所示。

6. 逻辑与位操作运算模块组

逻辑与位操作运算模块组（Logic and Bit Operations）提供了有关位操作和逻辑操作的模块，如图 7-7 所示。其主要模块如下：Bit Clear（位清除）、Bit Set（位设置）、Bitwise Operator（逐位运算）、Combinatorial Logic（获取真值表）、Compare To Constant（与常数比较）、Compare to Zero（与零比较）、Detect Fall Negative/Detect Fall Nonpositive/Detect Rise Nonnegative/Detect Rise Positive（检测信号超出阈值时的上升沿或下降沿）、Detect Change/Detect Decrease/Detect Increase（检测信号是否变化、减少或增加）、Extract Bits（连续位输出）、Interval Test/Interval Test Dynamic（检测输入值是否在指定区间内）、Logical Operator（逻辑运算）、Relational Operator（关系运算）和 Shift Arithmetic（对输入信号进

行移位）。

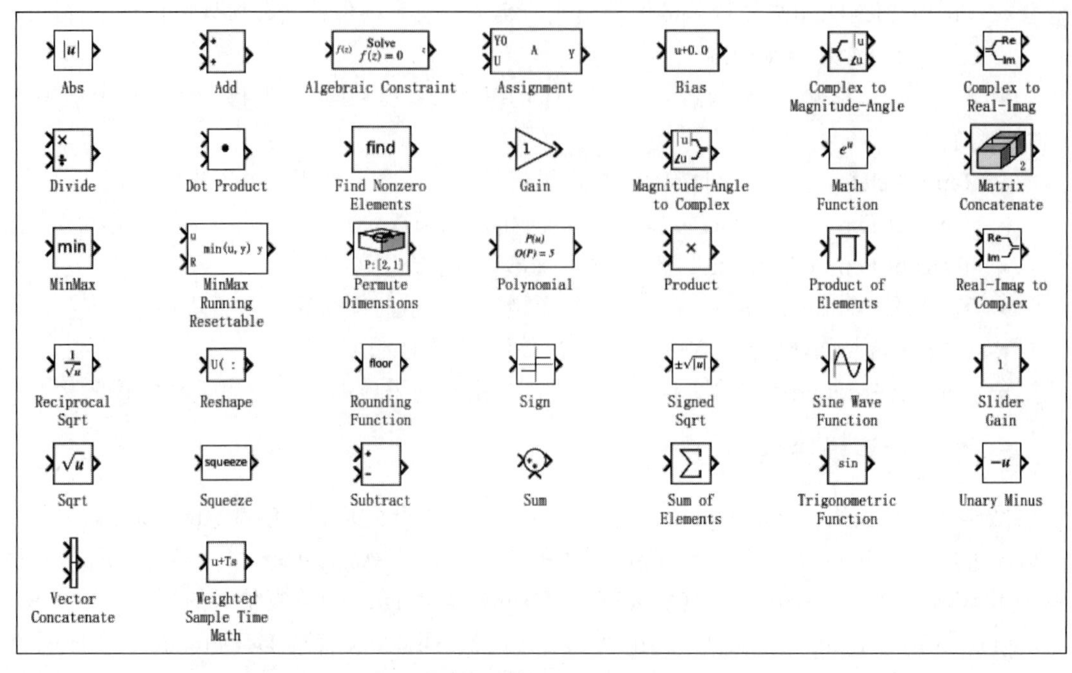

图 7-6　数学运算模块组

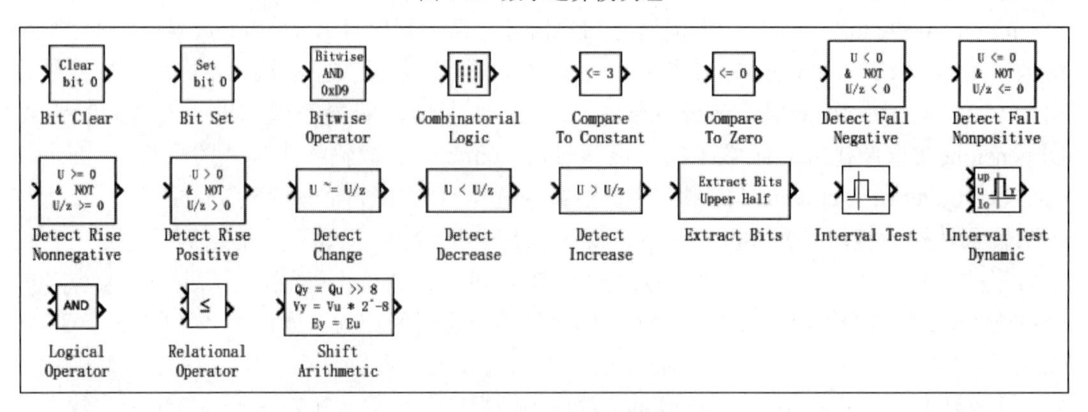

图 7-7　逻辑与位操作运算模块组

7. 输入信号模块组

输入信号模块组（Sources）为系统仿真提供了多个输入信号源模块，如图 7-8 所示。其主要模块如下：Band-Limited White Noise（白噪声信号）、Chirp Signal（频率增加的正弦波）、Clock（时钟）、Constant（常量）、Counter Free-Running/Counter Limited（计数器）、Digital Clock（数字时钟）、Enumerated Constant（输入指定常量）、From File/From Spreadsheet/From Workspace（从文件、电子表格或工作空间读取数据）、Ground（地）、In Bus Element（接入总线的元素）、In1（输入端口）、Pulse Generator（脉冲信号）、Ramp（斜坡信号）、Random Number（随机信号）、Repeating Sequence/Repeating Sequence Interpolated/Repeating Sequence Stair（周期性信号）、Signal Builder（信号创建器）、Signal Editor（信号编辑器）、

Signal Generator（信号发生器）、Sine Wave（正弦信号）、Step（阶跃信号）、Uniform Random Number（均匀分布的随机信号）、Waveform Generator（波信号发生器）。

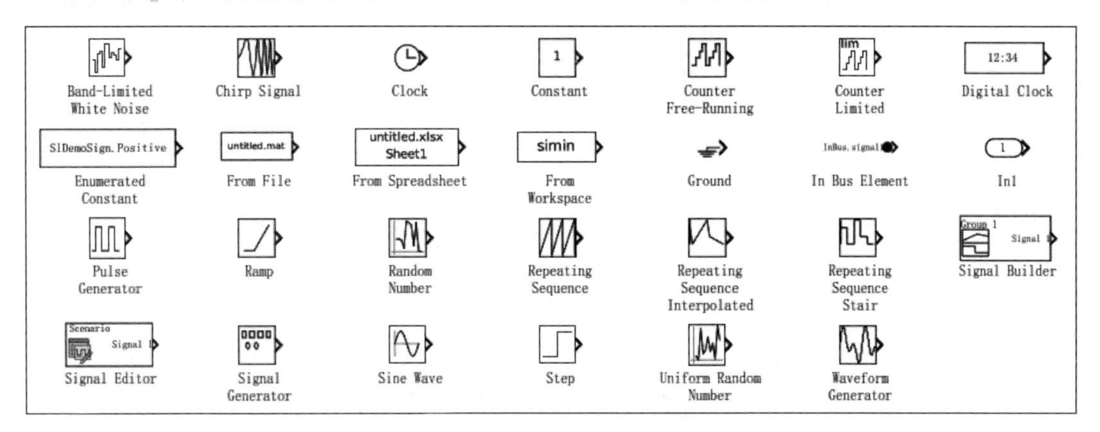

图 7-8 输入信号模块组

8. 输出显示模块组

输出显示模块组（Sinks）为系统仿真提供了多个输出显示形式，如图 7-9 所示。其主要模块如下：Display（显示输入值）、Scope/Floating Scope/XY Graph（示波器）、Out Bus Element（接出总线的元素）、Out1（输出端口）、Stop Simulation（终止仿真）、Terminator（终端器）、To File（导出到文件）、To Workspace（导出到工作空间）。

除了上面介绍的模块组以外，还有 Dashboard、Lookup Tables、Model Verification、Model-Wide Utilities、Ports & Subsystems、Signal Attributes、Signal Routing 和 User-Defined Functions 模块组，具体功能和用法请查阅相关资料。

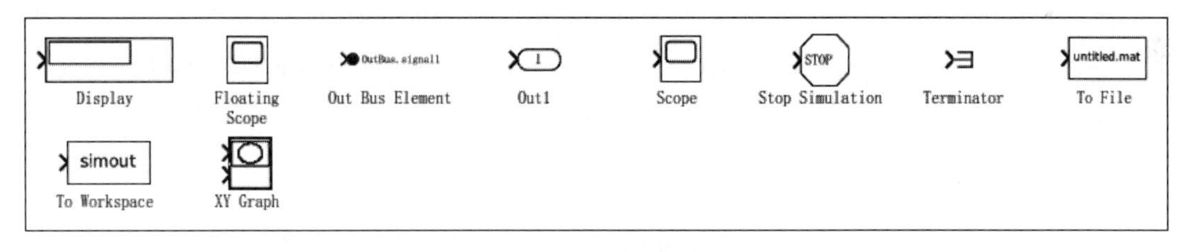

图 7-9 输出显示模块组

7.1.2 Simulink 专业模块库

除了公共模块库以外，Simulink 还提供了很多专业模块库，也称专用工具箱，包括自动驾驶仪工具箱、机器视觉工具箱、控制系统工具箱、深度学习工具箱、DSP 系统工具箱、模糊逻辑工具箱、机器人系统工具箱、鲁棒控制工具箱等，如图 7-10 所示。

> Aerospace Blockset
> Audio Toolbox
> Automated Driving Toolbox
> AUTOSAR Blockset
> Communications Toolbox
> Communications Toolbox HDL Support
> Computer Vision Toolbox
> Control System Toolbox
Data Acquisition Toolbox
> Deep Learning Toolbox
> DSP System Toolbox
> DSP System Toolbox HDL Support
> Embedded Coder
> Fuzzy Logic Toolbox
> HDL Coder
> HDL Verifier
Image Acquisition Toolbox
Instrument Control Toolbox
> LTE HDL Toolbox
> Mixed-Signal Blockset
> Model Predictive Control Toolbox
OPC Toolbox
> Phased Array System Toolbox
> Powertrain Blockset
Reinforcement Learning
Report Generator
> RF Blockset
> Robotics System Toolbox
Robust Control Toolbox
> SerDes Toolbox
SimEvents
> Simscape

图 7-10　Simulink 专业模块库

7.2　Simulink 建模的基本操作

单击 MATLAB 工具栏上的 Simulink 图标，就可以打开 Simulink 窗口，此处可以选择新建模型、库、工程，也可以使用 Simulink 中自带的示例完成设计。此处新建一个空模型，如图 7-11 所示。

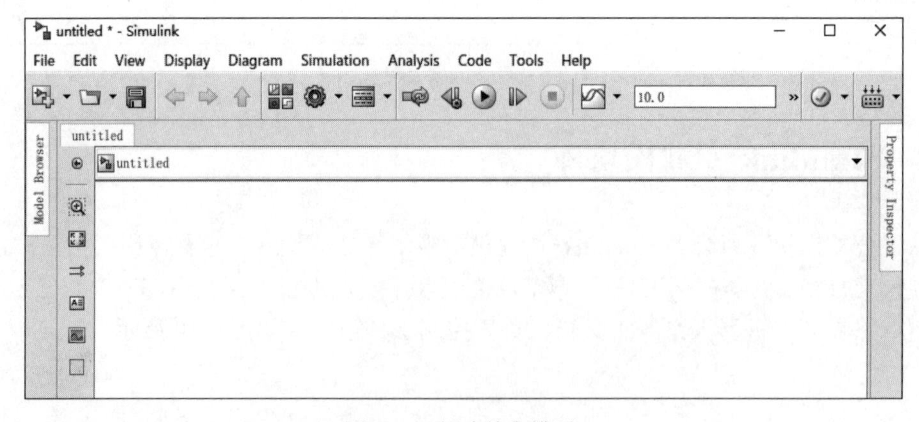

图 7-11　新建的空模型

7.2.1 模块的基本操作

1. 模块选择

用户可以根据设计需求选择适当模块库中的模块，并按住鼠标左键将其拖曳到新建的模型界面中。滚动鼠标滚轮，可以对模块进行放大与缩小。也可以框选模块的四角，再对其放大、缩小。

选中模块并右击，在弹出的快捷菜单中可以对模块进行复制、粘贴、删除、旋转、增加端口（部分模块可以执行此操作）、属性设置、显示帮助信息等操作。

可以用鼠标左键将选中模块拖动到适当位置，也可以用键盘的方向键对其进行移动操作。

2. 模块连接

当将鼠标指针移动至模块端口时，指针会变成十字光标的形式，这时可以对模块进行连接操作。按住鼠标左键并进行拖动，此时会出现一条红色带箭头的虚线，系统认为其附近可以连接的模块端口会变成蓝色，以提示用户完成操作，如图 7-12（a）所示。继续拖动鼠标完成连接，如图 7-12（b）所示。

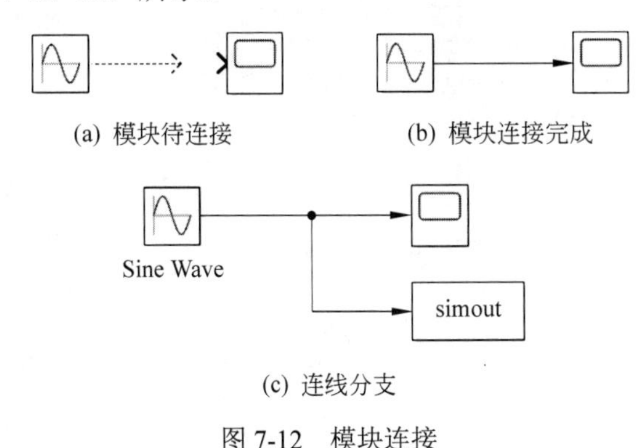

(a) 模块待连接　(b) 模块连接完成

(c) 连线分支

图 7-12　模块连接

系统按照默认形式对两个模块进行连接线布局。如果用户觉得连接线不够美观，可以选中连接线并进行拖动。

如果需要从一条已经存在的连接线引出一条线连接另一个模块，则需将鼠标指针移动至新模块端口，待指针变成十字光标时，按住鼠标左键并拖动至已存在的连接线位置，当连接线变成黑色后，释放鼠标左键，两条连接线的连接点有黑色实心点表示两条线已连接，如图 7-12（c）所示。

3. 模块与连接线注释

当模型中出现多个相同模块时，可对模块进行注释，以便区分。

选中要注释的模块，此时模块边框变蓝，且出现蓝色的注释区。单击注释区，可以对其进行文字修改。

双击要注释的连接线，会在线的下方出现一个闪动光标，在此位置输入注释内容即可。

7.2.2 模块使用与参数设置

此处以一个简单的实例说明模块的使用与参数设置。

【例 7-1】 已知 x_1=sin t，x_2=cos$t$，设计系统实现 $y_1=|x_1|+\sqrt{x_1}$，$y_2=|x_2|+\sqrt{x_2}$。

（1）可以在输入信号模块组中选择 Sine Wave 模块，并双击打开其属性对话框，如图 7-13 所示，在此对话框中用户可以了解关于 Sine Wave 模块的基本信息，并且修改其幅值、相角、频率、偏差等参数。由于 Simulink 中并没有余弦输入模块，所以此处可以将 Sine Wave 模块中的相角参数设置为 90，即可得到余弦输入。

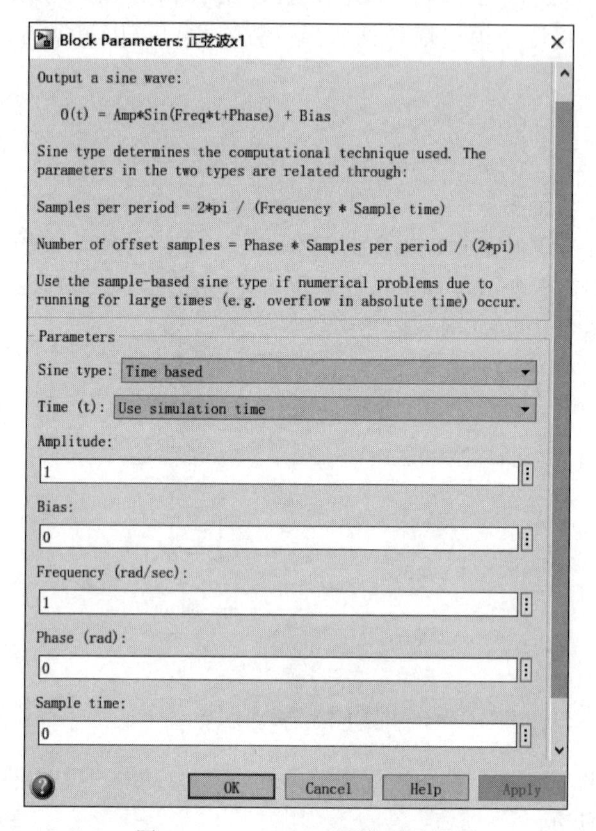

图 7-13 Sine Wave 属性对话框

（2）从数学运算模块组中添加 Abs、Sqrt 和 Add 模块实现基本运算。

（3）从输出显示模块组中添加 Scope 和 To Workspace 模块，用于显示数据和将计算结果传递到 MATLAB 的工作空间中。

由于系统有两个输出，而新添加的 Scope 模块只有一个输入端口，此处可以直接将两个加法模块的输出分别连接 Scope 模块，系统会自动添加输入端口；也可以右击 Scope 模块，选择 Signals & Ports→Number of Input Ports→2，将其端口设置为 2；或者在打开的示波器窗口中选择 File→Number of Input Ports 设定示波器测试信号的通道数量。在 Tool 菜单中可对波形进行局部放大、缩小和坐标轴刻度细化等操作。View 菜单的 Layout 选项可以进行图形的多窗口布局，Configuration Properties 选项可设置示波器的输入端口数量、采样时间、数据保存格式（可以选择数据集、结构体、数组等格式。注意，数组格式只适用于单端口模块）等。

To Workspace 模块不能通过增加端口的形式将两个加法器的输出合并传递到工作空间中，此处可以在 Signal Routing 中选择 Mux 模块，其作用是将多路信号转换成一个矩阵信号输出。用户可以用类似 Scope 模块扩充端口的方法扩充其输入端口数量，也可以通过修改属性对话框中的参数来改变其输入端口数。将 Mux 模块的输入接到 To Workspace 模块的输入，实现数据的存储。此处的 To Workspace 模块与 Scope 模块数据输出的功能一致，只是数据格式不同，更适用于获取模型中间环节的数据。

（4）系统模型如图 7-14 所示。单击工具栏上的运行按钮，系统会对搭建的模型结构进行编译与运行。此处用户不能直接看到运行结果，需要双击“输出波形”模块，弹出如图 7-15 所示的对话框。

右击输出波形的区域，在弹出的快捷菜单中选中 Style 项，会弹出“Style：输出波形”对话框，如图 7-16 所示，用户可以根据需要修改背景色等参数。

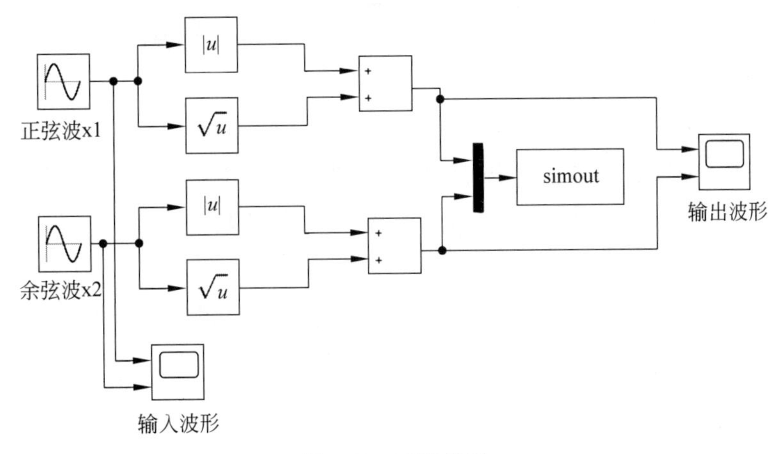

图 7-14　系统模型

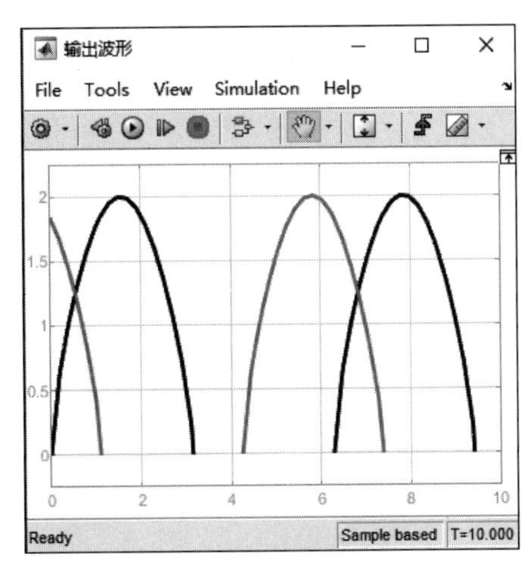

图 7-15 “输出波形”对话框

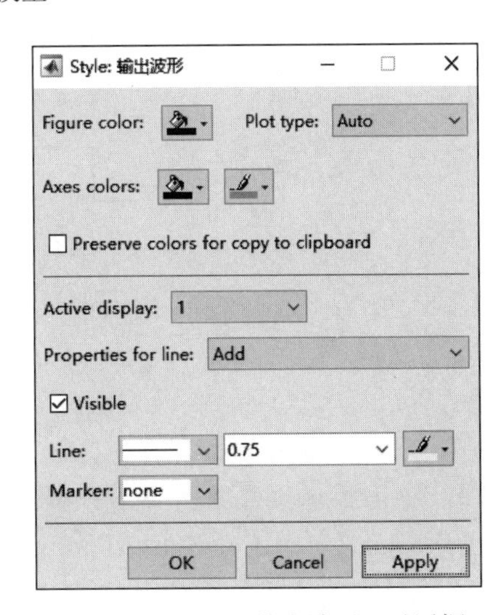

图 7-16 “Style：输出波形”对话框

（5）To Workspace 模块的结果不能直接在 Simulink 中查看。打开 MATLAB 的工作区，可以看见一个参数名为 out 的结构体变量，双击 out，可以得到一个变量名为 simout 的时间序列矩阵，其中的“数据：1”“数据：2”就是模型中两个加法模块的输出，如图 7-17 所示。在 MATLAB 的命令行窗口中调用 plot(out.simout)，同样可以绘制输出波形。

out.simout

时序名称:

时间	数据:1	数据:2
0	0	1.8395
3.1554e-30	1.7764e-15	1.8395
0.2000	0.6444	1.6744
0.4000	1.0135	1.4545
0.6000	1.3161	1.1812
0.8000	1.5643	0.8504
1	1.7588	0.4315
1.1062	1.8395	1.1920e-07

图 7-17　输出数据显示窗口

7.2.3　子系统封装

当模型中有多个模块无法在一个界面中显示或某几个模块组合在一起可以实现某些功能时，可以对这些模块进行组合，称为封装。例如，例 7-1 中的正弦波通道和余弦波具有相同的运算模块和运算规律，所以可以对这部分进行封装，以方便使用。具体操作如下：

（1）选中要封装的模块，在选中区域内右击，在弹出的菜单中选择 Create Subsystem from Selection 选项创建子系统。

（2）复制创建的子系统并粘贴到余弦波通道的数学运算部分，操作结果如图 7-18 所示，系统结构更加清晰明了。

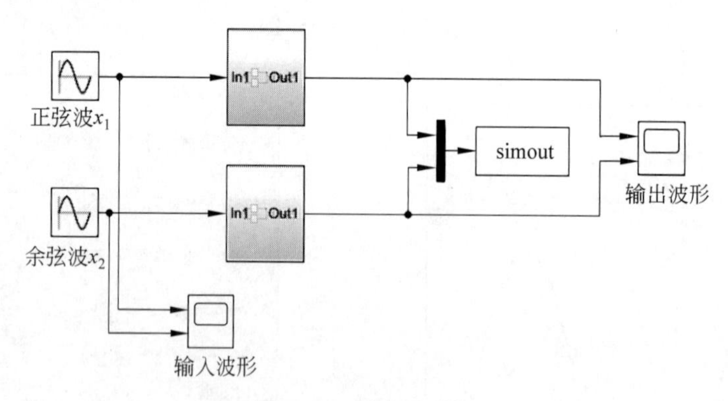

图 7-18　创建子系统

（3）双击子系统模块，可以查看具体的系统结构，如图 7-19 所示。也可以右击子系统，在弹出的菜单中选择 Subsystem & Model Reference→Expand Subsystem 对子系统进行扩展。

也可以使用子系统模块直接创建子系统。将 Ports & Subsystems 模块组中的 Subsystems

模块拖曳到模型中，可以得到一个只有输入端口和输出端口的子模型，再根据设计需要设计子系统结构并保存。这两种子系统创建方法效果一致，只是创建顺序不同而已。

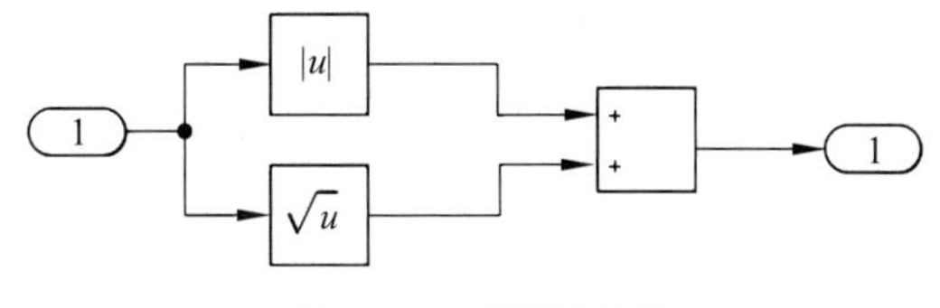

图 7-19　子系统结构

（4）右击子系统，在弹出的菜单中选择 Mask→Create Mask，系统会弹出封装对话框，如图 7-20 所示。

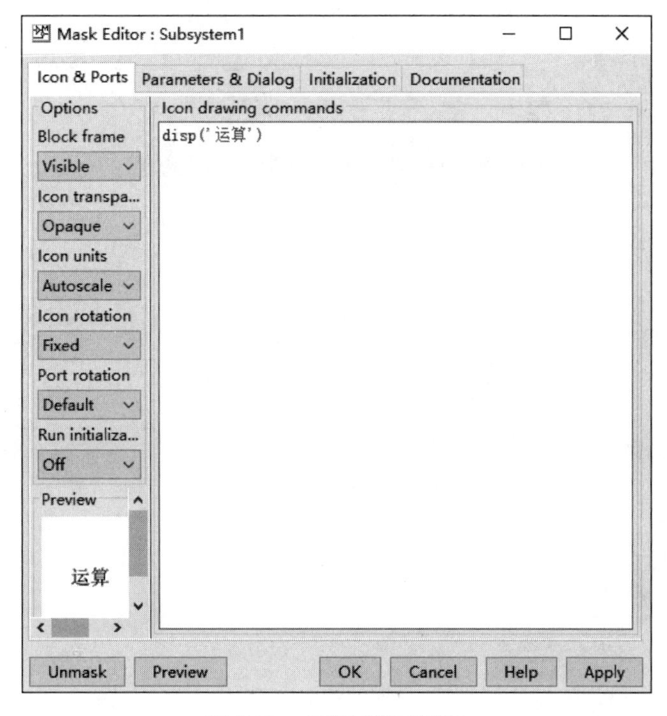

图 7-20　封装属性对话框

① Icon & Ports 的设置。可以通过 Icon & Ports 对子系统标签进行设置。可以在 Icon drawing commands 中通过命令的形式设计子系统模块上的图形或图片，例如在模块上显示“运算”，如图 7-21 所示。同时可以设置是否显示图标的矩形边框、图标是否透明、在反转或旋转模块时图标是否保持、端口的旋转类型等。

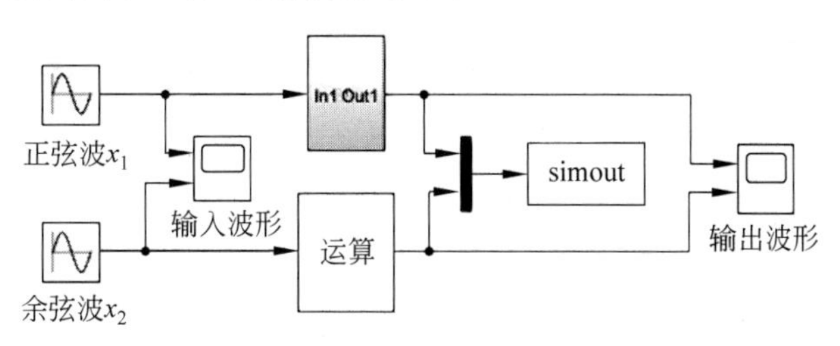

图 7-21　封装后的系统模型

② Parameters & Dialog 的设置。可以通过 Parameters & Dialog 对子系统的参数进行设置，还可以对控件进行属性编辑。

【例 7-2】 将例 7-1 中的运算修改为 $y_2 = k|x_2| + \sqrt{x_2}$ ，动态修改 k 值，可以得到不同的输出曲线。

添加 Edit 到 Dialog box 中，将 Prompt 设置为 Gain，名称为 k。

双击“运算”子系统，可以弹出封装参数设置对话框，如图 7-22 所示。单击“运算”子系统中的向下箭头，会弹出具体的子系统模型，如图 7-23 所示。可以看到 Gain 模块的参数变成 k，可以在模型界面上通过动态调整 k 值，直接获取不同的输出结果。

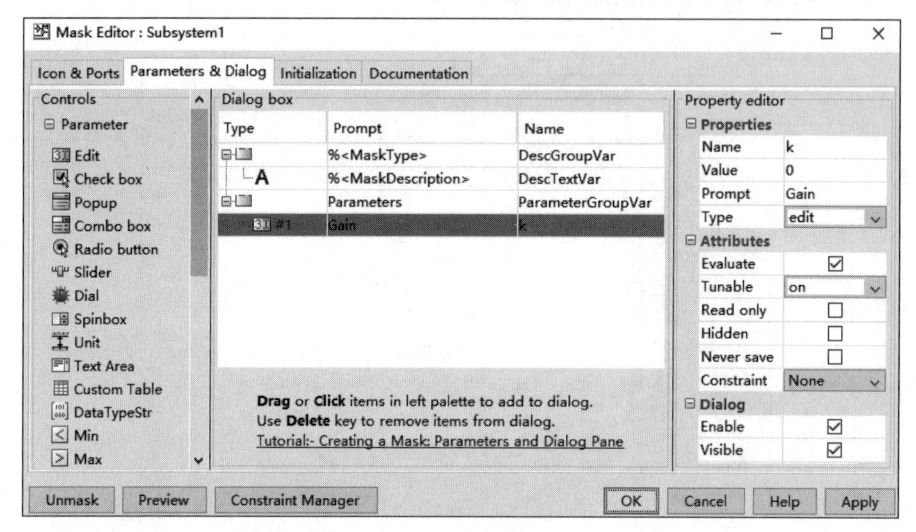

图 7-22　封装参数设置对话框

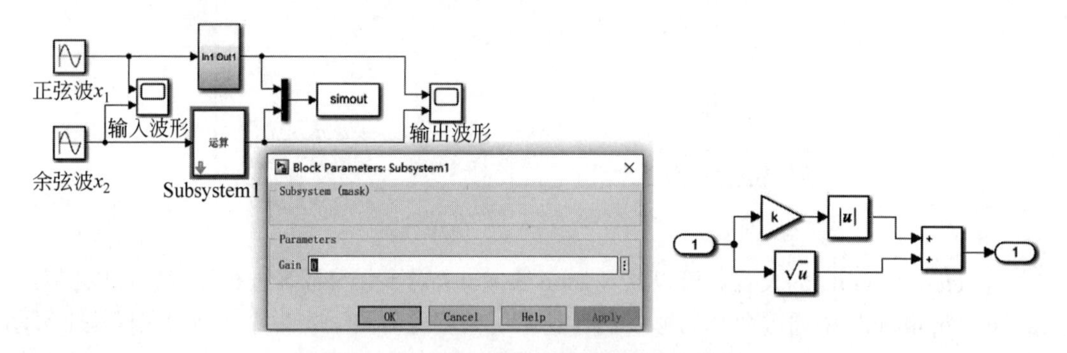

图 7-23　子系统的封装参数对话框和模型

7.3　Simulink 的建模与仿真

7.3.1　线性系统的建模与仿真

【例 7-3】 绘制单位阶跃输入下耦合系统 $G(s)$的输出响应。

$$G(s)=\begin{pmatrix} \dfrac{0.11\mathrm{e}^{-0.72}}{1.7s^2+4.8s+1} & \dfrac{0.9}{2.7s+1} \\ \dfrac{0.34\mathrm{e}^{-1.29}}{0.26s^2+1.1s+1} & \dfrac{-0.4}{2.9s+1} \end{pmatrix}$$

建模步骤如下：

（1）选择模块。

① 打开 Simulink，创建新的空白模型窗口。

② 在 Continuous 模块组中选择 Transfer Fcn 模块、Transport Delay 模块，在 Math 模块组中选择 Sum 模块，在 Sinks 模块组中选择 Scope 模块，在 Sources 模块组中选择 Step 模块，在 Signal Routing 模块组中选择 Mux 模块。

③ 对 Transfer Fcn 模块、Transport Delay 模块、Sum 模块进行复制、粘贴，达到要求的数量。

（2）搭建模块。将模块放置到合适的位置，正确连接各模块，建立系统模型。

（3）模块参数设置。

① Transfer Fcn 模块参数设置。双击 Transfer Fcn 模块，会弹出 Transfer Fcn 模块属性对话框，在 Numerator coefficients 中修改传递函数分子系数的向量，在 Denominator coefficients 中修改传递函数分母系数的向量。通道 1 的第一个传递函数参数设置如图 7-24 所示，用相同方法设置其余通道的传递函数。

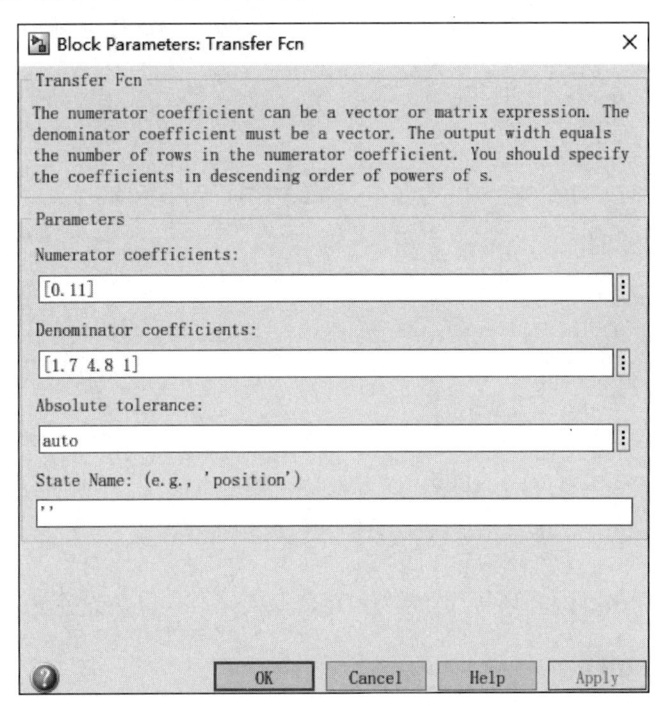

图 7-24　传递函数参数设置对话框

② Transport Delay 模块参数设置。双击 Transport Delay 模块，会弹出 Transport Delay 模块属性对话框，在 Time delay 中修改时间延迟。通道 1 的第一个传递函数时延参数设置如图 7-25 所示，用相同方法设置其余通道的传递函数。

Block Parameters: Transport Delay

Transport Delay

Apply specified delay to the input signal. Best accuracy is achieved when the delay is larger than the simulation step size.

Parameters

Time delay:

0.72

Initial output:

0

Initial buffer size:

1024

☐ Use fixed buffer size

☐ Direct feedthrough of input during linearization

Pade order (for linearization):

0

OK　Cancel　Help　Apply

图 7-25　延时模块参数设置对话框

其他模块不需要进行参数修改。建立好的系统模型如图 7-26（a）所示，系统输出结果如图 7-26（b）所示。

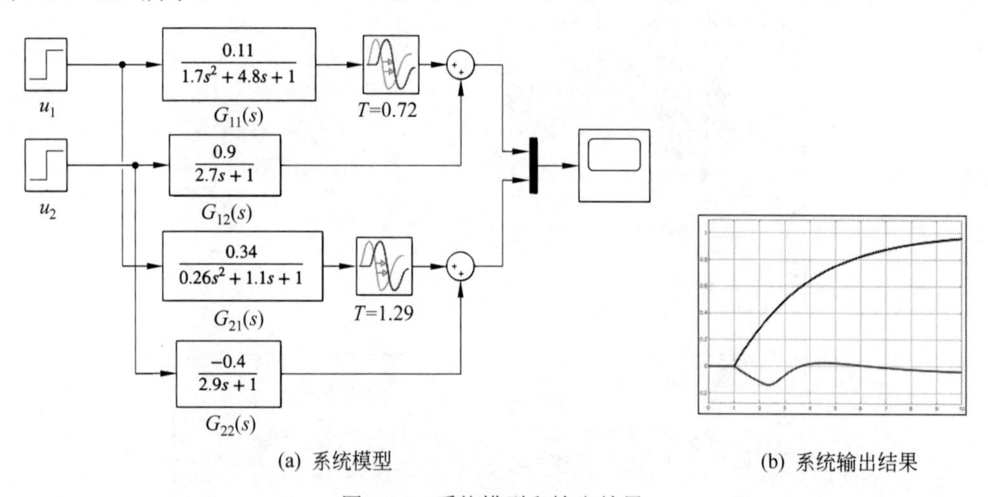

(a) 系统模型　　(b) 系统输出结果

图 7-26　系统模型和输出结果

【例 7-4】 已知系统的开环传递函数为$G(s)=\dfrac{5s+6}{s^2+3s+7}$。设计 PI 控制器，改善单位阶跃条件下系统的输出响应。

建模步骤如下：

（1）选择模块。

① 打开 Simulink，创建新的空白模型窗口。

② 在 Continuous 模块组中选择 Transfer Fcn 模块、PID Controller 模块，在 Math 模块

组中选择 Sum 模块，在 Sinks 模块组中选择 Scope 模块，在 Sources 模块组中选择 Step 模块。

（2）搭建模块。将模块放置到合适的位置，正确连接各模块，建立系统模型。

（3）模块参数设置。

① PID Controller 模块参数设置。双击 PID Controller 模块，会弹出 PID Controller 模块属性对话框，可以在 Proportional、Integral 和 Derivative 中分别修改 P、I、D 参数值。此处为了方便参数修改，可以对 PID Controller 模块进行封装，将 PID Controller 模块中的 P、I、D 参数分别设置为 kp、ki、kd，以用于封装后的参数调整。调用 PID Controller 模块封装对话框，在 Parameters & Dialog 分别设置 3 个滑动条用于调整参数，其参数需要与 PID Controller 模块中的参数一致，此处分别为 kp、ki、kd。Prompt 处为参数的描述，用于在参数调整窗口进行参数标识，此处参数描述分别为 Kp、Ki、Kd，其对应的数值范围分别为 Kp=[1，100]、Ki=[0，10]、Kd=[0，10]，需要注意修改各参数的初始显示值。

② Sum 模块参数设置。本例中的系统为负反馈系统，所以需要修改 Sum 模块的参数。双击 Sum 模块，会弹出 Sum 模块属性对话框，在 List of signs 中将++修改为+−。

③ Transfer Fcn 模块参数设置。该模块的参数设置方法与例 7-3 一致，在 Numerator coefficients 中将参数修改为[1]，在 Denominator coefficients 中将参数修改为[4 1]。

设置完模块参数后的 PID 控制系统模型如图 7-27 所示。

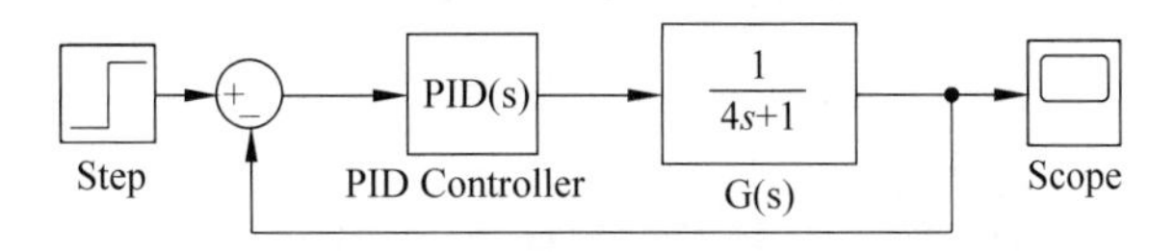

图 7-27 PID 控制系统模型

不同参数下的 PID 控制效果如图 7-28 所示。可以看出，在图 7-28（a）所示的参数下，系统的稳态误差比较大，调节时间比较长。调整 Kp、Ki、Kd 的数值，重新运行系统，其运行结果如图 7-28（b）所示，可以看出，系统的稳态误差和调节时间有很大改善。

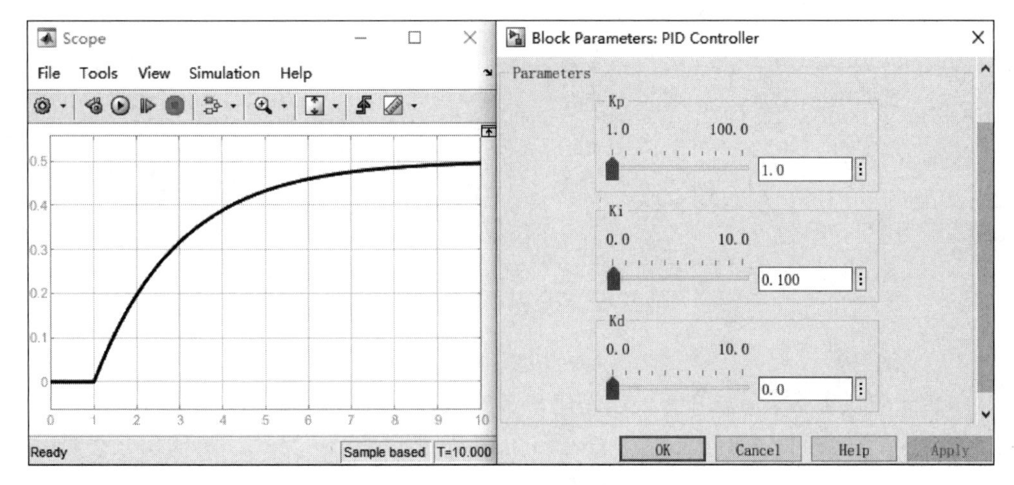

(a) Kp=1，Ki=0.1，Kd=0

图 7-28 不同参数下的 PID 控制效果

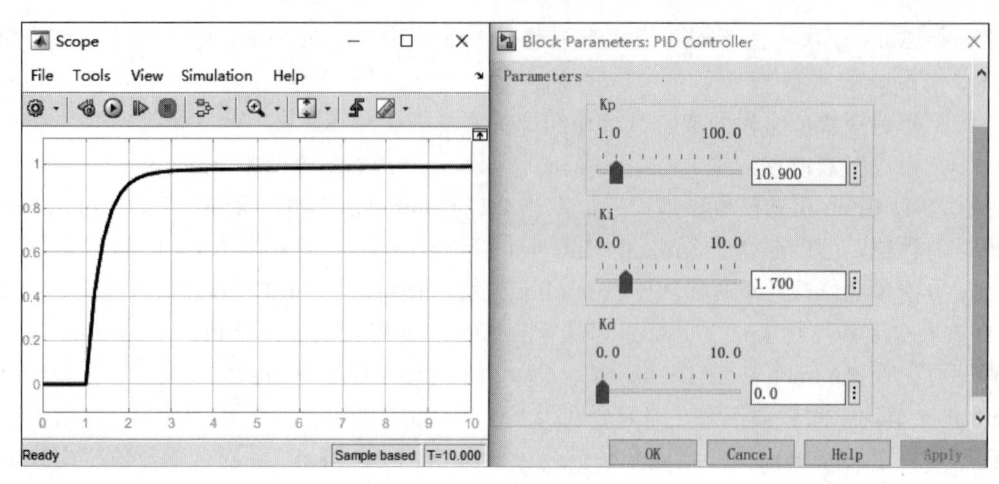

(b) Kp=10，Ki=1.7，Kd=0

图 7-28 （续）

Simulink 对于系统工程应用非常方便。对于建好的系统模型，可以通过仿真的形式直接得到结果，操作简单，结果直观，节省了很多程序编码的时间。

【例 7-5】 用 Simulink 求微分方程 $(3x-2x^2)\dot{x}-4x=4\ddot{x}, \dot{x}(0)=0, x(0)=2$。

因为要对 $\ddot{x}$ 求积分才能得到 $\dot{x}$，对 $\dot{x}$ 求积分才能得到 x，所以需要引入积分器。

建模步骤如下：

（1）选择模块。

① 打开 Simulink，创建新的空白模型窗口。

② 在 Continuous 模块组中选择 Integrator 模块，在 Math 模块组中选择 Gain 模块、Add 模块、Product 模块，在 Sinks 模块组中选择 Scope 模块，在 User-Defined Functions 模块组中选择 Fcn 模块。

（2）搭建模块。将模块放置到合适的位置，正确连接各模块，建立系统模型，如图 7-29 所示。

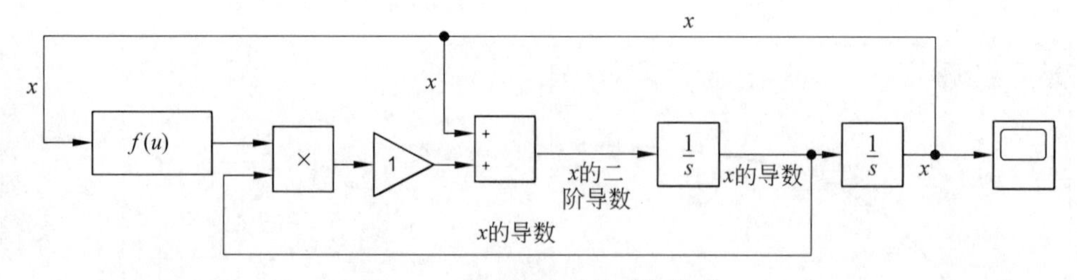

图 7-29 搭建模块后的系统模型

（3）模块参数设置。

① Fcn 模块参数设置。Fcn 模块是用户自定义模块，双击模块可以弹出 Fcn 属性对话框。该模块将输入参数设置为 u，在 Expression 中编辑函数 3*u-2*u^2，实现 $3x-2x^2$ 的运算。

② Add 模块参数设置。双击 Add 模块，在弹出的对话框的 List of signs 中将符号++改为−+。

③ Gain 模块参数设置。单击 Gain 模块中的数字 1，模块增益处于可修改状态，修改

参数为 0.25。或者双击该模块，在弹出的对话框中修改参数。

④ Integrator 模块参数设置。本例中有两个积分器模块，左侧的积分器实现 $\ddot{x}$ 到 $\dot{x}$ 的积分，右侧的积分器实现 $\dot{x}$ 到 x 的积分。双击左侧的积分器，在 Initial condition 项中修改初始值为 0；双击右侧的积分器，在 Initial condition 项中修改初始值为 2。

设置模块参数后的系统模型如图 7-30 所示。

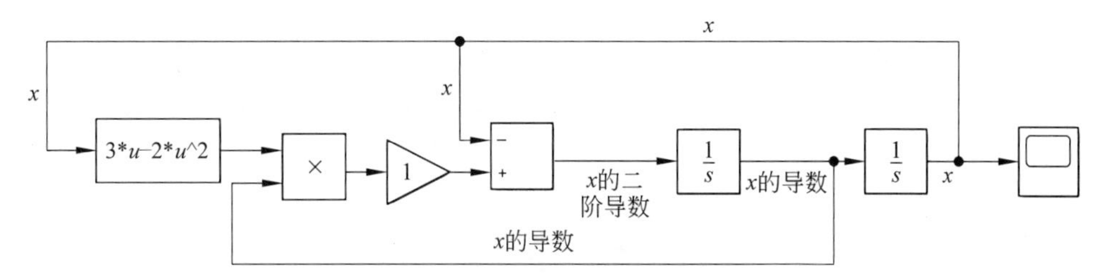

图 7-30　设置模块参数后的系统模型

（4）仿真参数设置及运行。可以选择菜单 Simulation→Model Configuration Parameters 命令设置示波器的开始时间（Start time）和终止时间（Stop time），也可以在快捷菜单中修改仿真的终止时间为 50。单击运行按钮，双击示波器模块，可以得到 x 的曲线，结果如图 7-31 所示。

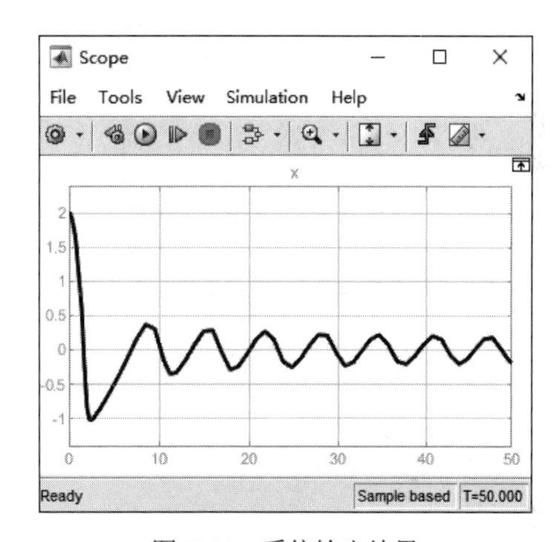

图 7-31　系统输出结果

【例 7-6】用 Simulink 求解下列微分方程组：

$$\begin{cases}\dot{x}_1(t) = -8x_1(t)/3 + x_2(t)x_3(t)\\ \dot{x}_2(t) = -10x_2(t) + 10x_3(t)\\ \dot{x}_3(t) = -x_1(t)x_2(t) + 28x_2(t) - x_3(t)\end{cases}$$

初始值分别为 $x_1(0)=0$、$x_2(0)=0$、$x_3(0)=10^{-3}$。

仿真这样的微分方程，需要对每个微分量引入一个积分器，积分器的输出就是相应的变量，积分器的输入就是该变量的一阶微分。

建模步骤如下：

（1）选择模块。

① 打开 Simulink，创建新的空白模型窗口。

② 在 Continuous 模块组中选择 Integrator 模块，在 Math 模块组中选择 Gain 模块、Add 模块、Product 模块，在 Sinks 模块组中选择 Out1 模块。

（2）搭建模块。将模块放置到合适的位置，正确连接各模块并修改参数，建立系统模型，如图 7-32 所示。

将仿真时间设置为 30s，启动仿真后会在 MATLAB 工作空间中返回 out.tout 和 out.yout 两个变量。其中，tout 为列向量，表示各个仿真时刻；而 yout 为一个三信号值，分别对应于 3 个状态变量 $x_1(t)$~$x_3(t)$的信息。

```
>> plot(out.yout{1}.Values);hold on
>> plot(out.yout{2}.Values);
>> plot(out.yout{3}.Values);
```

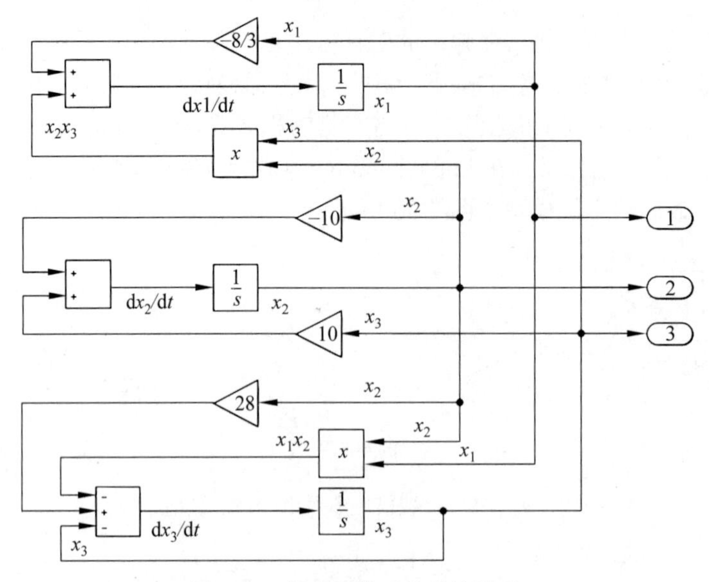

图 7-32　搭建模块后的系统模型

可以得到系统状态变量的输出结果，如图 7-33 所示。

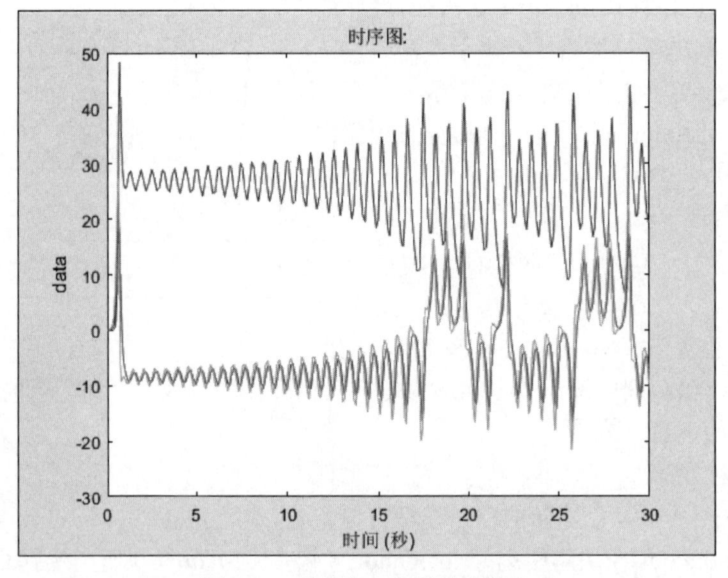

图 7-33　系统状态变量输出结果

这种方法可以表示出系统的状态间的直接关系，但是当方程组比较复杂的时候所建立的模型过于凌乱，不方便后续分析。可以在该系统中调用 Fcn 模块，用于描述对输入信号的数学运算，如图 7-34（a）所示。但是需要注意的是 Fcn 模块的输入信号记为 u，如果 u 为向量，则用 u(i)表述第 i 路分量。输出结果如图 7-34（b）所示。Mux 模块输出的是向量信号，所以积分器的初始值为[0 0 exp(−3)]。

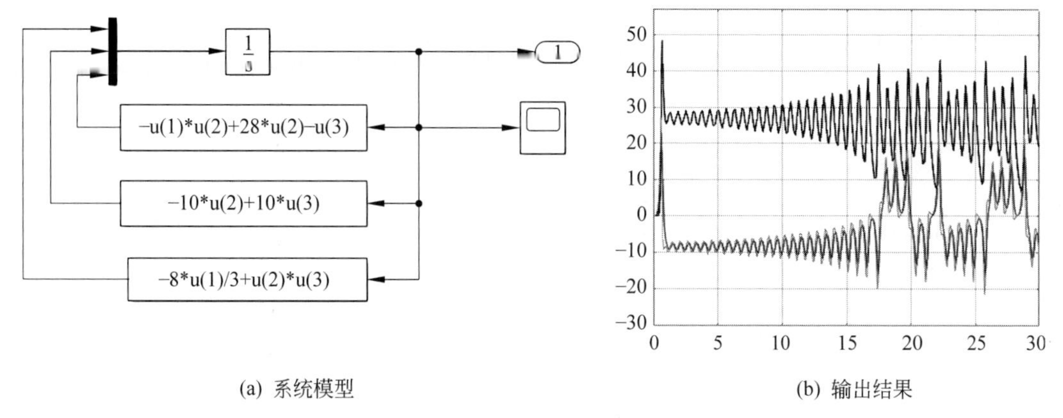

(a) 系统模型 (b) 输出结果

图 7-34 采用 Fcn 模块后的系统模型与输出结果

7.3.2 非线性系统的建模与仿真

非线性系统的分析远比线性系统复杂，缺乏能统一处理的有效数学工具。在许多工程应用中，由于难以求解系统的精确输出过程，通常只限于考虑以下几点：①系统是否稳定；②系统是否产生自激振荡（见非线性振动）及其振幅和频率的测算方法；③如何限制直至消除自激振荡的幅值。

在工程上还经常遇到一类弱非线性系统，即特性和运动模式与线性系统相差很小的系统。对于这类系统，通常以线性系统模型作为一阶近似，得出结果后再根据系统的弱非线性加以修正，以便得到较精确的结果。无论对于何种情况，对非线性系统的分析都比线性系统复杂得多。Simulink 所提供的非线性模块组可以对非线性环节进行模拟，在不用得到其数学表达式的前提下提高了系统的分析效率。

【例 7-7】 用 Simulink 对非线性系统进行建模与分析。

用 Simulink 创建一个带饱和和死区模块的非线性系统，如图 7-35（a）所示。其中，饱和模块的上下限分别为 1、−1，死区模块的开始和结束值分别为−0.2、0.2，阶跃函数的终止值设为 1.1，得到的系统输出曲线和饱和模块输出曲线如图 7-35（b）所示。

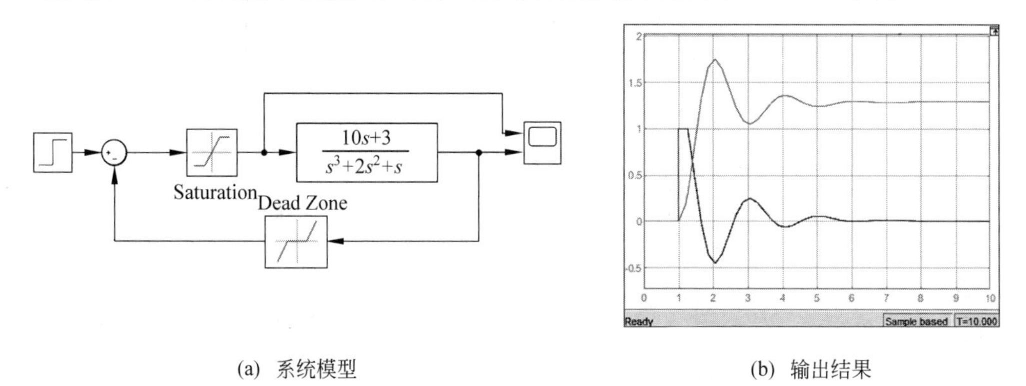

(a) 系统模型 (b) 输出结果

图 7-35 非线性系统模型与输出结果

7.4　S-函数

S-函数即系统函数（System Function），在很多仿真研究中，经常会用到复杂的算法解决复杂的问题，因而用户需要调用大量的模块实现某些算法功能，这不仅增大了建模的难度，同时使得模型架构复杂，不利于后续研究。而 MATLAB 所提供的 S-函数模块正是用于解决此类问题，它用编程的形式将复杂算法设计出来并嵌入系统中。

7.4.1　S-函数的工作方式

S-函数的引导语句为

```
function [sys,x0,str,ts] = fname(t,x,u,flag)
```

其中，fname 为 S-函数的函数名，t、x、u 分别为时间、状态和输入信号，flag 为标志位。如果标志位不同，S-函数执行的任务与返回数据也是不同的，如表 7-1 所示。

表 7-1　S-函数标志位的含义

标志位	调用函数	函数作用
0	mdlInitializeSizes	启动系统的初始化过程，定义 S-函数的基本特征，包括采样时间、连续或者离散状态的初始条件和 sizes 数组（包括连续状态个数、离散状态个数、模块输入输出个数、输入信号是否直接在输出端出现的标识和模块采样周期的个数）
1	mdlDerivatives	计算连续状态变量的微分方程
2	mdlUpdate	更新离散状态、采样时间和主时间步的要求
3	mdlOutputs	计算 S-函数的输出
4	mdlGetTime()fNextVarHit	计算下一个采样点的绝对时间，即在 mdlInitializeSizes 里说明的一个可变的离散采样时间
9	mdlTerminate	结束仿真任务

在一次仿真过程中，Simulink 会自动将 flag 设置为 0，进行初始化过程，然后将 flag 设置为 3，计算该模块的输出。一个仿真周期后，Simulink 将 flag 的值设置为 1 和 2，更新系统的连续和离散状态，再将其设置为 3，计算模块输出值。如此一个周期一个周期地计算，直至仿真结束条件满足，Simulink 将 flag 设置为 9，终止仿真过程。

7.4.2　S-函数设计举例

编写 S-函数时需要注意以下几点：

（1）初始化编程时应该弄清楚系统的输入信号和输出信号是什么、模块应该有多少个连续状态和多少个离散状态、离散模块的采样周期等信息。

（2）了解初始化之后模块的连续状态方程和离散状态方程是什么，如何用 MATLAB 语句表示出来，如何从模块状态和输入信号计算模块输出信号。

【**例 7-8**】系统的状态方程为

$$\begin{cases} \dot{x} = Ax + Bu \\ y = Cx + Du \end{cases}$$

其中，

$$\boldsymbol{A}=\begin{bmatrix} -1 & -2 \\ 1 & 0 \end{bmatrix}, \quad \boldsymbol{B}=\begin{bmatrix} 1 & 3 \\ 1 & 1 \end{bmatrix}, \quad \boldsymbol{C}=\begin{bmatrix} 1 & 2 \\ 1 & 5 \end{bmatrix}, \quad \boldsymbol{D}=\begin{bmatrix} -3 & 0 \\ 1 & 0 \end{bmatrix}$$

对 S-函数模块进行编程，代码如下：

```
function[sys,x0,str,ts]=case77(t,x,u,flag) %主函数
switch flag,                              %标志位条件选择
case 0,
[sys,x0,str,ts]=mdlInitializeSizes;%初始化子函数
case 1,
sys=mdlDerivatives(t,x,u);                %微分计算子函数
case 2,
sys=mdlUpdate(t,x,u);                     %状态更新子函数
case 3,
sys=mdlOutputs(t,x,u);                    %结果输出子函数
case 4,
sys=mdlGetTimeOfNextVarHit(t,x,u); %计算下一个采样点绝对时间子函数
case 9,
sys=mdlTerminate(t,x,u);                  %仿真结束子函数
otherwise
DAStudio.error('Simulink:blocks:unhandledFlag', num2str(flag));
                                          %flag 取其他值报错
end
function [sys,x0,str,ts]=mdlInitializeSizes
sizes = simsizes;
sizes.NumContStates = 2;                  %连续状态的个数
sizes.NumDiscStates = 0;                  %离散状态的个数
sizes.NumOutputs = 2;                     %输出变量的个数
sizes.NumInputs = 2;                      %输入变量的个数
sizes.DirFeedthrough = 1;                 %有无直接输入，布尔量，0 表示没有，1 表示有
sizes.NumSampleTimes = 1;                 %定义采样周期的个数
sys = simsizes(sizes);                    %将结构体 sizes 赋值给 sys
x0 =zeros(2,1);                           %初始状态变量
str = [];                                 %系统保留值，必须为空
ts = [0 0];                               %采样周期变量
function sys=mdlDerivatives(t,x,u) %连续状态变量更新子函数
sys =[-1,-2;1 0]*x+[1 3;1 1]*u;
function sys=mdlUpdate(t,x,u)             %离散状态变量更新子函数
sys = [];
function sys=mdlOutputs(t,x,u)            %系统结果输出子函数
sys = [1 2;1 5]*x+[-3 0;1 0]*u;
function sys=mdlGetTimeOfNextVarHit(t,x,u)   %计算下一个采样点绝对时间子函数
sampleTime = 1;
sys = t + sampleTime;
function sys=mdlTerminate(t,x,u)          %结束仿真子函数
sys = [];
```

创建系统模型，如图 7-36（a）所示。双击 S-函数模块，在打开的参数设置对话框中将 S-function name 修改为 case77。如果需要对 S-函数进行修改，可以单击 S-function name 旁边的 edit 按钮，就进入 MATLAB 的编辑器窗口。运行程序，得到如图 7-36（b）所示的输出结果。

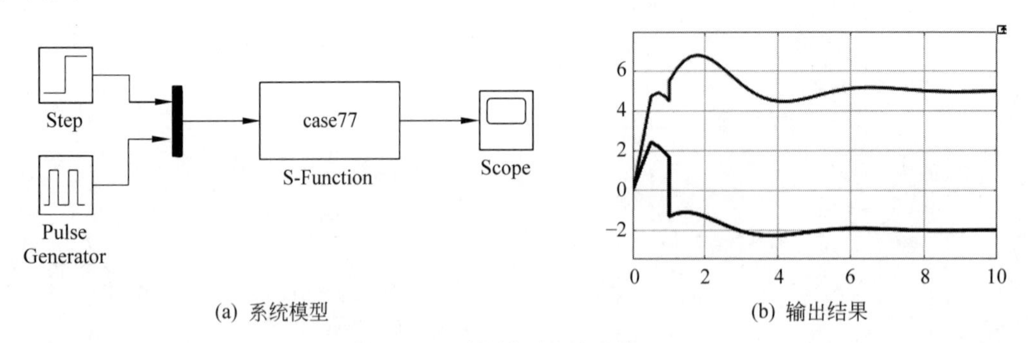

(a) 系统模型　　(b) 输出结果

图 7-36　系统模型和输出结果

本例比较简单，只是运用 S-函数编写状态方程，其展现的功能与状态空间模块一致，可以使用状态空间模块验证模型的准确性，不难发现其仿真结果是一样的。当系统更加复杂或者要对系统进行进一步分析控制时，S-函数就体现出其优越性了。

7.5　电力系统建模与仿真

Simulink 除了公共模块库外还提供了很多专业模块库。例如，Simscape 库用于电学、化学、材料、力学、机械等物理系统仿真。

7.5.1　电路的仿真

【例 7-9】 系统电路如图 7-37 所示，已知 R_1=2Ω，R_2=4Ω，R_3=12Ω，R_4=4Ω，R_5=12Ω，R_6=4Ω，R_7=2Ω，U_s=10V，求 i_3、u_4、u_7。

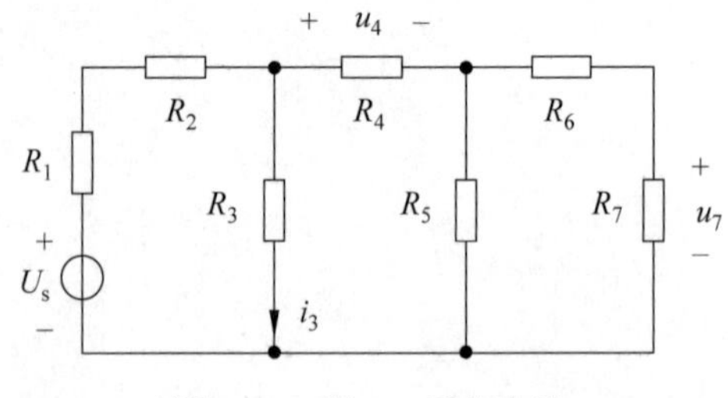

图 7-37　例 7-9 系统电路

可以用电路分析的方法求出结果。也可以用 Simulink 搭建电路模型求出结果，具体可以采用以下两种方法。

方法一：

（1）在 Simulink Library Browser（库浏览器）中选择 Simscape→Electrical→Specialized

Power Systems→Fundamental Blocks，打开基本电路模块。

（2）在 Elements 中选择 Series RLC Branch 模块并拖动到新建的空白模型中，如图 7-38 所示。双击该模块，会弹出如图 7-39 所示的属性对话框。由于本例中没有电感和电容模块，所以在 Branch type 的下拉列表框中选择 R，并可以在 Resistance 中修改对应的电阻值。

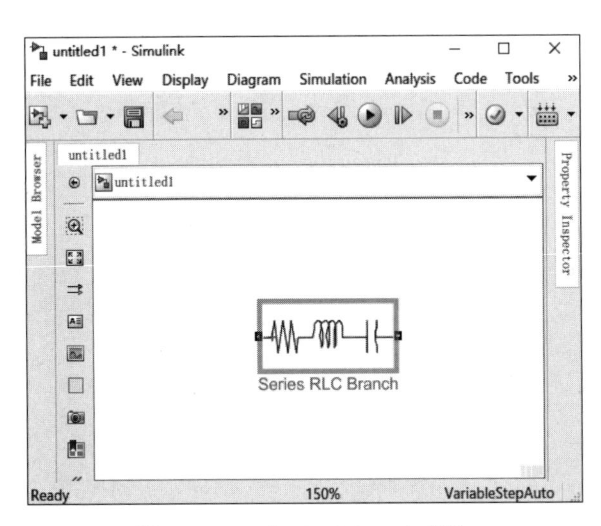

图 7-38　Series RLC Branch 模块

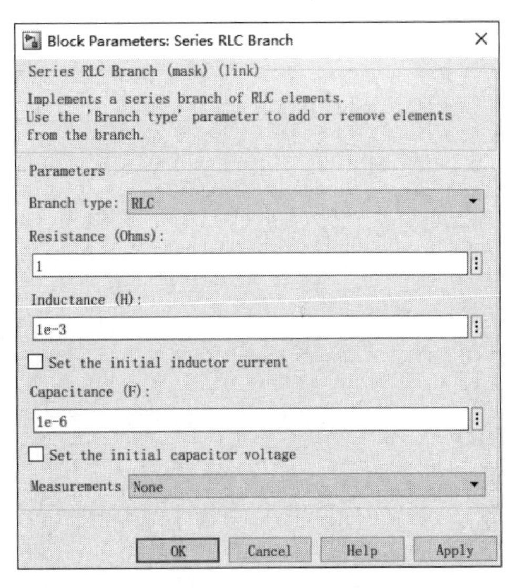

图 7-39　Series RLC Branch 模块的属性对话框

（3）在 Electrical Sources 模块组中选择 DC Voltage Source 模块，并拖动到模型中。双击该模块，在其属性对话框中将电压值修改为 10V，如图 7-40 所示。

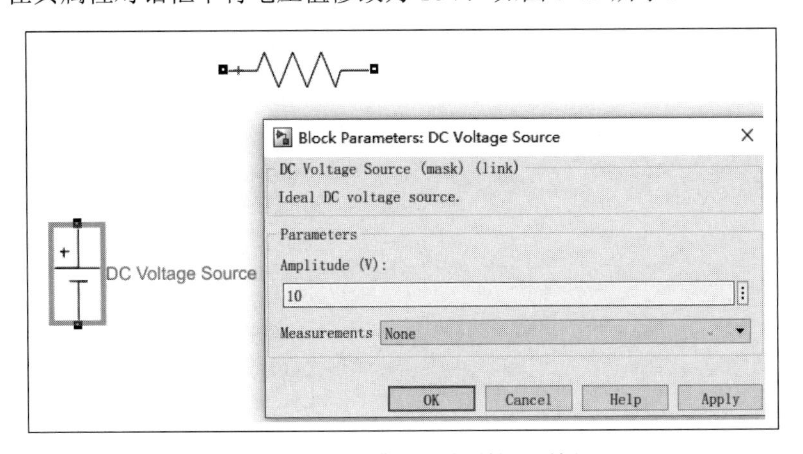

图 7-40　电源模块及其属性对话框

（4）在 Measurements 中添加 Current Measurement 和 Voltage Measurement，即电流表和电压表。在 Simulink→sinks 模块中添加 Display。

（5）根据图 7-37 所示的电路搭建模型并修改参数。为使电源能够工作，还需添加一个 powergui 模块，其用于显示系统稳定状态的电流和电压（电感电流和电容电压）及电路所有的状态变量值。创建好的系统模型和测量结果如图 7-41 所示。

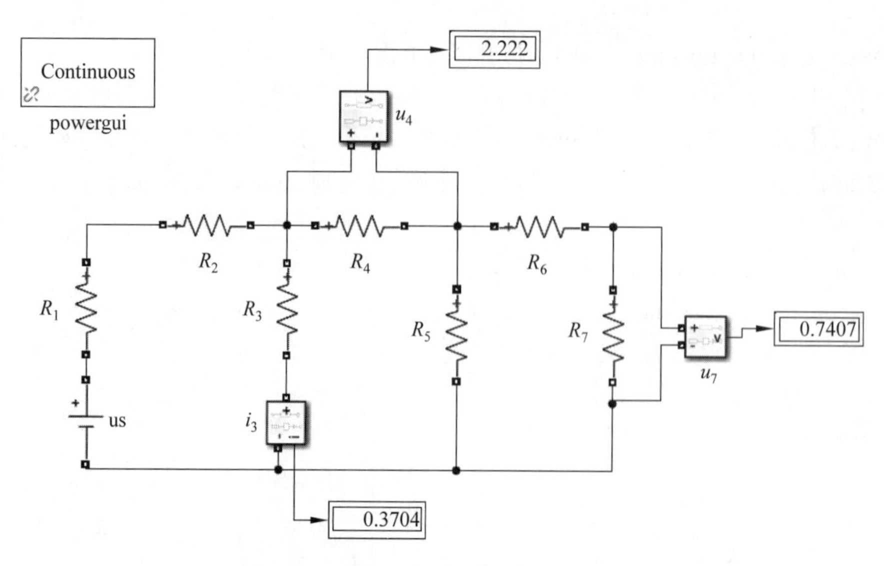

图 7-41　方法一的系统模型和测量结果

方法二：

（1）在 Simulink Library Browser 中选择 Simscape→Foundation Library→ Electrical，在 Electrical Elements 中选择 Resistor，在 Electrical Sensors 中选择 Current Sensor 和 Voltage Sensor，在 Electrical Sources 中选择 DC Voltage Source。

（2）在 Foundation Library→Utilities 中选择 PS-Simulink Converter（用于将物理信号转换成 Simulink 信号）和 Solver Configuration（对物理模型进行计算），在 PS-Simulink Converter 属性对话框的 Output signal unit 中修改对应的转换单位。

（3）在 Simulink→Sinks 模块中添加 Display，修改参数并运行，系统模型和测量结果如图 7-42 所示。

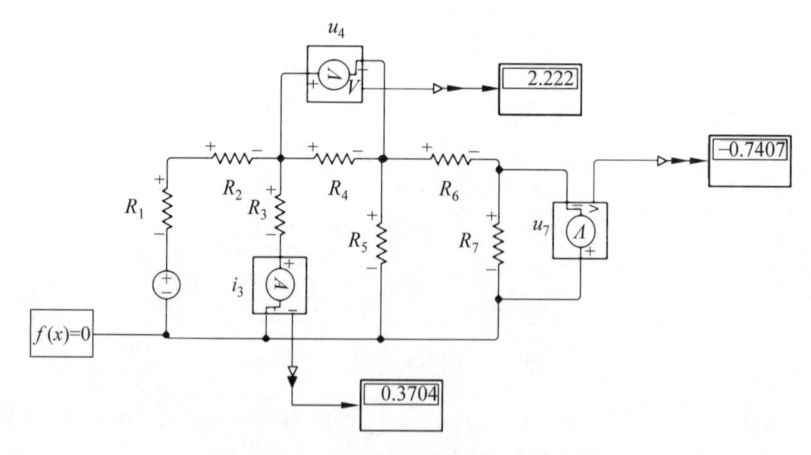

图 7-42　方法二的系统模型和测量结果

本例中的两种方法都可以用来进行电路测量。不同的是，第一种方法建立的是 Simulink 模型，其传递的都是 Simulink 信号；第二种方法建立的是实际物理模型，需要进行信号转换。

7.5.2 电机系统仿真

【例 7-10】一台他励直流电动机的数据如下：UN=440V，Uf=310V，Ra=0.077Ω，La=0.0026H，Rf=580Ω，Lf=422.5H，Laf=5.61H，J=4.8kgm2，Bm=0.1Nms，拖动 TL=573N·m 的负载进行分级起动，建立系统模型测量运行结果。

根据题意，设计电机为 4 级起动，其起动电阻分别为 R_1=0.1685Ω，R_2=0.129Ω，R_3=0.304Ω，R_4=0.302Ω。设计步骤如下：

（1）在 Simulink Library Browser 库预览器中选择 Simscape→Electrical→Specialized Power Systems→Fundamental Blocks→Machines→DC Machine，添加直流电机模块，在电机模块属性对话框的 Parameters 中填写电机参数，如图 7-43 所示。

Configuration | Parameters | Advanced

Armature resistance and inductance [Ra (ohms) La (H)] [0.0771 0.0026]

Field resistance and inductance [Rf (ohms) Lf (H)] [580 422.5]

Field-armature mutual inductance Laf (H) : 5.61

Total inertia J (kg.m^2) 4.8

Viscous friction coefficient Bm (N.m.s) 0.1

Coulomb friction torque Tf (N.m) 0

Initial speed (rad/s) : 0

Initial field current: 0

图 7-43　电机模块属性对话框

（2）在 Fundamental Blocks→Electrical Sources 中选择 DC Voltage Source 模块，在 Fundamental Blocks→Elements 中选择 Series RLC Branch 和 Breaker 模块，在 Fundamental Blocks 中选择 powergui 模块。

（3）在 Simulink→Sinks 中选择 Scope 模块，在 Signal Routing 中选择 Bus Selector 模块，在 Sources 中选择 Step 和 Constant 模块，在 Math Operations 中选择 Gain 模块。

电机的输出端口 m 有 4 个输出信号，分别为速度（Speed）、励磁电流（Field current）、电磁转矩（Electrical torque）和电枢电流（Armature current），可以用 Bus Selector 模块选择期望的数据。由于此时的速度是角速度，为了方便观察，可以转换成线速度。

（4）修改各个模块参数，并得到如图 7-44 所示的系统模型和如图 7-45 所示的输出结果。

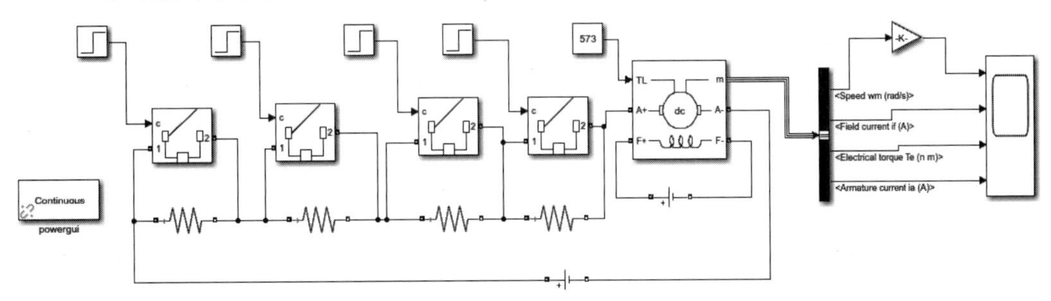

图 7-44　他励直流电动机起动模型

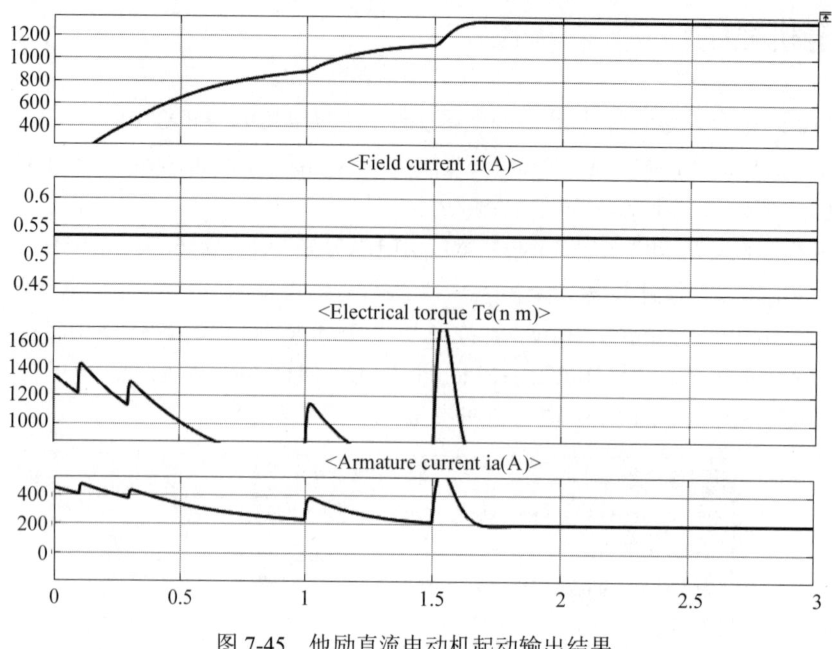

图 7-45　他励直流电动机起动输出结果

7.6　实验八：Simulink 平台系统建模与仿真

7.6.1　实验目的

1. 熟悉 Simulink 的模块库。
2. 掌握建立 Simulink 仿真模型的方法。
3. 熟悉 Simulink 子系统的建立与封装。

7.6.2　实验内容

1. 试利用 Simulink 建立如图 7-46 所示的系统模型，对控制系统主通道进行封装，模块显示为“封装”，并绘制单位阶跃响应下的系统输出曲线。

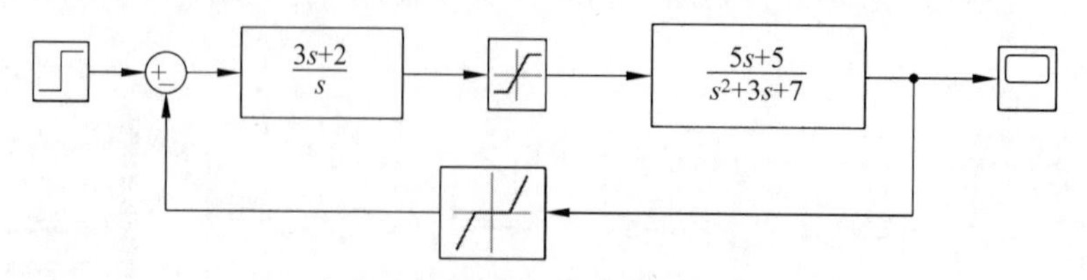

图 7-46　实验内容 1 系统模型

2. 求解二阶微分方程 $\ddot{x}(t)+0.5\dot{x}(t)+0.8x(t)=0.9u(t)$ 的解 $x(t)$。其中，初值为 $x(0)=1$，$\dot{x}(0)=3$ 并且 $u(t)=\cos t$ 是一个余弦信号。

3. 根据以下方程构造出 Simulink 模型，并绘制 $X=[x_1, x_2, x_3]$的曲线，其中积分器的初始值分别为−20、3、0.5。

$$\begin{cases}\dot{x}_1 = 3x_1x_2 + x_2^2 + x_3 \\ \dot{x}_2 = x_1 + x_2x_3 + 3 \\ \dot{x}_3 = x_1x_2 + x_2x_3\end{cases}$$

4. 在 Simulink 环境下，单位负反馈开环受控对象为 $G(s)=\dfrac{50}{s^2+3s+25}$ 时，采用比例积分控制器对受控对象进行控制（至少列举两组参数）。

7.6.3 参考程序

1. 对控制系统通道进行封装后的系统模型与仿真结果如图 7-47 所示。

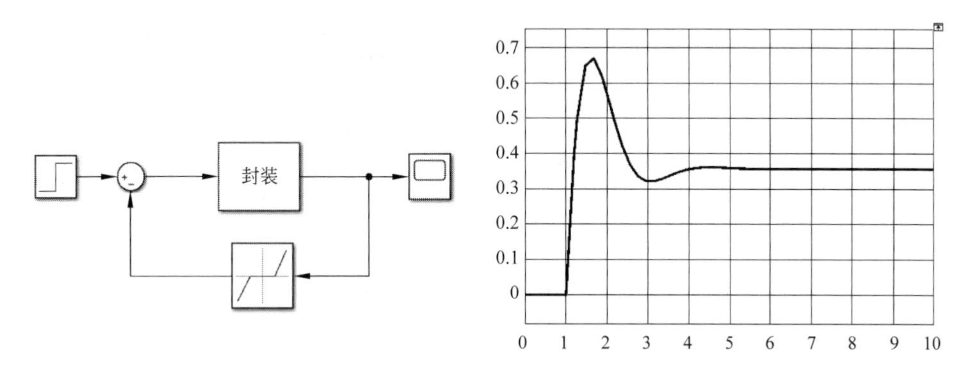

图 7-47　实验内容 1 对控制系统主通道进行封装后的系统模型与仿真结果

2. 系统模型与仿真结果如图 7-48 所示。

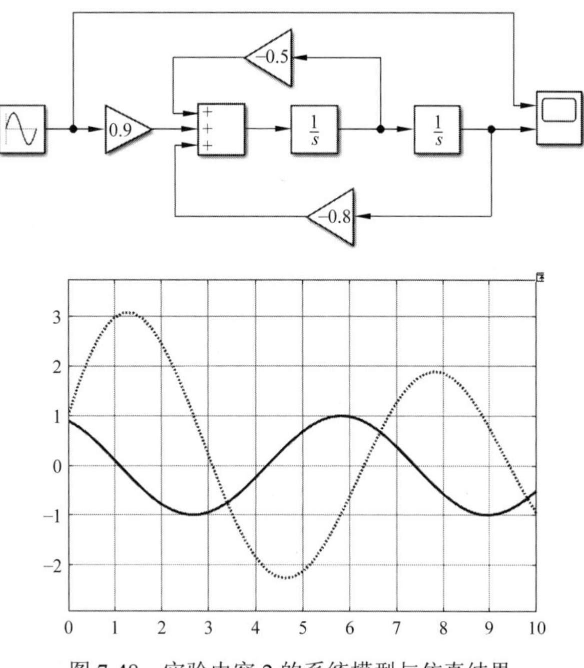

图 7-48　实验内容 2 的系统模型与仿真结果

3. 系统模型与仿真结果如图 7-49 所示。

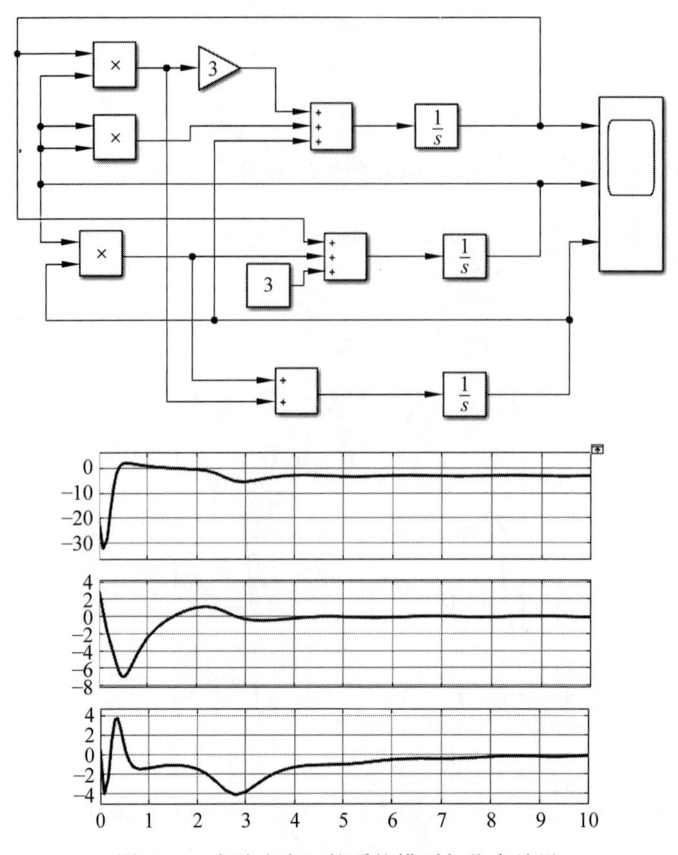

图 7-49　实验内容 3 的系统模型与仿真结果

4. 系统模型与仿真结果如图 7-50 所示。

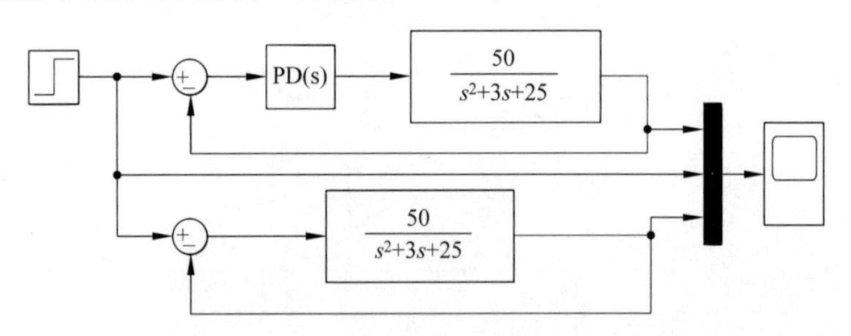

图 7-50　实验内容 4 的系统模型与仿真结果

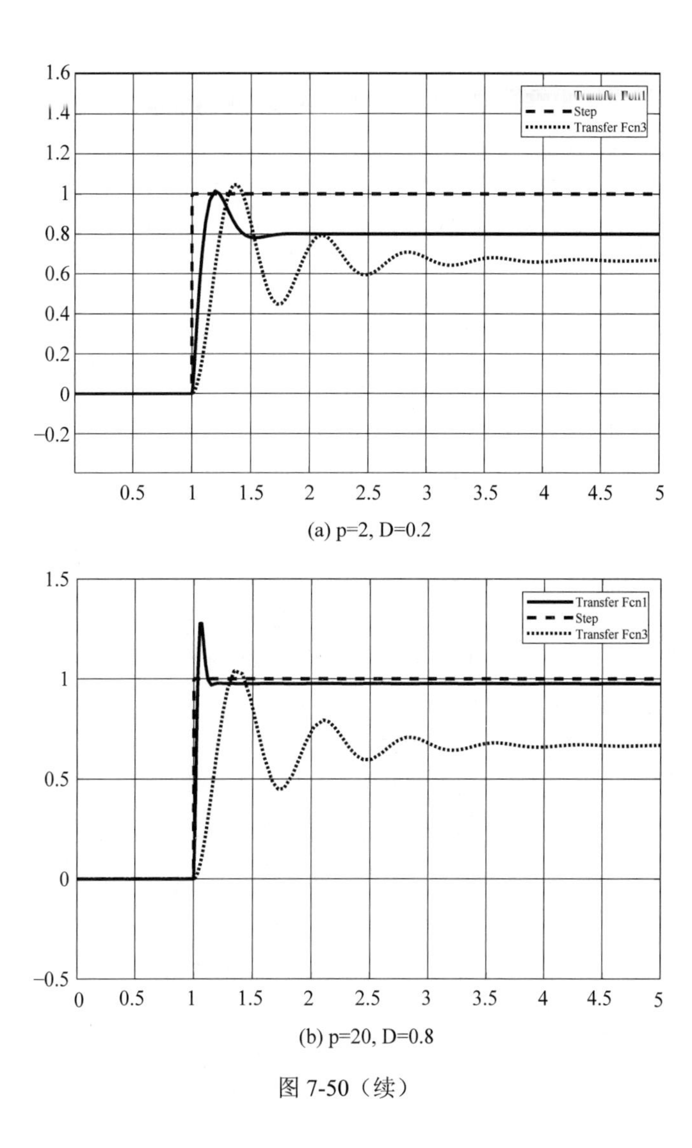

(a) p=2, D=0.2

(b) p=20, D=0.8

图 7-50（续）

7.7 课程思政

本章思政元素融入点如表 7-2 所示。

表 7-2 本章思政元素融入点

节	思政元素融入点
7.1 Simulink 模块库	以开国大典电动升旗为思政案例，讲解 Simulink 建模仿真思想，介绍各种功能模块库，引导学生理解科学建模的重要性
7.2 Simulink 建模的基本操作	以无人机设计为例，引导学生进行模型选择、搭建与封装，完成基本功能模块创建，引导学生懂得“不积跬步，无以致千里；不积小流，无以成江海”，培养从点滴做起的优良作风
7.3 Simulink 的建模与仿真	以典型工业控制系统为背景，通过对其进行建模、参数调整与分析，培养学生的工程素质以及分析问题和解决问题的能力，引导学生主动思维，举一反三

续表

节	思政元素融入点
7.4　S-函数	将函数编写与模型搭建有机结合，使学生能够充分发挥自己的建模优势，形成创新性思维，不局限于原有结果，敢于尝试，勇于创新
7.5　电力系统建模与仿真	以电路、电机等基础课内容为案例，引导学生以小组为单位，自学本节内容，培养学生查阅资料的能力和团队分工合作精神。通过对建模中遇到的问题的思考，引导学生注重细节，寻找规律，磨练意志
7.6　实验八：Simulink平台系统建模与仿真	实验课通过自主编程，检验学习效果，培养学生严谨的学习态度，体会“博观而约取，厚积而薄发”，养成勤思考、多动手的学习习惯

练　习　七

一、选择题

1. 在一个模型窗口中按住 Shift 键将一个模块移动到另一个模型窗口，则（　　）。

A. 在两个模型窗口中都有这个模块

B. 在后一个模型窗口中有这个模块

C. 在前一个模型窗口中有这个模块

D. 在两个模型窗口中都有这个模块并且两者之间出现连线

2. 为子系统指定参数设置和图标，使子系统本身有一个独立的操作界面，这种操作称为子系统的（　　）。

A. 包装　　B. 封装　　C. 集成　　D. 组合

3. 启动 Simulink 后，屏幕上出现的窗口是（　　）。

A. Simulink 起始页　　B. Simulink Library Browser 窗口

C. Simulink Block Browser 窗口　　D. Simulink 模型编辑窗口

4. 模块的操作是在（　　）窗口中进行的。

A. Library Browser　　B. Model Browser　　C. Block Editor　　D. 模型编辑

5. Integrator 模块包含在（　　）模块库中。

A. Sources　　B. Continuous　　C. Sinks　　D. Math Operations

二、操作题

1. 单自由度系统：$m\ddot{x}+c\dot{x}+kx=0$，初始条件：$x(0)=1, \dot{x}(0)=0$，采用 Simulink 对系统进行仿真，已知参数：$m=1, c=1, k=1$。

2. 搭建如图 7-51 所示的系统的系统模型，并绘制单位斜坡响应下的系统输出曲线。

3. 在图 7-52 所示的双环电机控制系统中，内环为电流环，采样周期 $T_1=0.001$s，控制器模型 $D_1(z)=(0.0967z-0.0965)/(z-1)$；控制器外环的采样周期 $T_2=0.01$s，控制器模型 $D_2(z)=(5.2812z-5.2725)/(z-1)$。创建 Simulink 环境下的系统模型，观察单位阶跃响应下的系统输出。

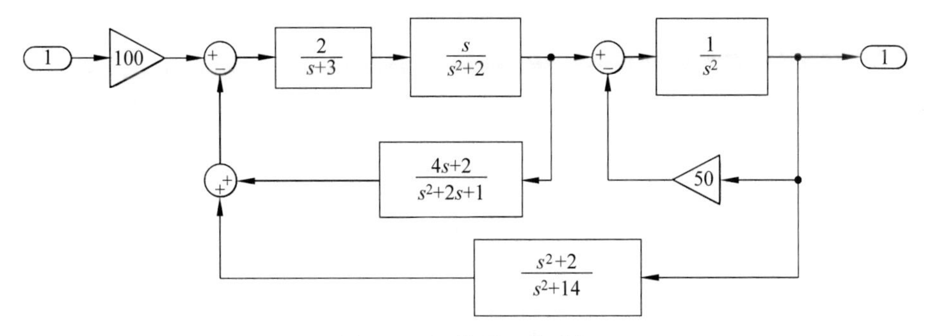

图 7-51　操作题 2 的系统

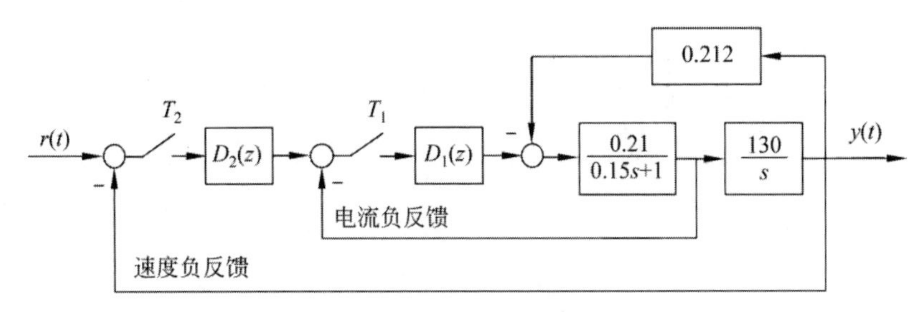

图 7-52　操作题 3 的双环电机控制系统

参 考 答 案

一、选择题

1. A　2. B　3. A　4. D　5. B

二、操作题

1. 系统模型如图 7-53 所示。

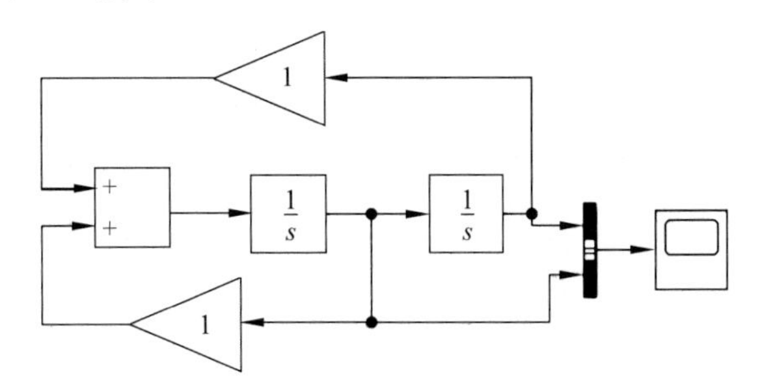

图 7-53　操作题 1 的系统模型

2. 系统模型与输出结果如图 7-54 所示。

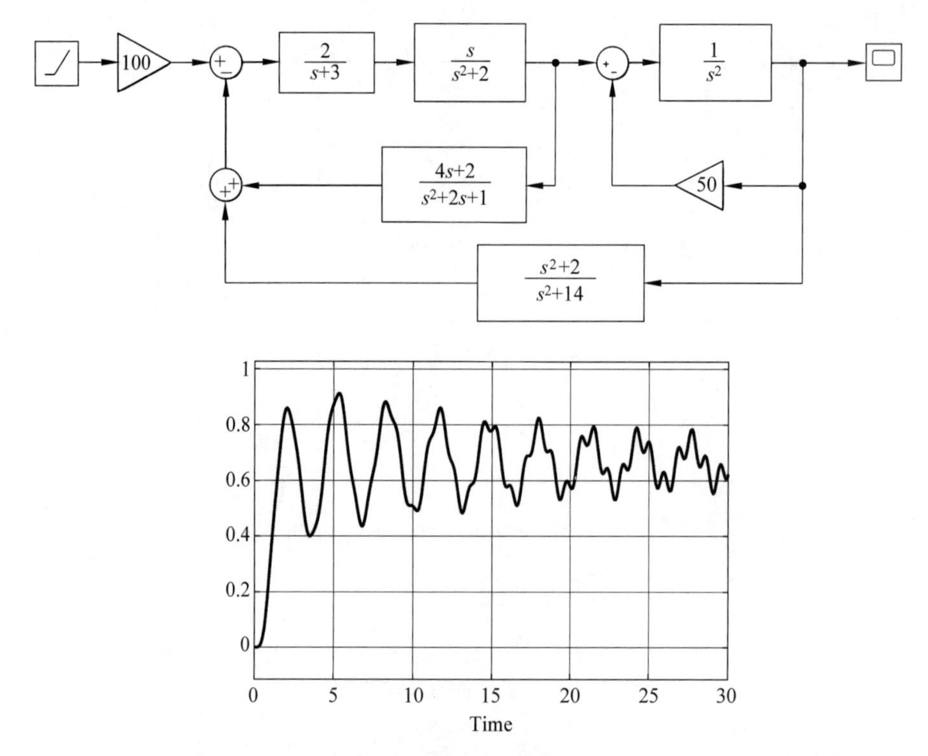

图 7-54　操作题 2 的系统模型与输出结果

3. 系统模型与输出结果如图 7-55 所示。

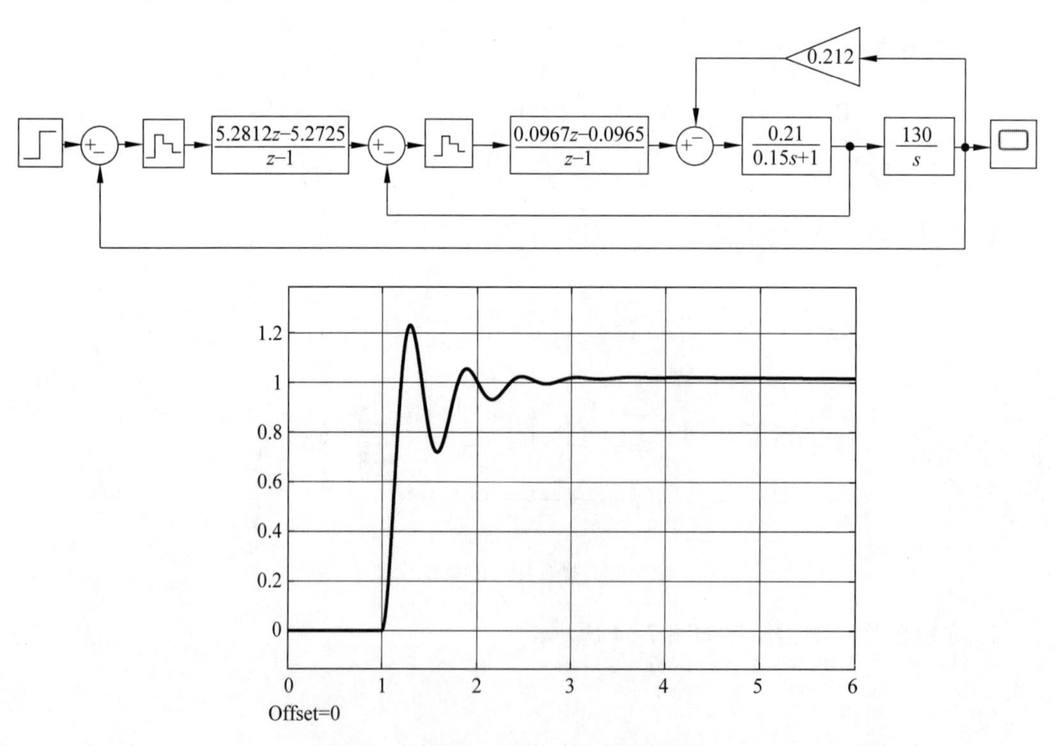

图 7-55　操作题 3 的系统模型与输出结果

第8章

MATLAB在控制系统分析中的应用

8.1　控制系统数学建模

控制系统数学模型的建立是研究控制系统的关键部分，是系统分析和设计的基础，是可以反映系统内部各个物理量之间关系的数学表达式或图形表达式。时域中常用的数学模型有微分方程、差分方程和状态方程，频域中常用的数学模型有传递函数、方框图和频率特性。

8.1.1　控制系统模型

1. 传递函数模型

线性常微分方程是描述线性连续系统的传统方法，其基本表达式为

$$\begin{aligned}&a_1\frac{\mathrm{d}^n y(t)}{\mathrm{d}t^n}+a_2\frac{\mathrm{d}^{n-1} y(t)}{\mathrm{d}t^{n-1}}+a_3\frac{\mathrm{d}^{n-2} y(t)}{\mathrm{d}t^{n-2}}+\cdots+a_n\frac{\mathrm{d}y(t)}{\mathrm{d}t}+a_{n+1}y(t)\\&=b_1\frac{\mathrm{d}^m u(t)}{\mathrm{d}t^m}+b_2\frac{\mathrm{d}^{m-1} u(t)}{\mathrm{d}t^{m-1}}+\cdots+b_m\frac{\mathrm{d}u(t)}{\mathrm{d}t}+b_{m+1}u(t)\end{aligned}$$

其中，$u(t)$和$y(t)$分别为系统的输入和输出信号。

在零初始条件下，经过拉普拉斯变换后系统的传递函数模型为

$$G(s)=\frac{C(s)}{R(s)}=\frac{b_1s^m+b_2s^{m-1}+\cdots+b_ns+b_{m+1}}{a_1s^n+a_2s^{n-1}+\cdots+a_ns+a_{n+1}}$$

对于线性定常系统，上式中s的系数均为常数，且不等于零，这时系统在MATLAB中可以方便地由分子和分母中各项的系数构成的两个向量唯一地确定。按s降幂排列形式可以得到分子、分母多项式的系数向量：num=$[b_1\ b_2\ \cdots\ b_{m+1}]$，den=$[a_1\ a_2\ \cdots\ a_{n+1}]$。

对于离散时间系统，其单输入单输出系统的LTI系统差分方程为

$$\begin{gathered}a_1c(k+n)+a_2c(k+n-1)+\cdots+a_nc(k+1)+a_{n+1}c(k)=\\b_1r(k+m+1)+b_2r(k+n)+\cdots+b_mr(k+1)+b_{m+1}r(k)\end{gathered}$$

对应的脉冲传递函数为

$$G(z)=\frac{C(z)}{R(z)}=\frac{b_1z_m+b_2z_{m-1}+\cdots+b_{m+1}}{a_1z_n+a_2z_{n-1}+\cdots+a_{n-1}}$$

其分子、分母多项式的系数向量：num=$[b_1\ b_2\ \cdots\ b_{m+1}]$，den=$[a_1\ a_2\ \cdots\ a_{n+1}]$。

与传递函数相关的函数见表 8-1。

表 8-1　与传递函数相关的函数

函　　数	说　　明
sys=tf(num,den)	返回连续系统传递函数模型
sys=tf(num,den,ts)	返回离散系统传递函数模型，ts 为采样周期
s=tf('s'),z=tf('z',ts)	通过定义拉普拉斯算子直接输入传递函数
get(sys)	获取 sys 系统的所有信息
set(sys,'property',value)	修改 sys 系统属性值
C=conv(u,v)	卷积。如果 u 和 v 是多项式系数的向量，对其卷积与将这两个多项式相乘等效

【例 8-1】 将传递函数模型 $G(s)=\dfrac{2s+3}{s^3+5s^2-6s+2}$ 输入 MATLAB 工作空间中，并将其时延系数修改为 2。

方法 1：

```
>>num=[2 3];                          %分子多项式系数
>> den=[1 5 -6 2];                    %分母多项式系数
>> G=tf(num,den)                      %系统传递函数
G =
       2 s + 3
---------------------
s^3 + 5 s^2 - 6 s + 2
Continuous-time transfer function.
```

方法 2：

```
>> s=tf('s');                         %定义拉普拉斯算子
>> G1=(2*s+3)/(s^3+5*s^2-6*s+2)       %直接给出传递函数表达式
G1 =
        2 s + 3
---------------------
s^3 + 5 s^2 - 6 s + 2
Continuous-time transfer function.
```

通过 get 函数获取 G(s)的参数信息。

```
>> get(G)                             %获取系统 G 参数
Numerator: {[0 0 2 3]}
Denominator: {[1 5 -6 2]}
   Variable: 's'
   IODelay: 0
   InputDelay: 0
   OutputDelay: 0
   Ts: 0
   TimeUnit: 'seconds'
   InputName: {''}
   InputUnit: {''}
```

```
        InputGroup: [1×1 struct]
        OutputName: {''}
        OutputUnit: {''}
        OutputGroup: [1×1 struct]
        Notes: [0×1 string]
        UserData: []
        Name: ''
        SamplingGrid: [1×1 struct]
```

可以获取此时系统的时延参数 IODelay=0。调用 set 函数，将时延修改为 2，也可以对系统属性直接赋值。

方法 1：

```
>> set(G,'IODelay',2)                              %设置系统时延
>> G
G =
                       2 s + 3
exp(-2*s) * ---------------------
             s^3 + 5 s^2 - 6 s + 2
Continuous-time transfer function.
```

方法 2：

```
>>G.IODelay=2                                      %设置系统时延
G =
                        2 s + 3
exp(-2*s) * ---------------------
             s^3 + 5 s^2 - 6 s + 2
Continuous-time transfer function.
```

【例 8-2】 将传递函数模型 $G(s)=\dfrac{3s+4}{(s+1)(5s^2+2)}$ 输入 MATLAB 工作空间中，并提取分子、分母多项式系数。

```
>> den=conv([1 1],[5 0 2]);                        %用卷积求取分母多项式系数
>> G=tf([3 4],den)
G =
             3 s + 4
  -----------------------
  5 s^3 + 5 s^2 + 2 s + 2
Continuous-time transfer function.
```

可以用 tfdata 函数获取系统的分子、分母多项式。

```
>> [num1,den1]=tfdata(G,'v')                       %获取系统 G 的分子、分母多项式系数
num1 =
     0     0     3     4
den1 =
     5     5     2     2
```

2. 零极点模型

零极点模型实际上是传递函数模型的另一种表现形式。其原理是分别对原系统传递函数的分子、分母进行因式分解处理，以获得系统的零点和极点的表达式。

连续系统的零极点表达式为

$$G(s)=K\frac{(s-z_1)(s-z_2)\cdots(s-z_m)}{(s-p_1)(s-p_2)\cdots(s-p_n)}$$

离散系统的零极点表达式为

$$G(s)=K\frac{(z-z_1)(z-z_2)\cdots(z-z_m)}{(z-p_1)(z-p_2)\cdots(z-p_n)}$$

其中，K 为系统增益，z_i 为零点，p_j 为极点。

零极点模型的调用函数为 G=zpk(z,p,k)。

【例 8-3】 将零极点函数模型 $G(s)=\frac{3(s+2)}{(s+1)(s+3)}$ 输入 MATLAB 工作空间中。

```
>> z=[-2];p=[-1,-3];k=3;                        %设置系统的零点、极点和增益
>> G=zpk(z,p,k)                                 %获取系统零极点表达式
G =
    3 (s+2)
  -----------
  (s+1) (s+3)
Continuous-time zero/pole/gain model.
```

【例 8-4】 已知系统的零极点模型为 $H(z)=\frac{(z-0.4)}{(z-0.8+0.2\mathrm{i})(z-0.8+0.2\mathrm{i})}$，其采样周期为 T=0.1s，绘制系统的零极点分布图。

```
>> z=[0.4];p=[0.8+0.2i,0.8-0.2i];ts=0.1;     %设置系统的零点、极点和采样时间
>> H=zpk(z,p,1,ts)                            %获取系统离散零极点表达式
H =
         (z-0.4)
  -------------------
  (z^2 - 1.6z + 0.68)
Sample time: 0.1 seconds
Discrete-time zero/pole/gain model.
>>pzmap(H)                                    %绘制系统零极点分布图
```

系统的零极点分布图可以用 pzmap(H)命令直接绘制出来，如图 8-1 所示。

3. 状态空间模型

状态方程是描述控制系统的另一种重要的形式。假设一个线性系统有 p 个输入信号，记为向量 $\boldsymbol{u}=[u_1\ u_2\ \cdots\ u_p]^{\mathrm{T}}$；有 q 个输出信号，记为向量 $\boldsymbol{y}=[y_1\ y_2\ \cdots\ y_q]^{\mathrm{T}}$；有 n 个状态信号，记为向量 $\boldsymbol{x}=[x_1\ x_2\ \cdots\ x_n]^{\mathrm{T}}$。其状态方程可以描述为

$$\begin{cases}\dot{\boldsymbol{x}}(t)=\boldsymbol{A}(t)\boldsymbol{x}(t)+\boldsymbol{B}(t)\boldsymbol{u}(t)\\ \boldsymbol{y}(t)=\boldsymbol{C}(t)\boldsymbol{x}(t)+\boldsymbol{D}(t)\boldsymbol{u}(t)\end{cases}$$

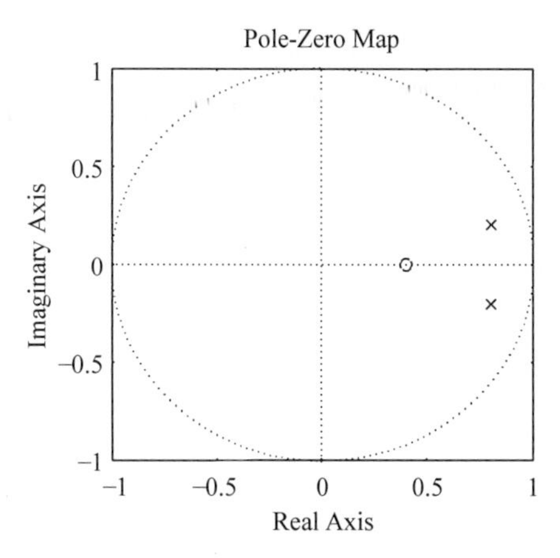

图 8-1　系统的零极点分布图

其中，$\boldsymbol{A}$ 为 $n \times n$ 矩阵，$\boldsymbol{B}$ 为 $n \times p$ 矩阵，$\boldsymbol{C}$ 为 $q \times n$ 矩阵，$\boldsymbol{D}$ 为 $q \times p$ 矩阵。当 $\boldsymbol{A}$、$\boldsymbol{B}$、$\boldsymbol{C}$、$\boldsymbol{D}$ 都是常数时，该系统为时不变系统。

状态空间模型的调用函数为 G=ss(A,B,C,D)。

【例 8-5】 已知某双输入双输出系统的状态方程如下：

$$\begin{cases} \dot{\boldsymbol{x}} = \begin{bmatrix} 1 & 3 & 5 \\ 2 & 4 & 7 \\ 3 & 1 & 2 \end{bmatrix} \boldsymbol{x} + \begin{bmatrix} 5 & 2 \\ 6 & 3 \\ 1 & 9 \end{bmatrix} \boldsymbol{u} \\ \boldsymbol{y} = \begin{bmatrix} 2 & 3 & 6 \\ 5 & 1 & 3 \end{bmatrix} \boldsymbol{x} + \begin{bmatrix} 1 & 2 \\ 3 & 1 \end{bmatrix} \boldsymbol{u} \end{cases}$$

求其状态空间模型。

```
>>A=[1 3 5;2 4 7;3 1 2];                    %设置状态空间系数
>>B=[5 2;6 3;1 9];
>>C=[2 3 6;5 1 3];
>>D=[1 2;3 1];
>> G=ss(A,B,C,D)                            %获取状态空间表达式
G =
  A =
        x1  x2  x3
   x1   1   3   5
   x2   2   4   7
   x3   3   1   2
  B =
        u1  u2
   x1   5   2
   x2   6   3
   x3   1   9
  C =
        x1  x2  x3
   y1   2   3   6
   y2   5   1   3
  D =
        u1  u2
```

```
   y1   1   2
   y2   3   1
Continuous-time state-space model
```

8.1.2 系统模型间的转换

在工程中，由于实际系统的数学模型形式各异，不同场合下可能用到不同的模型形式，MATLAB 提供了大量的模型转换函数，如表 8-2 所示。

表 8-2 模型转换函数

函 数	说 明
tfg=tf(g1)	将其他类型的模型转换成传递函数模型
zpkg=zpk(g1)	将其他类型的模型转换成零极点模型
ssg=ss(g1)	将其他类型的模型转换成状态空间模型
[A,B,C,D]=tf2ss(num,den)	将传递函数模型参数转换成状态空间模型参数
[num,den]=ss2tf(A,B,C,D,iu)	将状态空间模型参数转换成传递函数模型参数
[z,p,k]=tf2zp(num,den)	将传递函数模型参数转换成零极点模型参数
[num,den]=zp2tf(z,p,k)	将零极点模型参数转换成传递函数模型参数
[A,B,C,D]=zp2ss(z,p,k)	将零极点模型参数转换成状态空间模型参数
[z,p,k]=ss2zp(A,B,C,D,iu)	将状态空间模型参数转换成零极点模型参数

【例 8-6】 已知系统的零极点模型为 $G(s)=\dfrac{3(s+2)}{(s+1)(s+3)}$，将其转换成传递函数模型和状态空间模型。

```
>> z=[-2];p=[-1,-3];k=3;G=zpk(z,p,k);          %获取系统零极点模型 G
>>tfg=tf(G)                                     %将 G 转换成传递函数模型
tfg =
     3 s + 6
  -------------
  s^2 + 4 s + 3
Continuous-time transfer function.
>>ssg=ss(G)                                     %将 G 转换成状态空间模型
ssg =
  A =
       x1  x2
   x1  -1   1
   x2   0  -3
  B =
       u1
   x1   0
   x2   2
  C =
       x1   x2
   y1  1.5  1.5
  D =
```

```
        u1
   y1   0
Continuous-time state-space model
```

【例 8-7】 将系统的状态空间模型转换成传递函数模型。

$$\begin{cases} \dot{\boldsymbol{x}} = \begin{bmatrix} 1 & 0 \\ -2 & -3 \end{bmatrix}\boldsymbol{x} + \begin{bmatrix} 1 & 0 \\ 0 & 1 \end{bmatrix}\boldsymbol{u} \\ \boldsymbol{y} = [1 \quad 1]\boldsymbol{x} + [0 \quad 0]\boldsymbol{u} \end{cases}$$

```
>> A=[1 0;-2 -3];B=[1 0;0 1];C=[1 1];D=[0 0];
>> [num1,den1]=ss2tf(A,B,C,D,1)          %得到第 1 路输出对应的传递函数模型参数
num1 =
      0     1     1
den1 =
      1     2    -3
>> g1=tf(num1,den1)
g1 =
      s + 1
  -------------
  s^2 + 2 s - 3
Continuous-time transfer function.
>> [num2,den2]=ss2tf(A,B,C,D,2)          %得到第 2 路输出对应的传递函数模型参数
num2 =
      0     1    -1
den2 =
      1     2    -3
>> g2=tf(num2,den2)
g2 =
      s - 1
  -------------
  s^2 + 2 s - 3
Continuous-time transfer function.
```

8.1.3 模型的连接化简

典型的控制系统结构框图如图 8-2 所示。可以看出，在实际应用中，控制系统是由多个对象和装置组成的，即由多个单一模型按照一定的连接关系组合而成，而每个单一模型则是用 8.1.1 节所讲授的微分方程或传递函数进行描述的。模型间的连接关系主要包括串联连接、并联连接和反馈连接等。

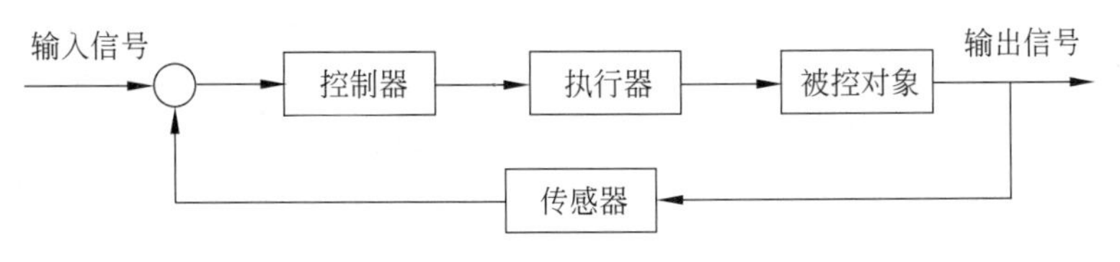

图 8-2 典型的控制系统结构框图

1. 串联连接

一般情况下模型的串联连接结构框图如图 8-3 所示。系统总的传递函数等于两个模型传递函数的乘积，即 $G(s)=G_1(s)G_2(s)$。对于单变量系统而言，$G_1(s)$和 $G_2(s)$是可以互换的，但是对于多变量系统，一般不可以互换。

2. 并联连接

一般情况下模型的并联连接结构框图如图 8-4 所示。对于单输入单输出系统，总的传递函数等于两个模型传递函数的和，即 $G(s)=G_1(s)+G_2(s)$。

图 8-3　串联连接结构框图　　　　图 8-4　并联连接结构框图

3. 反馈连接

模型的反馈连接结构框图如图 8-5 所示，其中，正反馈连接时系统总的传递函数为 $\Phi(s)=\dfrac{G(s)}{1-G(s)H(s)}$，负反馈连接时系统总的传递函数为 $\Phi(s)=\dfrac{G(s)}{1+G(s)H(s)}$。

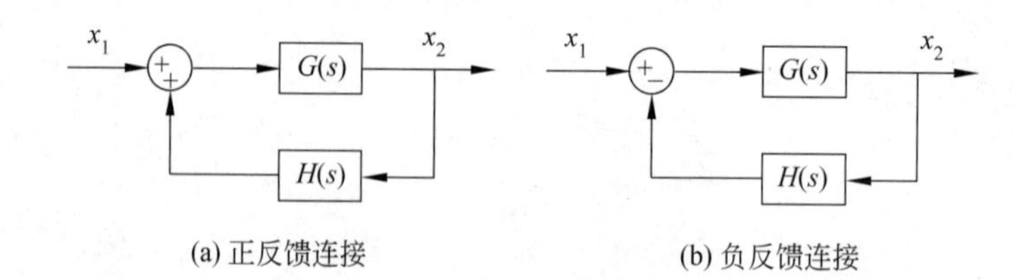

(a) 正反馈连接　　　　(b) 负反馈连接

图 8-5　反馈连接结构框图

MATLAB 提供了一些系统模型连接化简函数，如表 8-3 所示。

表 8-3　系统模型连接化简函数

函　　数	功　　能
sys = parallel(sys1,sys2)	并联两个模型，其等效于 sys = sys1 + sys2
sys = parallel(sys1,sys2,input1,input2,output1,output2)	对于多输入多输出系统，表示输入量之间和输出量之间的具体并联关系
sys = parallel(sys1,sys2,'name')	通过匹配的 I/O 名进行系统并联
sys = series(sys1,sys2)	串联两个模型，其等效于 sys = sys1 * sys2
sys = series(sys1,sys2,outputs1,inputs2)	对于多输入多输出系统，指定 sys1 的 outputs1 与 sys2 的 inputs2 的串联关系
sys = feedback(sys1,sys2)	模型对象 sys1 与 sys2 的负反馈为 sys
sys = feedback(sys1,sys2,+1)	模型对象 sys1 与 sys2 的正反馈为 sys
sys = feedback(sys1,sys2,feedin,feedout)	对于多输入多输出系统，指定 sys1 的 feedout 与 sys2 的 feedin 的具体反馈连接关系

【例 8-8】 已知系统 $G_1(s)=\dfrac{3}{(S+1)(S+3)}$，$G_2(s)=\dfrac{1}{s+2}$，求 $G_1(s)$和 $G_2(s)$分别进行串联、并联和负反馈连接后的系统模型。

```
>>clear
>>G1=tf(3,[1 4 3]);G2=tf(1,[1 2]);          %获取 G1 和 G2 的传递函数
>>Gs1=G1*G2                                  %获取 G1 和 G2 串联后的系统模型
Gs1 =
              3
  -------------------------
    s^3 + 6 s^2 + 11 s + 6
Continuous-time transfer function.
>>Gs2=series(G1,G2)                          %获取 G1 和 G2 串联后的系统模型
Gs2 =
             3
  -------------------------
    s^3 + 6 s^2 + 11 s + 6
Continuous-time transfer function.
```

从运行结果可以看出，两种串联方法结果相同。

```
>> Gp1=G1+G2                                 %获取 G1 和 G2 并联后的系统模型
Gp1 =
        s^2 + 7 s + 9
  --------------------------
    s^3 + 6 s^2 + 11 s + 6
Continuous-time transfer function.
>> Gp2=parallel(G1,G2)                       %获取 G1 和 G2 并联后系统模型
Gp2 =
      s^2 + 7 s + 9
  -------------------------
    s^3 + 6 s^2 + 11 s + 6
Continuous-time transfer function.
```

从运行结果可以看出，两种并联方法结果相同。

```
Gb1=feedback(G1,G2)                          %获取 G1 和 G2 负反馈连接后的系统模型
Gb1 =
      3 s + 6
  -------------------------
    s^3 + 6 s^2 + 11 s + 9
Continuous-time transfer function.
>> Gb2=G1/(1+G1*G2)                          %获取 G1 和 G2 负反馈连接后的系统模型
Gb2 =
       3 s^3 + 18 s^2 + 33 s + 18
  ----------------------------------------------
    s^5 + 10 s^4 + 38 s^3 + 71 s^2 + 69 s + 27
Continuous-time transfer function.
```

从运行结果可以看出，采用算术方法进行模型负反馈化简时，系统模型的阶次可能高于实际阶次，这是因为在进行算术运算时没有进行分式化简。可以通过调用 minreal 函数求

取系统的最小实现。

```
>> Gb2z=zpk(Gb2)
Gb2z =
             3 (s+3) (s+2) (s+1)
  ---------------------------------------------
  (s+3.672) (s+3) (s+1) (s^2 + 2.328s + 2.451)
Continuous-time zero/pole/gain model.
```

将系统模型进行零极点转换后可以看到，通过算术方法得到的系统传递函数，其分子和分母有公因式(s+3)(s+1)，所以模型阶次比较高。

```
>> Gb2m=minreal(Gb2)                                    %获取最小实现模型
Gb2m =
         3 s + 6
  ------------------------
   s^3 + 6 s^2 + 11 s + 9
Continuous-time transfer function.
```

经过最小实现后，系统模型结果与 feedback 函数得到的结果相同。

【例 8-9】 求如图 8-6 所示的控制系统的传递函数。

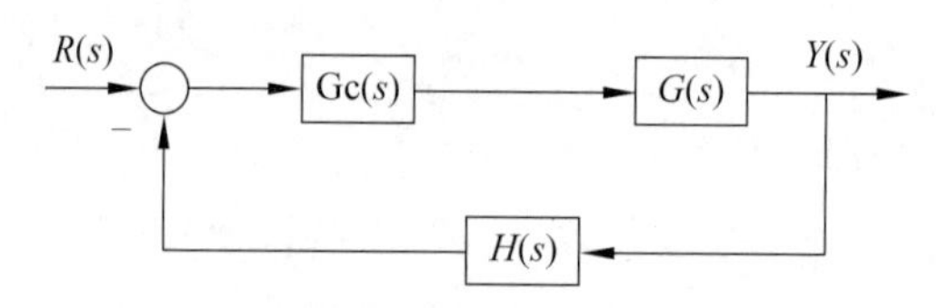

图 8-6 例 8-9 的控制系统

其中，$G(s)=\dfrac{5s+1}{s^3+2s^2+6s+3}$，$\mathrm{Gc}(s)=\dfrac{2s+7}{s}$，$H(s)=2$。

```
>> G=tf([5 1],[1 2 6 3]);
>> Gc=tf([2 7],[1 0]);
>> H=2;
>> Gb=feedback(G*Gc,H)
Gb =
         10 s^2 + 37 s + 7
  ----------------------------------
   s^4 + 2 s^3 + 26 s^2 + 77 s + 14
Continuous-time transfer function.
```

【例 8-10】 若一个反馈系统的被控对象为双输入双输出模型：

$$\begin{cases}\dot{\boldsymbol{x}}=\begin{bmatrix}0 & 1 & 0\\ 0 & 0 & 1\\ -2 & -5 & -3\end{bmatrix}\boldsymbol{x}+\begin{bmatrix}1 & 0\\ 3 & -1\\ 0 & 2\end{bmatrix}\boldsymbol{u}\\ \boldsymbol{y}=\begin{bmatrix}1 & -1 & 0\\ 0 & 2 & 1\end{bmatrix}\boldsymbol{x}+\begin{bmatrix}0 & 1\\ 0 & 0\end{bmatrix}\boldsymbol{u}\end{cases}$$

控制器为对角阵，其子传递函数为 $g_{11}(s)=(3s+1)/s$，$g_{22}(s)=(5s+2)/s$，反馈函数为单位阵，求系统闭环传递函数。

```
>> A=[0 1 0;0 0 1;-2 -5 -3];
>> B=[1 0;3 -1;0 2];
>> C=[1 -1 0;0 2 1];
>> D=[0 1;0 0];
>> G=ss(A,B,C,D)                          %获取系统状态空间模型
G =
  A =
        x1  x2  x3
   x1    0   1   0
   x2    0   0   1
   x3   -2  -5  -3
  B =
        u1  u2
   x1    1   0
   x2    3  -1
   x3    0   2
  C =
        x1  x2  x3
   y1    1  -1   0
   y2    0   2   1
  D =
        u1  u2
   y1    0   1
   y2    0   0
Continuous-time state-space model.
>>g11=tf([3 1],[1 0]);
>>g22=tf([5 2],[1 0]);
>>Gc=[g11,0;0,g22]                        %获取控制器模型
Gc =
  From input 1 to output...
       3 s + 1
   1:  -------
          s
   2:  0
  From input 2 to output...
   1:  0
        5 s + 2
   2:  -------
           s
>> H=eye(2);                              %获取反馈函数模型
>> Gb=feedback(G*Gc,H)                    %获取负反馈模型
Gb =
   A =
         x1    x2    x3    x4    x5
   x1    -3    34    15     1    -3
   x2    -9   109    51     3   -10
   x3    -2   -25   -13     0     2
   x4    -1    11     5     0    -1
   x5     0    -4    -2     0     0
```

```
 B =
        u1   u2
  x1    3  -15
  x2    9  -50
  x3    0   10
  x4    1   -5
  x5    0    2
 C =
         x1   x2   x3   x4   x5
  y1      1  -11   -5    0    1
  y2      0    2    1    0    0
 D =
        u1  u2
  y1    0   5
  y2    0   0
Continuous-time state-space model.
```

4. 其他化简方法

对于复杂的系统结构，除了上面介绍的化简方法，还可以采用相加点前后移动和分支点前后移动的方法，具体化简规则如图 8-7 所示。

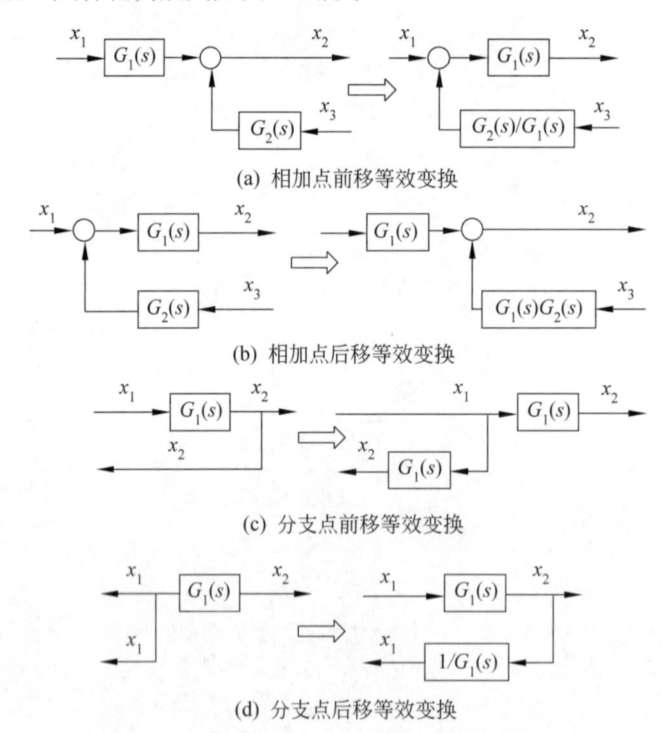

图 8-7　移动相加点或分支点等效变换化简规则

【例 8-11】 求图 8-8 所示系统的传递函数。

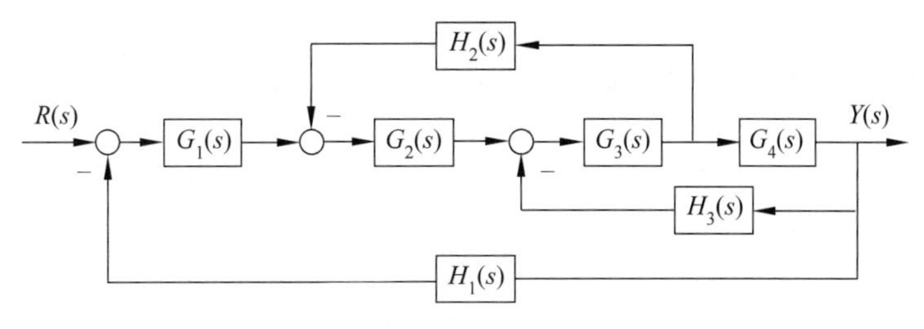

图 8-8　例 8-11 的系统

按照分支点的后移规则，该系统可以化简为如图 8-9 所示的结构。

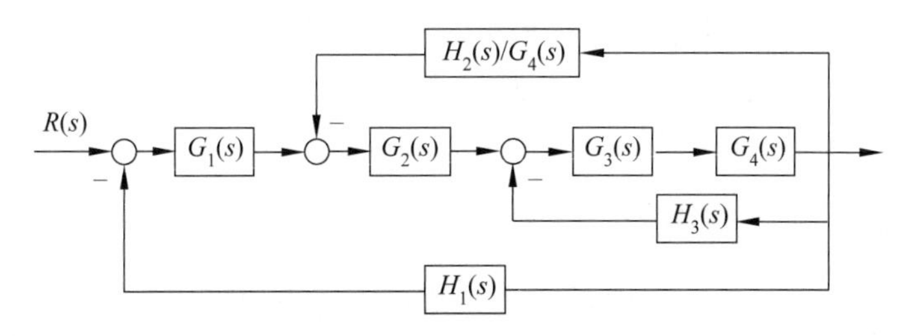

图 8-9　系统化简后的结构

这样可以很方便地得到系统的传递函数：

$$G(s)=\frac{G_1(s)G_2(s)G_3(s)G_4(s)}{1-G_3(s)G_4(s)H_1(s)+G_2(s)G_3(s)H_2(s)+G_1(s)G_2(s)G_3(s)G_4(s)H_1(s)}$$

8.2　控制系统稳定性分析

为了使控制系统达到理想的工作状态，需要对系统的稳定性和各种性能指标进行分析，对不满足要求的系统进行校正，以实现良好的控制效果。

1. 系统稳定性定义

系统稳定性是系统设计与分析的首要条件，控制系统在实际运行中总会受到外界和内部的一些因素的扰动，例如负载和能源的波动、环境条件的改变、系统参数的变化等。若不想使系统受上述变化影响，则系统必须是稳定的，所以系统稳定性是系统能够正常工作的前提。

系统稳定性的定义为：若控制系统在初始条件或扰动影响下，其瞬态响应随着时间的推移而逐渐衰减并趋向于零，则称该系统渐进稳定，简称稳定；反之，若系统的瞬态响应随着时间的推移而发散，则称系统不稳定。

必须指出的是，稳定性是系统的固有特性，它取决于系统本身的结构和参数，而与输入无关。

2. 基于特征根的系统稳定性判定

以连续系统为例，设其闭环传递函数为

$$\Phi(s)=\frac{M(s)}{D(s)}=\frac{b_1s^m+b_2s^{m-1}+\cdots+b_ns+b_{m+1}}{a_1s^n+a_2s^{n-1}+\cdots+a_ns+a_{n+1}}$$

其中，$D(s)=a_1s^n+a_2s^{n-1}+\cdots+a_ns+a_{n+1}$ 为系统特征多项式，$D(s)=a_1s^n+a_2s^{n-1}+\cdots+a_ns+a_{n+1}=0$ 为系统特征方程。

连续系统稳定的充分必要条件是：系统特征方程的根全具有负实部，即全部根都在复平面的左半平面内，或者说系统的闭环传递函数极点位于左半 s 平面内。若闭环传递函数有位于虚轴上的极点，则系统临界稳定；若闭环传递函数有位于复平面的右半平面内的极点，则系统不稳定。

离散系统稳定的充分必要条件是：如果闭环系统的特征方程根或者闭环脉冲传递函数的极点为 $\lambda_1, \lambda_2, \cdots, \lambda_n$，则当所有特征根的模都小于 1，即$|\lambda_i|<1$（$i=1,2,\cdots,n$）时，则该线性离散系统是稳定的；如果$|\lambda_i|=1$，则系统临界稳定；如果$|\lambda_i|>1$，则系统不稳定。

3. 利用特征根判定的相关函数

由系统稳定性判据可知，判定系统稳定与否主要依据系统闭环特征方程根的位置。MATLAB 提供了一些与之相关的函数，其常用函数的用法与功能如表 8-4 所示。

表 8-4　基于特征根的系统稳定性判定函数

函　数	功　能
e=eig(sys)	求系统的特征根
p=pole(sys)	返回单输入单输出或多输入多输出动态系统模型的极点
z=zero(sys)	返回单输入单输出动态系统模型的零点
r=roots(P)	求特征方程的根，P 是系统特征多项式降幂排列的系数向量
[p,z]=pzmap(sys)	求系统的极点和零点
pzmap(sys)	以图形的形式绘制系统特征根在复平面的位置

【例 8-12】 判定下列系统的稳定性。

（1）$G(s)=\dfrac{s^3+2s+6}{s^4+5s^3+4s^2+4s+1}$。

（2）$G(s)=\dfrac{z^3+2.2z^2+0.6z+1}{z^4+1.6z^3+0.8z^2+2z+1}$。

（3）$\begin{cases}\dot{\boldsymbol{x}}=\begin{bmatrix}0&1&0\\0&0&1\\-2&-5&-3\end{bmatrix}\boldsymbol{x}+\begin{bmatrix}1&0\\3&-1\\0&2\end{bmatrix}\boldsymbol{u}\\ \boldsymbol{y}=\begin{bmatrix}1&-1&0\\0&2&1\end{bmatrix}\boldsymbol{x}+\begin{bmatrix}0&1\\0&0\end{bmatrix}\boldsymbol{u}\end{cases}$。

（1）判定过程如下：

```
>> g=tf([1 0 2 6],[1 5 4 4 1])
g =
          s^3 + 2 s + 6
  -----------------------------
  s^4 + 5 s^3 + 4 s^2 + 4 s + 1
```

```
Continuous-time transfer function.
>> e=eig(g)                                  %获取矩阵特征根
e =
  -4.2697 + 0.0000i
  -0.2093 + 0.8413i
  -0.2093 - 0.8413i
  -0.3116 + 0.0000i
>> p=pole(g)                                 %获取系统极点
p =
  -4.2697 + 0.0000i
  -0.2093 + 0.8413i
  -0.2093 - 0.8413i
  -0.3116 + 0.0000i
>> z=zero(g)                                 %获取系统零点
z =
   0.7281 + 1.8948i
   0.7281 - 1.8948i
  -1.4562 + 0.0000i
>> r=roots([1 5 4 4 1])                      %求特征方程的根
r =
  -4.2697 + 0.0000i
  -0.2093 + 0.8413i
  -0.2093 - 0.8413i
  -0.3116 + 0.0000i
>> [p1,z1]=pzmap(g)                          %获取系统零极点
p1 =
  -4.2697 + 0.0000i
  -0.2093 + 0.8413i
  -0.2093 - 0.8413i
  -0.3116 + 0.0000i
z1 =
   0.7281 + 1.8948i
   0.7281 - 1.8948i
  -1.4562 + 0.0000i
>>pzmap(g)                                   %绘制系统零极点分布图
```

运行结果如图 8-10 所示。从函数调用和绘图的结果都可以清楚地看出，虽然系统有两个零点位于 s 右半平面，但系统的 4 个极点都位于 s 左半平面，系统是稳定的。几种函数调用的结果都是相同的，可以根据需要在使用时自行选择。

（2）判定过程如下：

```
>> g=tf([1 2.2 0.6 1],[1 1.6 0.8 2 1],0.1)      %获取系统离散传递函数
g =
      z^3 + 2.2 z^2 + 0.6 z + 1
  --------------------------------
  z^4 + 1.6 z^3 + 0.8 z^2 + 2 z + 1
Sample time: 0.1 seconds
Discrete-time transfer function.
>> [p,z]=pzmap(g)                               %获取系统零极点
```

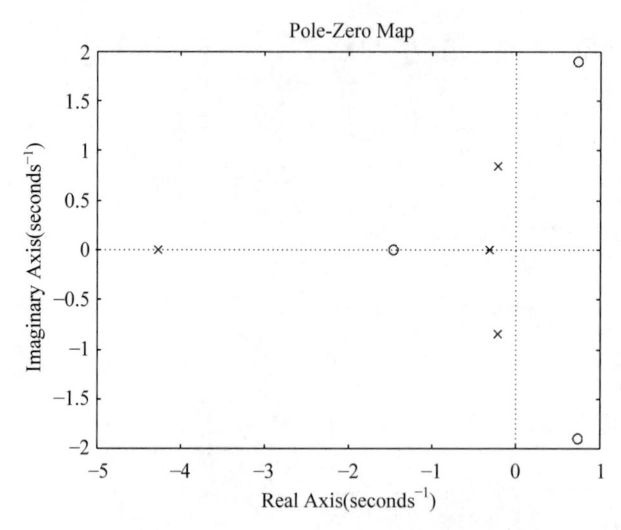

图 8-10　例 8-12（1）的运行结果

```
p =
  -1.6309 + 0.0000i
   0.2819 + 1.0350i
   0.2819 - 1.0350i
  -0.5328 + 0.0000i
z =
  -2.1381 + 0.0000i
  -0.0309 + 0.6832i
  -0.0309 - 0.6832i
>>pzmap(g)                                          %绘制系统零极点分布图
```

运行结果如图 8-11 所示。从函数调用和绘图的结果都可以看出，系统有 3 个极点在单位圆外，所以系统不稳定。

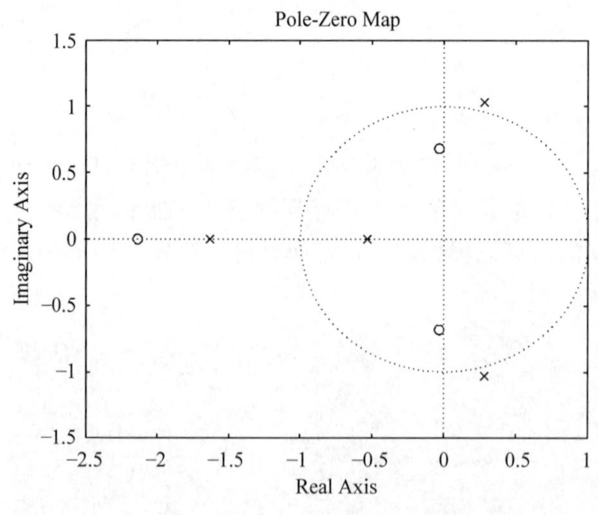

图 8-11　例 8-12（2）的运行结果

（3）判定过程如下：

```
>> A=[0 1 0;0 0 1;-2 -5 -3];
>> B=[1 0;3 -1;0 2];
>> C=[1 -1 0;0 2 1];
>> D=[0 1;0 0];
>> G=ss(A,B,C,D);
>> [p,z]=pzmap(G)
p =
  -0.5466 + 0.0000i
  -1.2267 + 1.4677i
  -1.2267 - 1.4677i
z =
   -2.5430
1.3763
```

从运行结果可以看出，系统的极点都在 s 左半平面，所以系统稳定。

【例 8-13】 控制系统的结构如图 8-12 所示，为使系统稳定，确定参数 M 的取值范围。

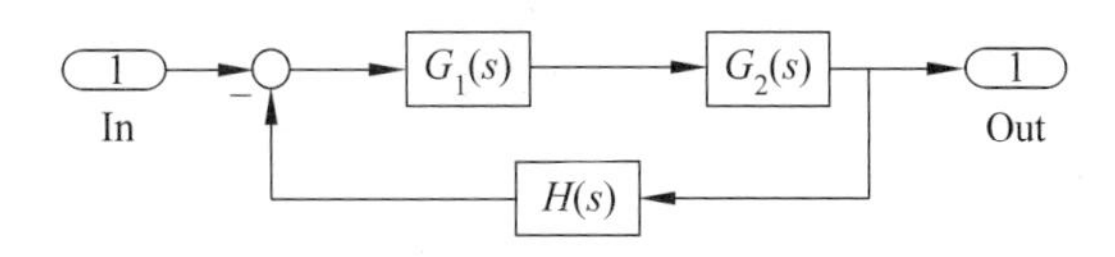

图 8-12　例 8-13 系统结构

其中，$G_1(s)=\dfrac{s+1}{3s+2}$，$G_2(s)=\dfrac{M}{s^3+2s^2+6s+3}$，$H(s)=\dfrac{s}{s+2}$。

由已知条件可知，闭环系统的特征方程为

$$1+G_1(s)G_2(s)H(s)=1+\frac{Ms(s+1)}{(3s+2)(s^3+2s^2+6s+3)(s+2)}=0$$

整理可得 $3s^5+14s^4+38s^3+(65+M)s^2+(48+M)s+12=0$。

当系统的特征方程的根均为负实根或实部为负的共轭复根时，系统稳定。本例可以利用循环语句，假定 M 的取值，然后计算特征方程的根，判断其是否满足稳定条件，以此确定 M 的范围。代码如下：

```
M=1:0.01:100;
for i=1:10000
    p=[3 14 38 65+M(i) 48+M(i) 12];
    r=roots(p);
    if max(real(r))>=0
          break;
    end
end
sprintf('系统临界稳定时 M 的值为：M=%0.4f',M(i))
```

运行结果为

```
ans =
    '系统临界稳定时 M 的值为：M=56.8600'
```

8.3 控制系统时域分析与应用举例

所谓时域分析就是通过求解控制系统的时间响应分析系统的稳定性、快速性和准确性。它是一种直接在时间域中对系统进行分析的方法，具有直观、准确、物理概念清楚的特点。

1. 典型输入信号

控制系统的稳态误差因输入信号不同而不同，因此可以通过评价这些典型输入信号作用下的稳态误差衡量和比较系统的稳态性能。控制系统典型输入信号如表 8-5 所示。

表 8-5 控制系统典型输入信号

名　称	复域表达式
单位阶跃函数	$R(s)=1/s$
单位斜坡函数	$R(s)=1/s^2$
单位加速度函数	$R(s)=1/s^3$
单位脉冲函数	1
正弦函数	$\dfrac{A\omega}{s^2+\omega^2}$

2. 动态性能指标

系统时间响应过程可以分为动态过程和稳态过程。动态过程又称为过渡过程或瞬态过程，指系统在输入信号作用下，输出量从初始状态到稳定状态之前随时间变化的过程。稳态过程指系统在输入信号作用下，当时间 t 趋于无穷大时，系统输出量达到稳定状态。二阶系统瞬态性能指标如图 8-13 所示，其主要用于表征系统的输出量能够最终跟踪输入量的程度。

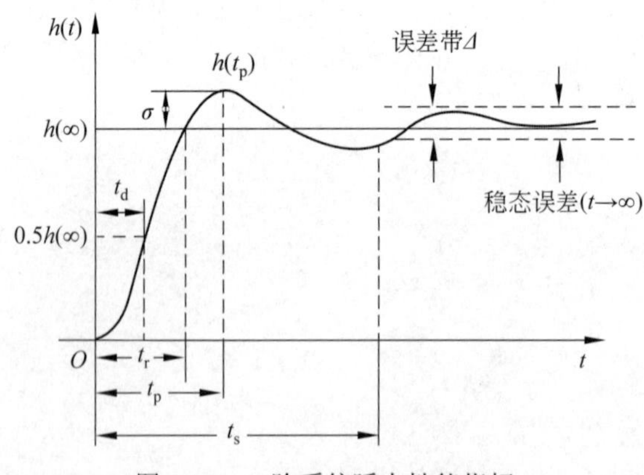

图 8-13 二阶系统瞬态性能指标

- 上升时间 t_r：响应从稳态值的 10%上升到稳态值的 90%所需的时间，对有振荡的系统也可以定义为响应从零第一次上升到稳态值所需的时间。上升时间是系统响应的一种度量，上升时间越短，响应速度越快。
- 峰值时间 t_p：响应从稳态值到达第一个峰值所需的时间。

- 调节时间 t_s：响应达到并保持在稳态值小范围内所需的时间。
- 延迟时间 t_d：响应曲线第一次达到其稳态值一半所需的时间。
- 超调量 σ：响应的最大偏离量与稳态值之差的百分比。

$$\sigma = \frac{h(t_p) - h(\infty)}{h(\infty)} \times 100\%$$

一般情况下，用延时时间、上升时间和峰值时间评价系统的初始快速性，用调节时间体现系统响应的总体快速性，用超调量描述系统响应的平稳性或系统的阻尼程度。

3. 稳态性能指标

一般来说，系统的稳定性表现为其时域响应的收敛性。如果系统的零输入响应和零状态响应都是收敛的，则此系统就被认为是总体稳定的。

如果一个线性控制系统是稳定的，那么从任何初始条件开始，经过一段时间就可以认为它的过渡过程已经结束，进入与初始条件无关而仅由外作用决定的状态。稳态控制系统在稳态下的精度是它的一个重要的技术指标，通常用稳态下输出量的理想值与实际值之差衡量。如果这个差是常数，则称为稳态误差。

系统稳态误差定义为系统在稳定状态下其实际输出值（在实际工作中常用系统输出的测量值代替）与给定值之差。对稳定的单输入单输出系统，稳态误差是时域中衡量系统稳态响应的性能指标，它反映了系统的稳态精度，因此稳态误差分析是控制系统分析的一项基本内容。

由于不稳定系统不能实现稳态，也就谈不上稳态误差。因此，这里讨论的稳态误差都是指稳定的系统。

控制系统时域分析常用函数如表 8-6 所示。

表 8-6　控制系统时域分析常用函数

函　　数	功　　能
step(G)或 step(num,den)	绘制系统阶跃响应曲线，可以对系统模型直接求取，也可以用分子、分母多项式表示。
step(G,t)	绘制系统阶跃响应曲线，并由用户指定时间范围。如果 t 是标量，则表示终止时间；如果 t 是向量，则表示步距和起止时间。
[y,t]=step(G,t)或 y=step(G,t)	返回系统阶跃响应曲线的数值
impulse(G)或 impulse(G,t) [y,t]=impulse(G)或[y,t]=impulse(G,t)	求系统单位脉冲响应，用法与 step 基本相同
lsim(G,u,t) [y,t]=lsim(G,u,t)	求系统对任意输入 u 的输出响应
dcgain(G)	求系统稳态值

【例 8-14】 求下列系统的单位阶跃响应。

（1）$G(s)=\dfrac{s+3}{s^2+2s+7}$。

（2）$G(s)=\dfrac{z^3+2.2z^2+0.6z+1}{z^4+1.6z^3+0.8z^2+2z+1}$。

（3）$\begin{cases} \dot{\boldsymbol{x}} = \begin{bmatrix} 0 & 1 & 0 \\ 0 & 0 & 1 \\ -2 & -5 & -3 \end{bmatrix} \boldsymbol{x} + \begin{bmatrix} 1 & 0 \\ 3 & -1 \\ 0 & 2 \end{bmatrix} \boldsymbol{u} \\ \boldsymbol{y} = \begin{bmatrix} 1 & -1 & 0 \\ 0 & 2 & 1 \end{bmatrix} \boldsymbol{x} + \begin{bmatrix} 0 & 1 \\ 0 & 0 \end{bmatrix} \boldsymbol{u} \end{cases}$。

（1）操作如下：

```
>> g=tf([1 3],[1 2 7])
g =
      s + 3
  ---------------
   s^2 + 2 s + 7
Continuous-time transfer function.
>>step(g)
>> [y,t]=step(g);
>>plot(t,y)
>>xlabel('Time(secconds)'),ylabel('Amplitude')
>>grid on
```

从图 8-14 可以看出，两种方法绘制的曲线一致，但是 step 函数可以得到具体的参数值。右击绘图窗口的空白区域，在弹出的快捷菜单中选择 Characteristics，选择 Peak Response、Setting Time、Rise Time 和 Steady State，则在响应曲线上可以得到对应的峰值点（包括超调量）、调节时间、上升时间和稳态值的信息，如图 8-15 所示。

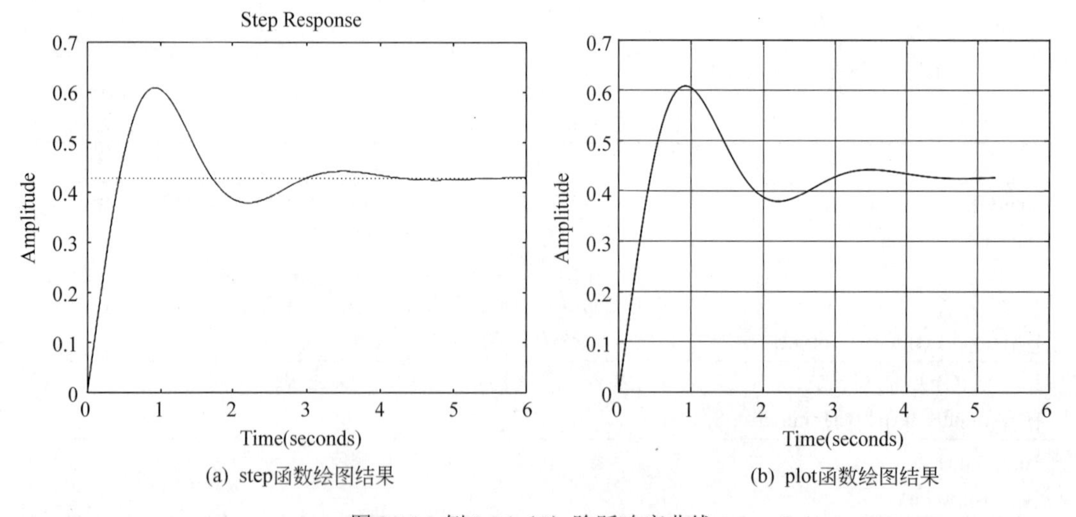

(a) step函数绘图结果　　(b) plot函数绘图结果

图 8-14　例 8-14（1）阶跃响应曲线

还可以通过编写函数求取具体的动态性能指标，程序如下：

```
[y,t]=step(g);
C=dcgain(g);
[maxy,k]=max(y);
chaotiao=100*(maxy-C)/C
fengzhiT=t(k)
```

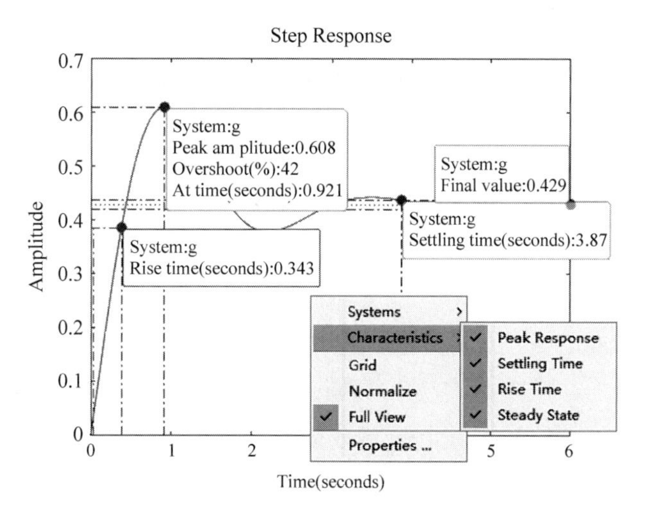

图 8-15 阶跃响应指标点信息

```
r1=1;
while(y(r1)<0.1*C)
   r1=r1+1;
end
r2=1;
while(y(r2)<0.9*C)
    r2=r2+1;
end
shangshengT=t(r2)-t(r1)
s=length(t);
while(y(s)>0.98*C&&y(s)<1.02*C)
    s=s-1;
end
tiaojieT=t(s)
```

运行结果：

```
chaotiao = 41.9736
fengzhiT = 0.9210
shangshengT = 0.3684
tiaojieT = 3.8683
```

（2）操作如下：

```
>> g=tf([1 2.2 0.6 1],[1 1.6 0.8 2 1],0.1)
g =
       z^3 + 2.2 z^2 + 0.6 z + 1
   ---------------------------------
   z^4 + 1.6 z^3 + 0.8 z^2 + 2 z + 1
Sample time: 0.1 seconds
Discrete-time transfer function.
>> step(g)
```

（3）操作如下：

```
>> A=[0 1 0;0 0 1;-2 -5 -3];
>> B=[1 0;3 -1;0 2];
>> C=[1 -1 0;0 2 1];
>> D=[0 1;0 0];
>> g=ss(A,B,C,D);
>> step(g)
```

从图 8-16 可以看到，例 8-14（2）的系统阶跃响应结果发散，系统不稳定；例 8-14（3）为多输入多输出系统状态方程形式的阶跃响应结果，对于不同输入，系统输出均稳定到某个具体值，这与例 8-12 系统稳定性的判断结果是一致的。

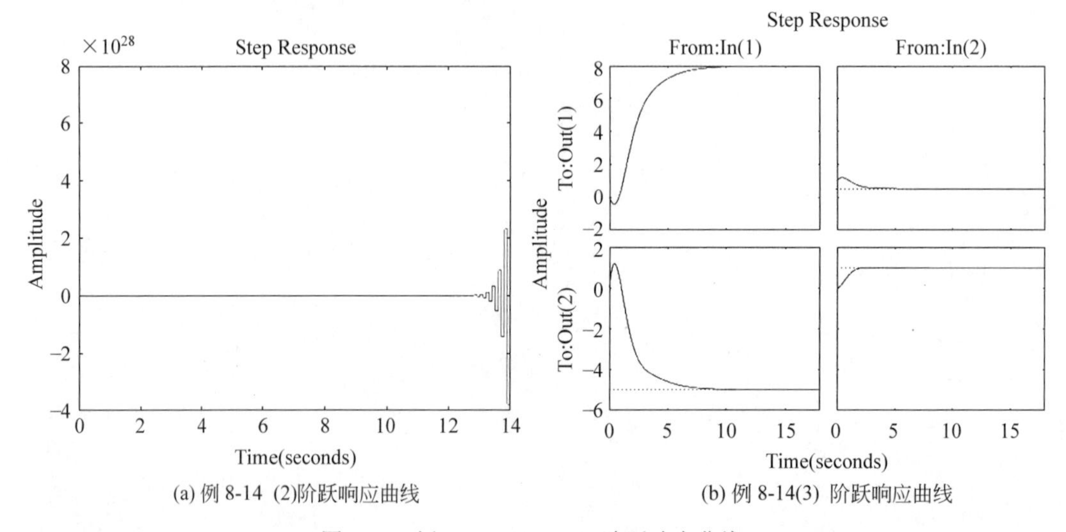

(a) 例 8-14 (2)阶跃响应曲线　　(b) 例 8-14(3) 阶跃响应曲线

图 8-16　例 8-14（2）、（3）阶跃响应曲线

【例 8-15】 求取例 8-13 中 M=42 时系统脉冲响应曲线和输入信号为 $u=\sin t+t+2$ 时系统的响应曲线。

```
>> g1=tf([1 1],[3 2]);
>> g2=tf(42,[1 2 6 3]);
>> h=tf([1 0],[1 2]);
>> g0=feedback(g1*g2,h)                    %求取系统闭环传递函数
g0 =
              42 s^2 + 126 s + 84
  -------------------------------------------
  3 s^5 + 14 s^4 + 38 s^3 + 107 s^2 + 90 s + 12
Continuous-time transfer function.
>> impulse(g0)
>> t=0:0.01:10;
>> u=sin(t)+t+2;
>> lsim(g0,u,t)
```

从图 8-17 可以看出，系统在不同输入条件下，不仅输出的响应曲线不同，系统的稳定性也不同。单位脉冲输入时，系统是稳定的；当输入为 sin t+t+2 时，系统不稳定。

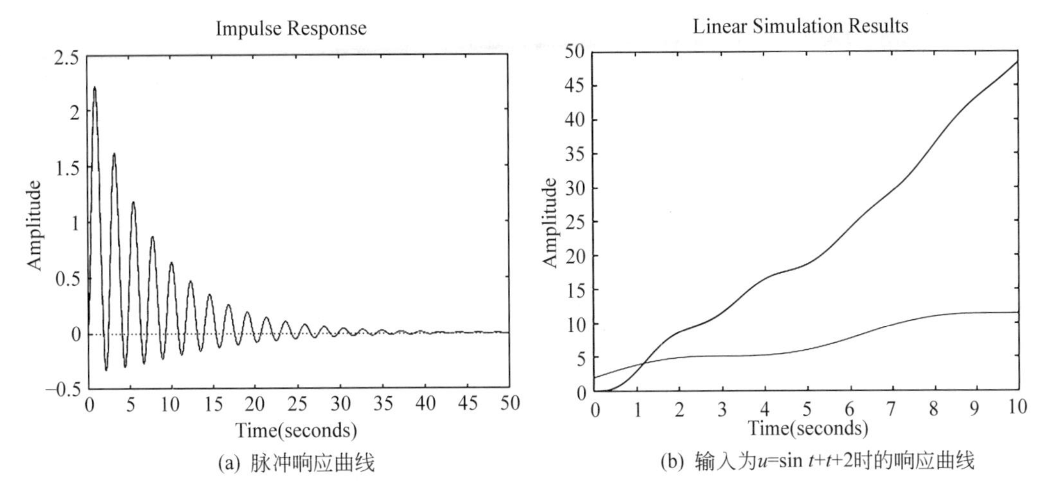

(a) 脉冲响应曲线　　(b) 输入为u=sin t+t+2时的响应曲线

图 8-17　例 8-15 的输出结果

【例 8-16】 已知单位负反馈系统的开环传递函数为

$$G(s)=\frac{s+5}{s^3+3s^2+2s}$$

求输入量分别为单位阶跃函数、2t、t^2时系统的稳态误差。

（1）直接计算。

由题可知，此系统为 I 型系统，位置误差系数 $k_\mathrm{p}=\lim\limits_{s\to 0}G(s)=\infty$，稳态误差为 $A/(1+k_\mathrm{p})=1/(1+\infty)=0$，所以该系统在单位阶跃条件下稳态误差为 0。

速度误差系数 $k_\mathrm{v}=\lim\limits_{s\to 0}G(s)=2.5$，则稳态误差为 $B/k_\mathrm{v}=2/2.5=0.8$。

加速度误差系数 $k_\mathrm{a}=\lim\limits_{s\to 0}s^2G(s)=0$，则稳态误差为 $C/k_\mathrm{a}=2/0=\infty$。

（2）编程计算。

```
>>numk=[1 5];
>>denk=[1 3 2 0];
>>gk=tf(numk,denk)
gk =
         s + 5
   -----------------
   s^3 + 3 s^2 + 2 s
Continuous-time transfer function.
>> g0=feedback(gk,1)
g0 =
           s + 5
   ----------------------
   s^3 + 3 s^2 + 3 s + 5
Continuous-time transfer function.
>>step(g0)
>>ess=1-dcgain(g0)
ess =
     0
>>kp=dcgain(numk,denk)           %求取静态位置误差系数
kp =
```

```
    Inf
>>kv=dcgain([numk 0],denk)        %求取静态速度误差系数
kv =
   2.5000
>>ka=dcgain([numk 0 0],denk)    %求取静态加速度误差系数
ka =
    0
```

从计算结果和阶跃响应曲线（如图 8-18 所示）可以看出，两种方法得到的结果是一致的，采用编程计算的方法更方便。对于 I 型系统，其阶跃输入下稳态误差为 0，斜坡输入下稳态误差为 0.8，抛物线输入下稳态误差为无穷大。

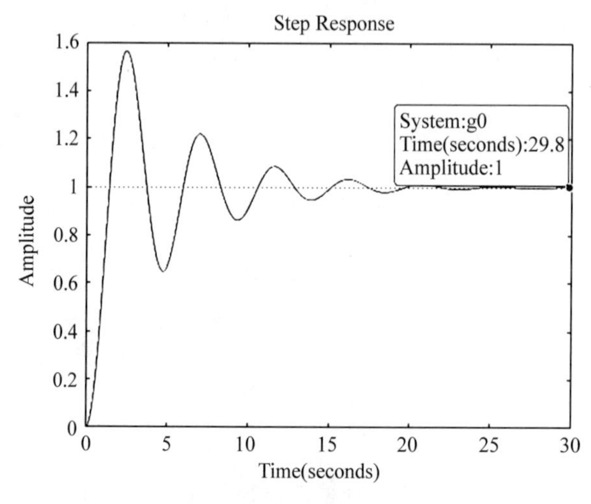

图 8-18　例 8-16 的阶跃响应曲线

8.4　控制系统根轨迹分析与应用举例

通过 8.3 节的分析可以发现，系统的稳定性是由闭环极点决定的，闭环极点在很大程度上影响着系统的动态性能，因此闭环极点的分析是很重要的。而分析系统参数变化对闭环极点分布的影响的方法就是根轨迹法。

对于如图 8-19 所示的典型闭环控制系统，其开环传递函数为

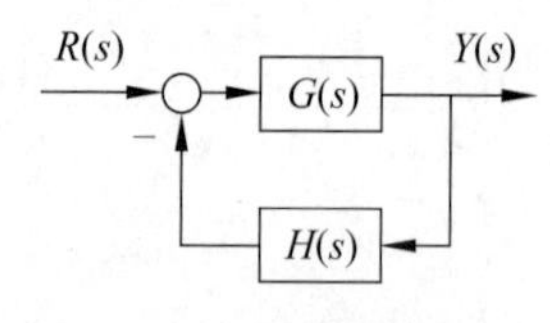

图 8-19　典型闭环控制系统

$$G(s)H(s)=K\frac{\prod_{j=1}^{m}(s-z_j)}{\prod_{i=1}^{n}(s-p_i)}$$

其中，K 为系统开环增益，z_j、p_i 为开环零极点。

根轨迹是指当开环系统某一参数从零变到无穷大时闭环系统特征根（闭环极点）在复平面上移动的轨迹，通常情况下根轨迹是指增益 K 由零到正无穷大下的根的轨迹。

表 8-7 给出了常用的根轨迹绘制函数。

表 8-7　常用的根轨迹绘制函数

函　　数	功　　能
rlocus(G) rlocus(G,k) [r,k]=rlocus(G) r=rlocus(G,k)	绘制指定系统的根轨迹。 绘制指定系统的根轨迹，k 为给定增益向量。 返回根轨迹参数，r 为复根矩阵。 返回指定增益 k 的根轨迹参数
[k,poles]=rlocfind(G) [k,poles]=rlocfind(G,p)	交互式地选取根轨迹增益。产生一个十字光标，用此光标在根轨迹上单击一个极点，同时给出该增益所有极点值。 返回 p 所对应根轨迹增益 k 及 k 所对应的全部极点值
sgrid sgrid(z,wn)	在零极点图或根轨迹图上绘制等阻尼线和等自然振荡角频率线。默认阻尼线间隔为 0.1，范围为 0~1；自然振荡角频率间隔 1rad/s，范围为 0~10。 按照用户指定阻尼系数值和自然振荡角频率值，在零极点图或根轨迹图上绘制等阻尼线和等自然振荡角频率线

8.4.1　一般根轨迹

【例 8-17】 单位负反馈系统的开环传递函数为 $G(s)=\dfrac{K}{s(s+1)(0.5s+1)}$，绘制系统的根轨迹，并根据根轨迹判定系统稳定性。

```
>>den=conv([1 1 0],[0.5 1]);
>> g=tf(1,den);
>>rlocus(g)
```

图 8-20 绘制了开环增益 $K\in[0,\infty]$时系统的根轨迹。从中可以看出，系统有 3 条根轨迹，且当 K 值增大到一定程度时，系统将不稳定。

为了获取临界稳定时的 K 值，可以单击曲线，将弹出该点的信息属性，如图 8-21 所示，可以得到近似的 K 值。也可以用十字光标法获取近似的 K 值。

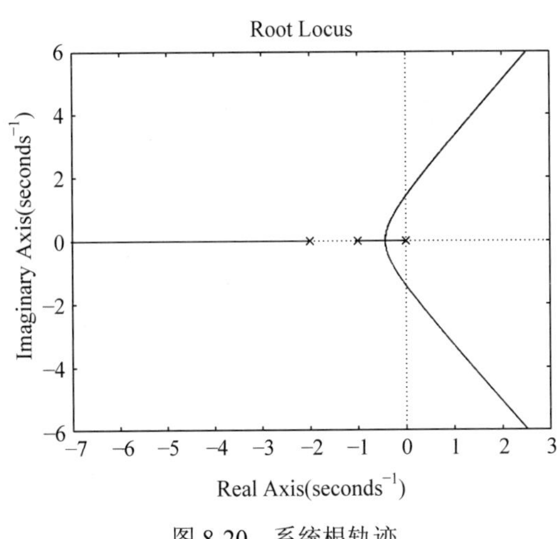

图 8-20　系统根轨迹

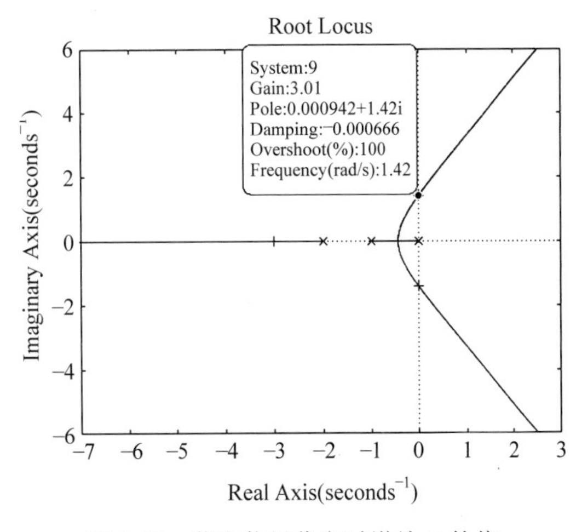

图 8-21　获取临界稳定时增益 K 的值

```
>> [k,poles]=rlocfind(g)
```

```
Select a point in the graphics window
selected_point =
    0.0024 + 1.4118i
k =
     2.9944
poles =
  -2.9990 + 0.0000i
  -0.0005 + 1.4131i
  -0.0005 - 1.4131i
```

从根轨迹图形可以看出，系统临界稳定时 K 值为 3 左右。为了得到准确的系统临界值，可以采用如下程序段：

```
>>k=2.99:0.00005:3.02;
>>for i=1:601;
r=rlocus(g,k(i));
     if max(real(r)>=0)
          return
     end
  end
k(i)
```

运行结果：

```
ans =
     3
```

由此可以判断当 $0<K<3$ 时系统是稳定的。

可以通过单位阶跃响应对系统稳定性进行验证，结果如图 8-22 所示。

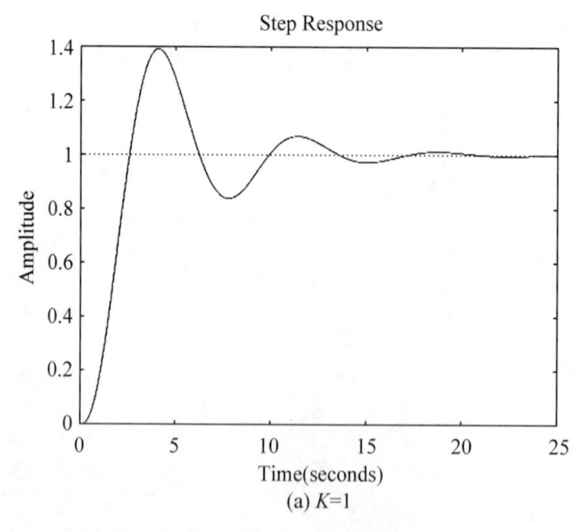

(a) K=1

图 8-22　K 取不同值时系统阶跃响应曲线

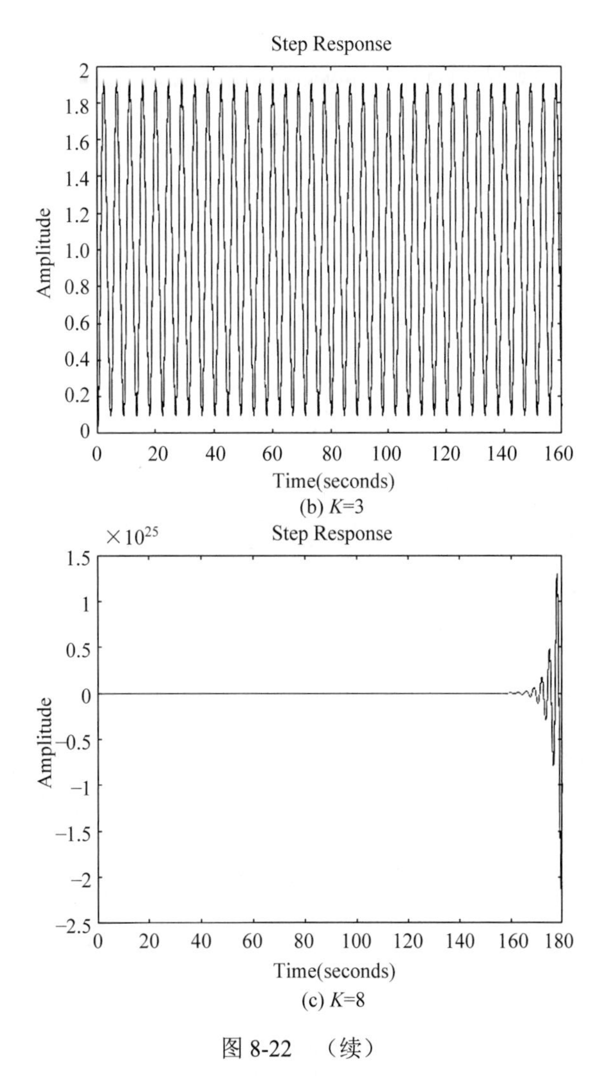

(b) K=3

(c) K=8

图 8-22 （续）

```
>> k=[1,3,8];
>>for i=1:3
g0=feedback(k(i)*g,1);
figure;step(g0)
end
```

8.4.2 广义根轨迹

以根轨迹放大系数为参数的根轨迹称为系统的参数根轨迹，或称为广义根轨迹。用参数根轨迹也可以分析系统中的各参数对于系统性能的影响。

【例 8-18】 单位负反馈系统的开环传递函数为 $G(s)=\dfrac{(s+a)}{s(s+2)(s+4)}$，当 a 从 0 到∞时，绘制系统的根轨迹，观察 $\xi=0.707$ 时 a 的值，并求系统欠阻尼时 a 的取值范围。

系统特征根方程为

$$1+G(s)=1+\frac{(s+a)}{s(s+2)(s+4)}=0$$

整理可得

$$s^3+6s^2+9s+a=0$$

即

$$1+\frac{a}{s^3+6s^2+9s}=0$$

系统等效的开环传递函数为

$$G(s)=\frac{a}{s^3+6s^2+9s}$$

```
>> g=tf(1,[1 6 9 0]);
>>rlocus(g)
>>sgrid(0.707,[])
>> [k,poles]=rlocfind(g)
Select a point in the graphics window
selected_point =
  -0.8614 + 0.8251i
k =
    6.2678
poles =
  -4.2189 + 0.0000i
  -0.8906 + 0.8322i
  -0.8906 - 0.8322i
```

由图 8-23 可以得到当 $\xi=0.707$ 时 a 的值。当系统欠阻尼时 ξ 在[0，1]区间，系统的闭环极点有共轭的复根，则 a 的取值范围为 4~60。

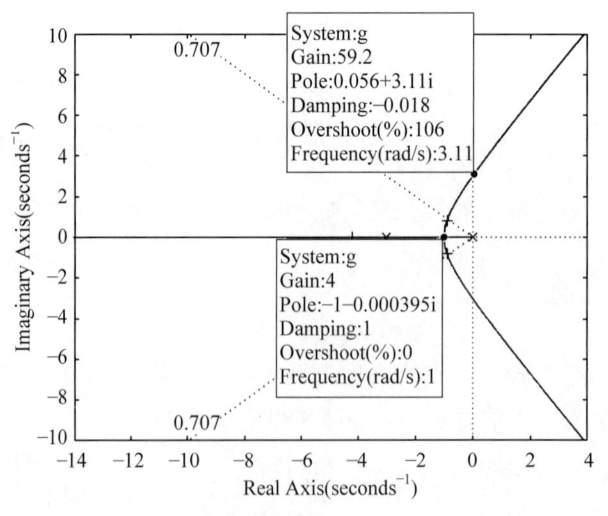

图 8-23　系统欠阻尼时 a 的取值范围

8.4.3 增加零极点对系统根轨迹的影响

【例 8-19】（1）单位负反馈系统的开环传递函数为 $G_1(s)=\dfrac{K}{s(s+2)(s+4)}$，增加零点，观察其根轨迹的变化。

（2）单位负反馈系统的开环传递函数为 $G_2(s)=\dfrac{K}{s(s+2)}$，增加偶极子对 $\dfrac{s+1}{s+3}$，观察其根轨迹的变化，分析系统性能指标变化。

```
>>num=1;
>>den=[1 6 8 0];
>>rlocus(tf(num,den))
>>figure
>> num1=[1 3];
>> den1=[1 6 8 0];
>>rlocus(tf(num1,den1))
```

由图 8-24 可以看出，增加零点后，系统根轨迹向左弯曲，系统更加稳定。在控制系统中引入比例微分环节（串联超前校正环节）就是这个道理。同理，如果系统增加极点，系统根轨迹将向右弯曲，系统稳定性会下降。

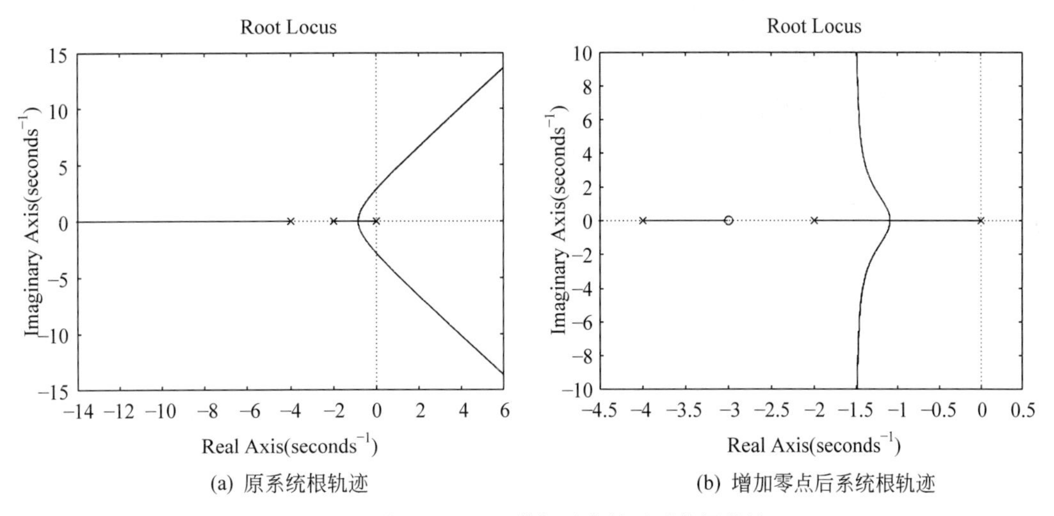

(a) 原系统根轨迹　　(b) 增加零点后系统根轨迹

图 8-24　例 8-19（1）增加零点前后系统根轨迹

```
>>num=1;
>>den=[1 2 0];
>> g1=tf(num,den)
>>rlocus(g1)
>>sgrid(0.5,[])
>>figure
>> num1=[1 1];
>> den1=conv([1 2 0],[1 3]);
>> g2=tf(num1,den1)
>>rlocus(g2)
```

```
>>sgrid(0.5,[])
```

由图 8-25 可以看出，增加偶极子对对系统稳定性不产生影响。当阻尼线选择为 0.5 时，系统对应的增益分别为 4 和 14.8。

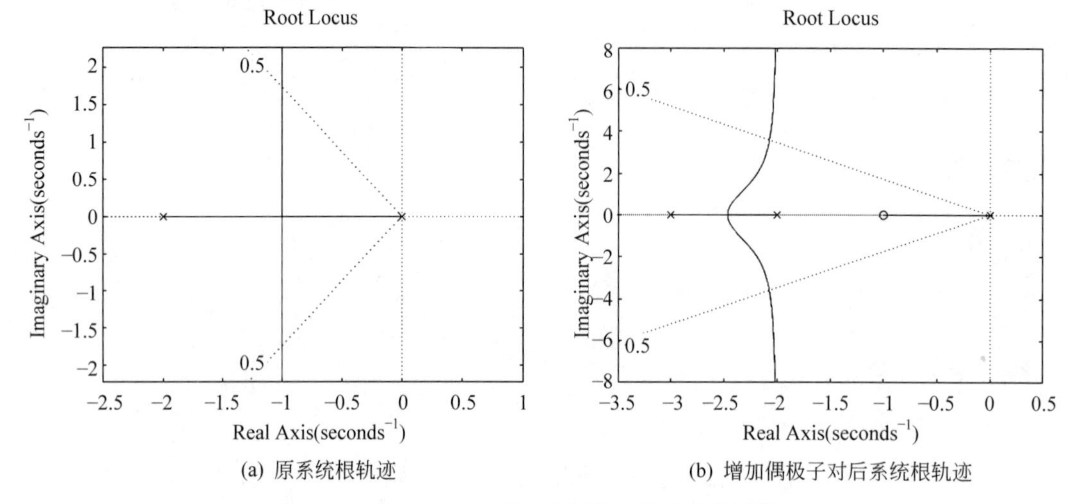

(a) 原系统根轨迹　　(b) 增加偶极子对后系统根轨迹

图 8-25　例 8-19（2）增加偶极子对前后系统根轨迹

为了进一步分析系统性能，可以分析阶跃响应曲线。

```
>>step(feedback(4*g1,1))
>>step(feedback(14.8*g2,1))
>> kv1=dcgain([4*num 0],den)
kv1 =
    2
>> kv2=dcgain([14.8*num 0],den)
kv2 =
   7.4000
```

从图 8-26 可以看出，系统在增加偶极子对后稳态误差依然为零，超调量降低，上升时间和稳态时间都有所降低，同时静态速度系数有所提高，系统的响应速度更快了。

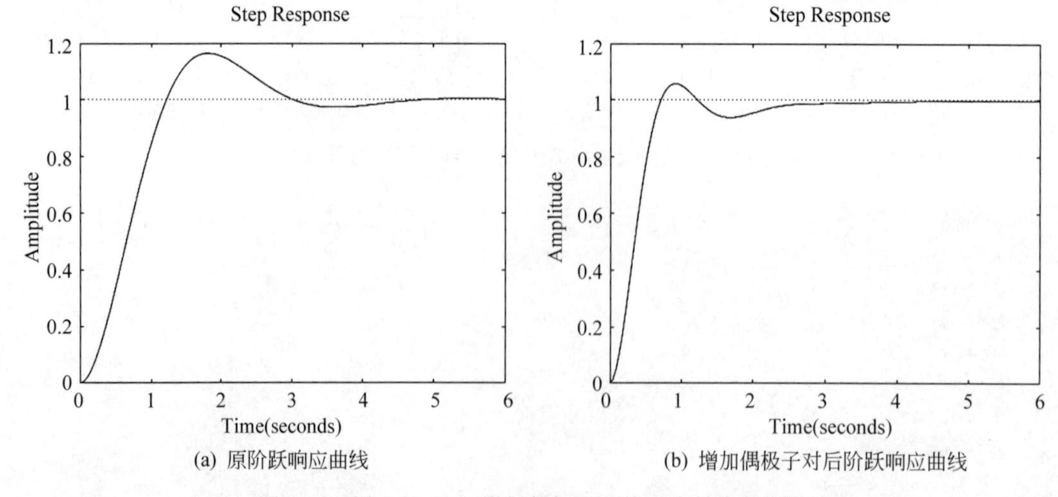

(a) 原阶跃响应曲线　　(b) 增加偶极子对后阶跃响应曲线

图 8-26　例 8-19（2）增加偶极子对前后阶跃响应曲线

8.4.4　基于根轨迹法的系统校正

如果控制系统的单位阶跃响应的超调量、阻尼系数、稳态误差等不满足控制要求，则需要对系统进行校正，一般可以采用根轨迹法设计串联校正装置。其基本思路是：根据要求设计主导极点，通过校正装置使根轨迹通过主导极点。

（1）超前校正。如果期望的主导极点位于未校正系统根轨迹的左边，可以使用超前校正。超前校正装置的零点离虚轴近，起到主导作用，使系统根轨迹左移；极点离虚轴远，以避免影响性能。

（2）滞后校正。当系统已经有比较满意的暂态性能，需要提高稳态性能的时候，选用滞后校正。滞后校正实质为增加一对开环偶极子，在基本不改变根轨迹位置的情况下增大开环增益，改善稳态性能。

【例 8-20】 单位负反馈系统的开环传递函数为 $G(s)=\dfrac{K}{s(s+3)}$。设计串联校正装置，使得超调量 $\sigma\leqslant 16\%$，调节时间 $t_s\leqslant 2s$（$\varDelta=0.02$）。

（1）由性能指标求理想主导极点 s_d。

根据系统要求，$\sigma=\mathrm{e}^{-\pi\xi/\sqrt{1-\xi^2}}\times 100\%=16\%$，$t_s=\dfrac{4}{\xi\omega_n}$，可以得到系统的 ξ 和 ω_n。

```
>>kesa=0:0.001:0.99;
>>deta=exp(-kesa*pi./sqrt(1-kesa.^2))*100;
>> k=spline(deta,kesa,16)
k =
0.5039
>> w=4/2/k
w =
   3.9693
```

经计算可得，系统若要满足指标要求，需要取 ξ=0.5 和 ω_n=4，则系统的主导极点 $s_d=-\xi\omega_n\pm j\omega_n\sqrt{1-\xi^2}=-2\pm 2\sqrt{3}j$。

（2）在期望的闭环极点左下方增加一个相位超前的零点，取 z=2.2。

确定矫正网络极点的位置，使期望的主导极点位于校正后的根轨迹上，利用校正网络极点的相角使得系统在期望主导极点上满足根轨迹的相角条件。

```
>>angs=angle(-2+2*sqrt(3)*j-2.2)*180/pi-angle(-2+2*sqrt(3)*j-0)*180/pi-
angle(-2+2*sqrt(3)*j-2)*180/pi-angle(-2+2*sqrt(3)*j-x)*180/pi;
>> p=spline(angs,x,-180)
p =   -3.8904
```

因此校正网络的传递函数为 $G_c(s)=\dfrac{s+2.2}{s+3.89}$。

（3）绘制校正后的系统根轨迹。

```
>>num=[1 2.2];
>>den=conv([1 2 0],[1 3.89]);
>> g=tf(num,den);
```

```
>>rlocus(g)
>>sgrid(0.504,[])
```

校正后系统的根轨迹结果如图 8-27 所示，从中可以得到系统增益 K=13。

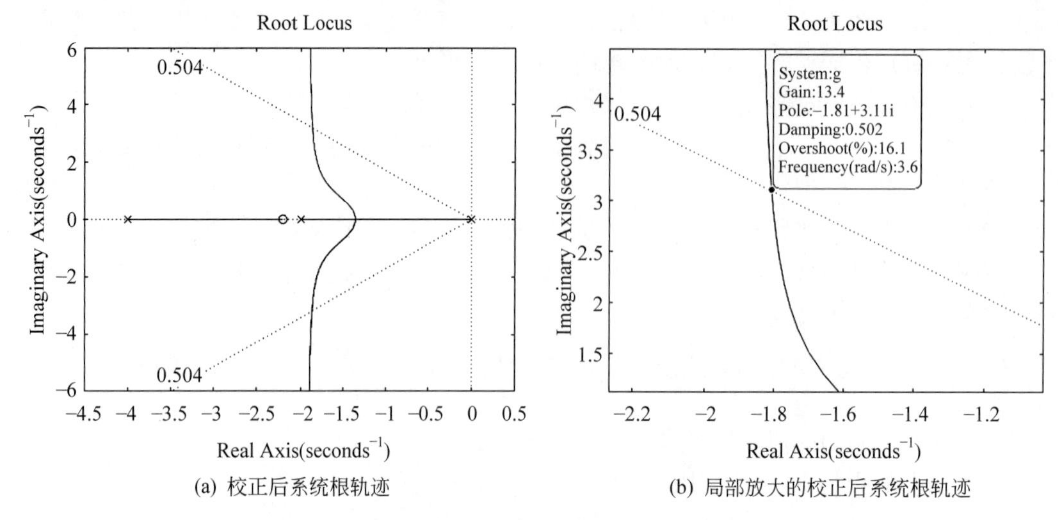

(a) 校正后系统根轨迹　　(b) 局部放大的校正后系统根轨迹

图 8-27　例 8-20 校正后系统根轨迹及其局部放大

（4）进一步求取系统单位阶跃响应曲线，检验系统校正效果。

```
>>step(feedback(13*g,1))
```

从图 8-28（a）可以看出，校正后系统的超调量为 16.8%，调节时间为 2.26s，略高于要求。对系统增益进行微调，令 K=11.5，得到如图 8-28（b）所示的阶跃响应曲线，此时超调量为 14.5%，调节时间为 1.75s，满足要求，设计完成。

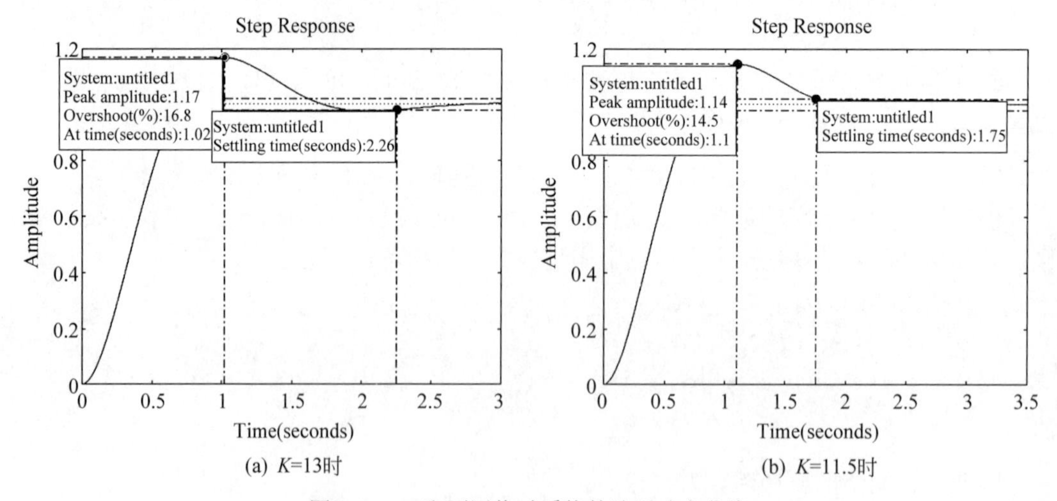

(a) K=13时　　(b) K=11.5时

图 8-28　K 取不同值时系统的阶跃响应曲线

8.5 控制系统频域分析与应用举例

频率特性法是经典控制理论中对系统进行分析与综合的又一个重要方法，与时域分析法和根轨迹法不同，频率特性法不是根据系统的闭环极点和零点分析系统的时域性能指标，而是根据系统对正弦信号的稳态响应，即系统的频率特性分析系统的频域性能指标。因此，从某种意义上讲，频率特性法与时域分析法和根轨迹有着本质的不同。

频率特性虽然是系统对正弦信号的稳态响应，但它不仅能反映系统的稳态性能，而且可以用来研究系统的稳定性和动态性能。

频率特性是指线性定常系统正弦输入信号 $X\sin\omega t$ 输出的稳态分量 $y(t)$ 与正弦输入信号的复数比。若系统稳定，则有

$$y(t) = Y\sin[\omega t+\varphi(\omega)]$$

其中，$\frac{Y}{X} = A(\omega) = |\boldsymbol{G}(\mathrm{j}\omega)|$ 为系统的幅频特性，它反映系统在不同频率的正弦信号作用下输出稳态值与输入信号幅值的比，即系统的放大（或衰减）特性；$\varphi(\omega) = \angle \boldsymbol{G}(\mathrm{j}\omega)$ 为系统的相频特性，它反映系统在不同频率的正弦信号作用下输出信号相对输入信号的相移。

8.5.1 系统频域特性与稳定性分析

1. 频率特性及表示

频率特性可以用 3 种图表示：

- 对数坐标图。又称伯德（Bode）曲线或伯德图，它由两幅图组成：一幅是对数幅频特性图，它的纵坐标为 $20\lg|\boldsymbol{G}(\mathrm{j}\omega)|$，单位是分贝，用符号 dB 表示；另一幅是相频图或相角图，它的纵坐标为 $f(\omega)$，单位为度(°)。
- 极坐标图。又称奈奎斯特（Nyquist）图。它是在复平面上用一条曲线表示 ω 由 0 到∞时的频率特性，即向量 $\boldsymbol{G}(\mathrm{j}\omega)$的端点轨迹形成的图形。极坐标图以开环频率特性的实部为直角坐标系横坐标，以其虚部为纵坐标，以 ω 为参量，绘制出幅值与相位之间的关系。
- 对数幅相图。又称尼科尔斯（Nichols）图。其纵坐标表示频率特性的对数幅值，以分贝为单位；横坐标表示频率特性的相位角。

表 8-8 为 MATLAB 所提供的常用频域分析函数。

表 8-8　常用频域分析函数

函　　数	功　　能
bode(G)或 bode(G,w)	绘制系统伯德图或根据用户指定频率范围绘制伯德图
[mag, phase, w]=bode(G)	返回系统伯德图相应的幅值、相位和频率向量
nyquist(G)或 nyquist(G,w)	绘制系统奈奎斯特图或根据用户指定频率范围绘制奈奎斯特图。
[re, im, w]=nyquist(G)	返回系统奈奎斯特图相应的实部、虚部和频率向量

续表

函　　数	功　　能
nichols(G)或 nichols(G,w) [mag, phase, w]=nichols(G)	绘制系统尼科尔斯图或根据用户指定频率范围绘制尼科尔斯图。 返回系统尼科尔斯图相应的幅值、相位和频率向量
margin(G) [Gm,Pm,Wg,Wp]=margin(G)	绘制系统伯德图，并显示裕度和相应频率。 求取系统的幅值裕度、相角裕度、幅值穿越频率和相角穿越频率

【例 8-21】 已知系统的开环传递函数为$G(s)=\dfrac{s+1}{0.01s+1}$，绘制系统的伯德图、奈奎斯特图和尼科尔斯图。

```
>>s=tf('s');
>>g=(s+1)/(0.01*s+1);
>>figure;bode(g)
>>figure;nyquist(g)
>>figure;nichols(g)
```

系统的频域分析曲线如图 8-29 所示。

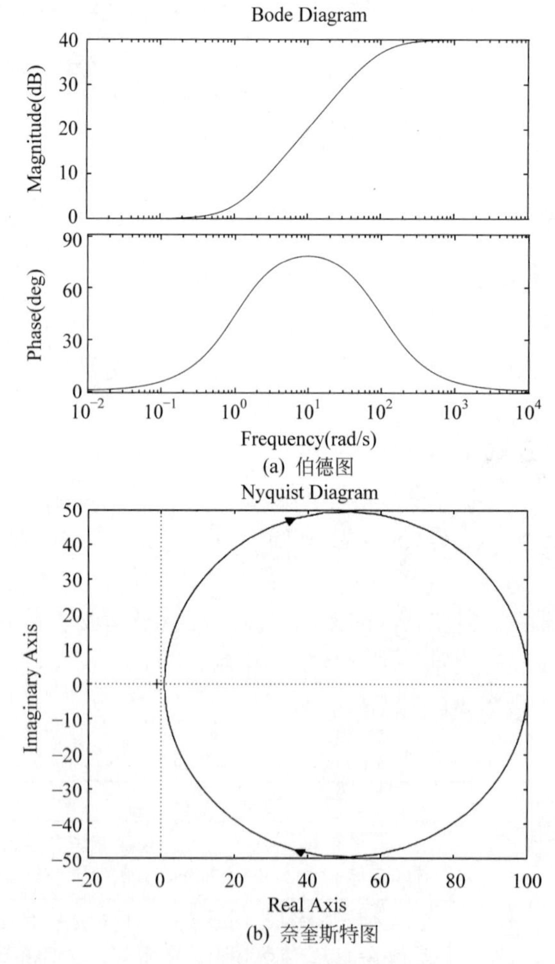

(a) 伯德图

(b) 奈奎斯特图

图 8-29　例 8-21 频域分析曲线

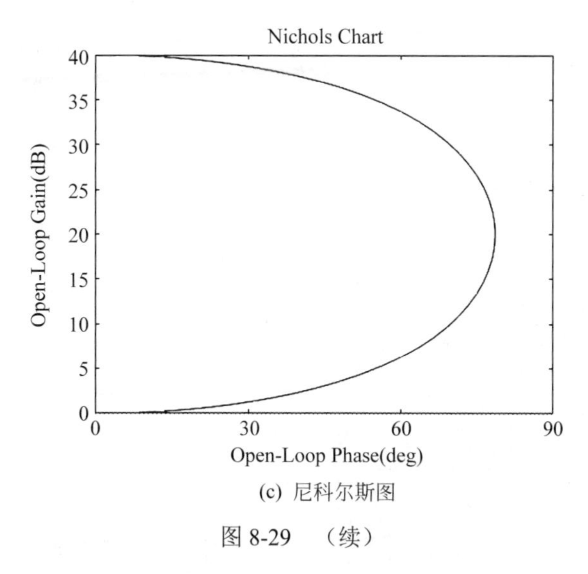

(c) 尼科尔斯图

图 8-29 （续）

2. 基于频域法的系统稳定性判定

基于频域法的系统稳定性判定采用以下两个判据。

- 奈奎斯特稳定性判据。闭环反馈系统稳定的充要条件是：开环传递函数在 s 平面上的映射围线沿逆时针方向包围 (−1,j0) 的圈数等于开环传递函数在 s 右半平面内极点的个数。
- 对数频率稳定性判据。若开环系统在 s 平面的不稳定极点数为 p，在开环对数幅相特性曲线 $20\lg|\boldsymbol{G}(\mathrm{j}\omega)|>0$ 的范围内，当 $p=0$ 时，若相频特性曲线 $\varphi(\omega)$对$-\pi$ 线的正穿越（由下至上）次数与负穿越（由上而下）次数相等，则闭环系统稳定，否则不稳定；当 $p\neq0$ 时，若 $\varphi(\omega)$对$-\pi$ 线的正穿越次数与负穿越次数之差为 $p/2$，则系统稳定，否则不稳定。

【例 8-22】 已知系统的开环传递函数为 $G(s)=\dfrac{1000(10s+1)^2}{(s+1)^2(100s+1)(1000s+1)(10\,000s+1)}$，试分析系统稳定性。

```
>>num=conv([10 1],[10 1]);
>>den=conv(conv([1000 1],[100 1]),conv([1 2 1],[10000 1]));
>> g=tf(1000*num,den);
>>bode(g)
>>grid
>>figure; margin(g)
>>figure;nyquist(g)
>>step(feedback(g,1))
```

可以右击窗口的空白区域，在弹出的快捷菜单中选择 Characteristics→All stability Margins 命令，可以标出所有系统稳定裕度点，单击裕度点可以查看具体参数值，即闭环系统稳定性，如图 8-30 所示。从图 8-31 可以看出，系统的幅值裕度为−16.3dB，相角裕度为−28.4deg。从理论角度分析，系统开环传递函数没有不稳定的极点，在 $20\lg|\boldsymbol{G}(\mathrm{j}\omega)|>0$ 范围内，$\varphi(\omega)$正穿越 0 次，负穿越 1 次，所以闭环系统不稳定。图 8-32 中的奈奎斯特曲线顺时

针包围（−1，j0）一次，闭环系统有 1 个不稳定极点。图 8-33 中系统单位阶跃曲线是发散的，这也能验证系统不稳定。

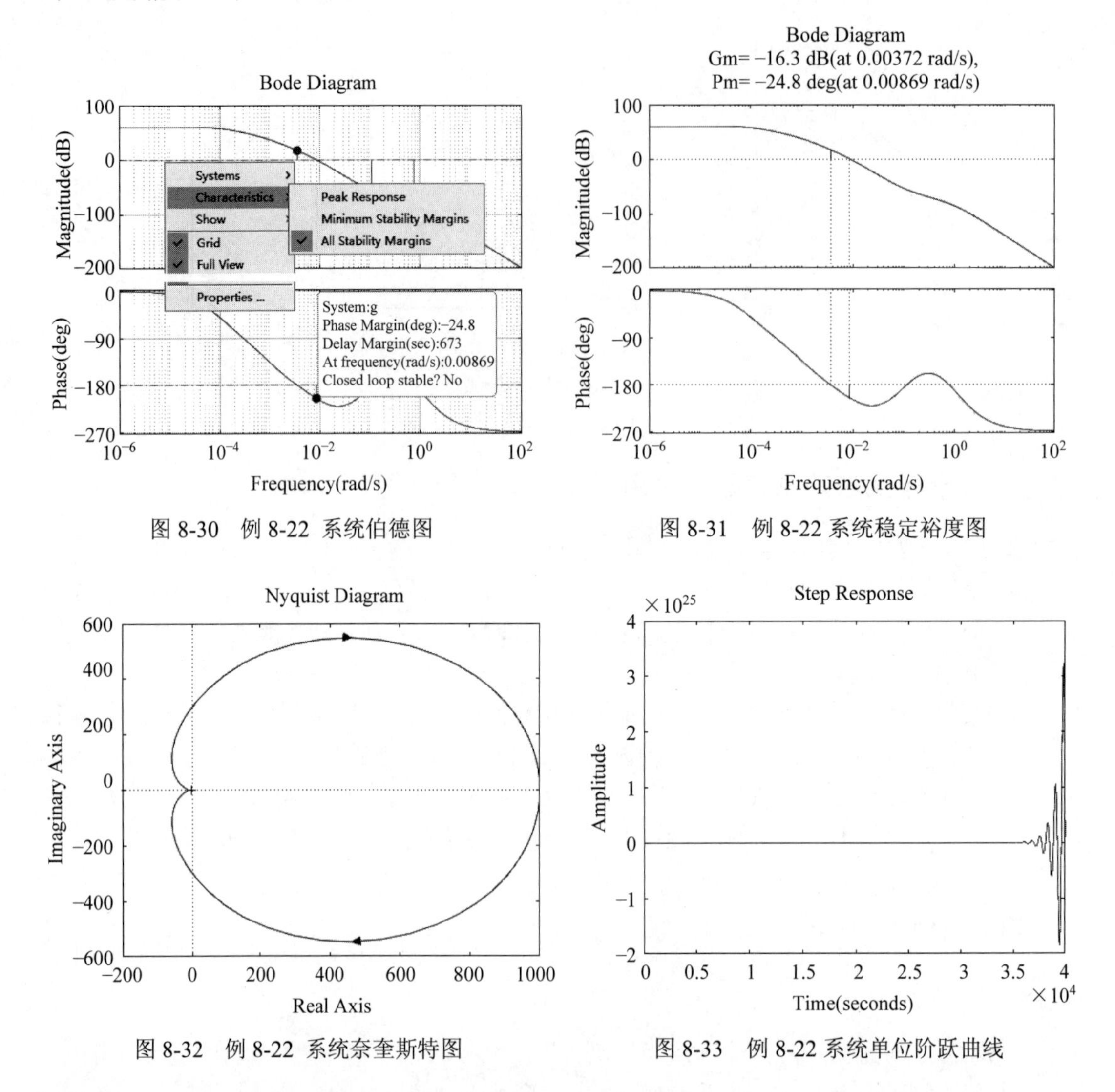

图 8-30　例 8-22 系统伯德图

图 8-31　例 8-22 系统稳定裕度图

图 8-32　例 8-22 系统奈奎斯特图

图 8-33　例 8-22 系统单位阶跃曲线

8.5.2　基于频域法的系统校正

超前校正可以提高截止频率 ω_c，使得系统的响应速度和超调量得到改善，ω_c 升高会使系统响应速度 t_s 缩短，超调量 σ 减小，有利于系统的稳定性。滞后校正是利用滞后网络的高频幅值衰减特性，使校正后的系统幅值穿越频率下降，借助校正前系统在该幅值穿越频率处的相位，使系统获得足够的相位裕度。

【例 8-23】 单位负反馈系统的开环传递函数为 $G(s)=\dfrac{K}{s(s+1)}$，试设计超前校正装置，当 $r=t$ 时，系统稳态误差 ess≤0.1，开环系统截止频率 ω_c≤6rad/s，相位裕度 r≥60º，幅值

裕度 $h \geqslant 10$dB。

（1）求开环增益和截止频率。

ess=$1/K_v \leqslant 0.1$，$K_v \geqslant 10$，取系统开环增益 K=10。截止频率即为幅值为 1dB 时的频率值。

```
>> g=tf(10,[1 1 0]);
>> [mag,phase,w]=bode(g);
>>wc=spline(mag,w,1)
wc =
    3.0840
```

得到截止频率 ω_c=3.084rad/s<6rad/s，满足系统控制指标要求。也可以用解方程的方式求解 ω_c。

```
>>wc=solve(wc*sqrt(wc^2+1)==10)
wc =
3.0842
```

（2）求取原系统的幅值裕度和相位裕度。

```
>> [gm,pm]=margin(g)
gm =
     Inf
pm =
    17.9642
```

可以得到相位裕度 pm=17.96°<60°，需进行补偿。

最大相位超前量为

$$\varphi_m=\gamma^*-\gamma=60°-17.9642°\approx 42°$$

其中，γ^*为期望校正后系统相位裕度，γ 为校正前系统相位裕度。因为超前校正后幅值穿越频率会向右移动，所以需要进行相位补偿，一般补偿 5°~12°。

（3）确定校正器衰减因子 $\alpha=\dfrac{1+\sin\varphi_m}{1-\sin\varphi_m}$。

```
>>phim=49;
>>alfa=(1+sin(phim*pi/180))/(1-sin(phim*pi/180))
alfa =
      7.1536
```

（4）确定最大超前频率 ω_m。在原系统幅值为 $L(\omega_m)=-20\lg|\alpha \boldsymbol{G}_c(j\omega_m)|=-10\lg\alpha$ 的频率 ω_m 即为校正后系统的穿越频率。

```
>>wm = spline(20*log10(mag),w,-10*log10(alfa))
wm =
    5.1236
```

ω_m=5.0553rad/s<6rad/s，满足系统控制指标要求。

（5）确定校正网络参数 $T=1/(\omega_{\rm m}\sqrt{\alpha})$ 和校正器函数 $\boldsymbol{G}_{\rm c}=\dfrac{1+\alpha Ts}{1+Ts}$。

```
>> T=1/(wm*sqrt(alfa))
T =
   0.0730
>> s=tf('s');
>>gc=(1+alfa*T*s)/(1+T*s)
gc =
 0.522 s + 1
-------------
0.07297 s + 1
Continuous-time transfer function.
>> [gmc,pmc]=margin(gc*g)
gmc =
  Inf
pmc =
  60.0440
```

（6）绘制系统伯德图，验证校正后系统是否满足要求。

```
>>bode(g)
>>figure;bode(gc*g)
```

从图 8-34 中可以看出，系统的各项指标均满足要求。若校正后相位裕度不满足要求，可以适当增加最大相位超前量的补偿角的值，重复步骤（3）～（5）。

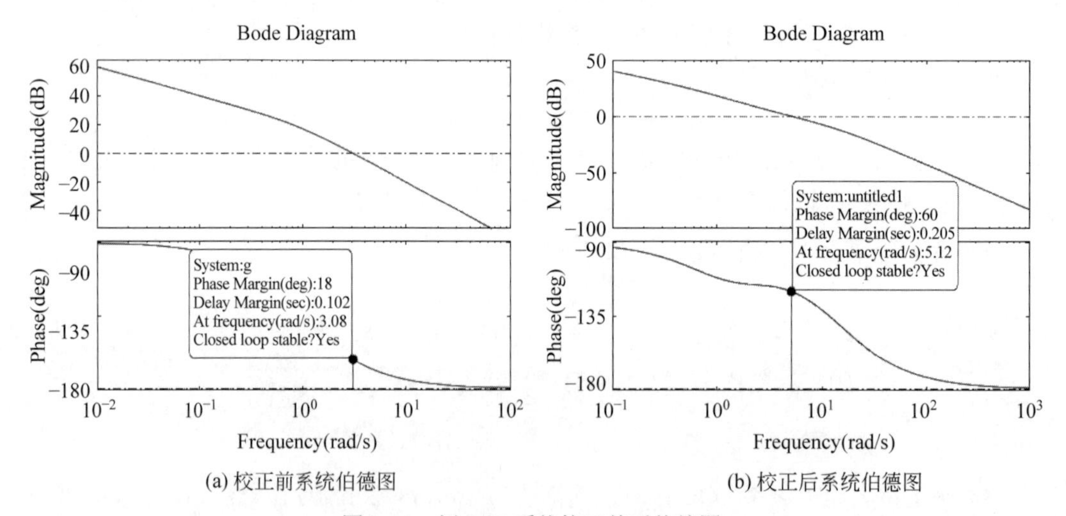

(a) 校正前系统伯德图　　(b) 校正后系统伯德图

图 8-34　例 8-23 系统校正前后伯德图

可以通过时域响应分析进一步查看系统校正效果。

```
>>step(feedback(g,1))
>>figure;step(feedback(g*gc,1))
>> t=0:0.1:5;
>>figure;lsim(feedback(g,1),t,t)
>>figure;lsim(feedback(g*gc,1),t,t)
```

从图 8-35 所示的阶跃响应曲线可以看出，校正后系统的超调量更小，上升时间和调节时间更短。从图 8-36 所示的斜坡响应曲线可以看出，校正后的系统响应更快，稳定性更好。

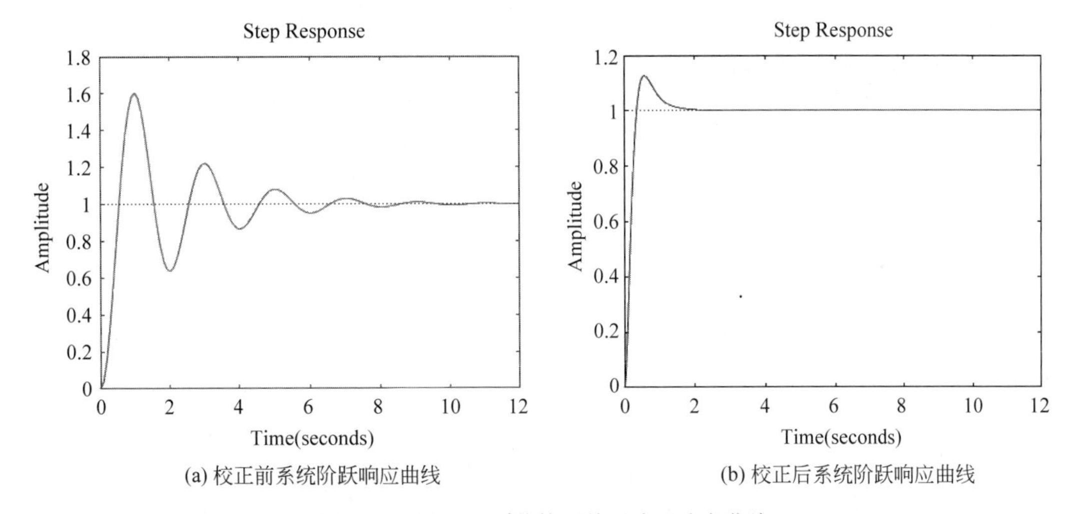

(a) 校正前系统阶跃响应曲线　　(b) 校正后系统阶跃响应曲线

图 8-35　例 8-23 系统校正前后阶跃响应曲线

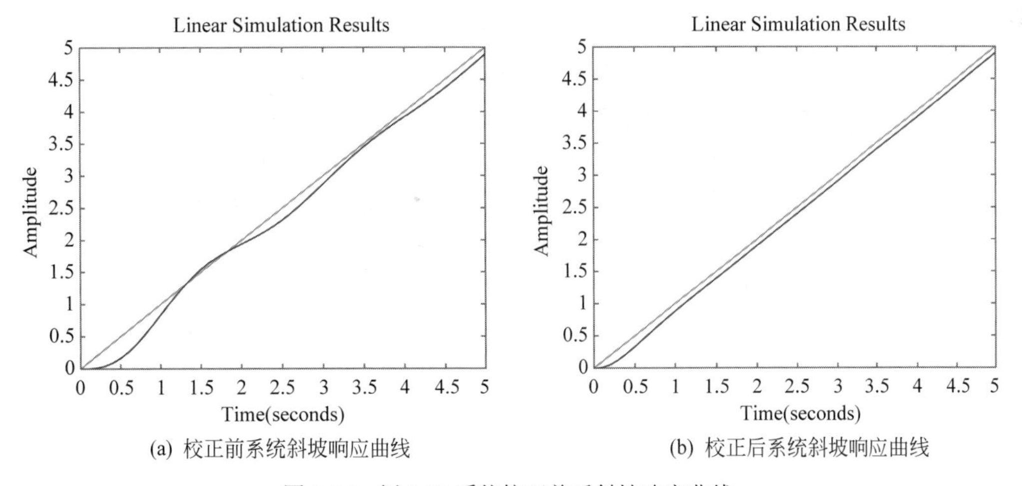

(a) 校正前系统斜坡响应曲线　　(b) 校正后系统斜坡响应曲线

图 8-36　例 8-23 系统校正前后斜坡响应曲线

【例 8-24】 单位负反馈系统的开环传递函数为 $G(s)=\dfrac{K}{s(s+3)(s+7)}$。试设计滞后校正装置，使系统的稳态速度误差系数 $k_v=20\text{s}^{-1}$；相位裕度 $r\geqslant 40°$。

（1）稳态速度误差系数 $k_v=\lim\limits_{s\to 0} sG(s)=\lim\limits_{s\to 0}\dfrac{K}{(s+3)(s+7)}=20$，则 K=410。

（2）编写校正器传递函数。

```
>>s=tf('s');
>>g=410/s/(s+3)/(s+7);
>>margin(g)
>>phi=-180+40+6;
>>[mag,phase,w]=bode(g);
>>wc=spline(phase,w,phi);
```

```
>> mag1=spline(w,mag,wc);
>>beta=10^(-log10(mag1));
>>t=1/(beta*(wc/10));
>>gc=(1+beta*t*s)/(1+t*s)
>>figure;margin(gc*g)
>>figure;step(feedback(g,1))
>>figure;step(feedback(g*gc,1))
```

从图 8-37 和图 8-38 可以看出，原系统不稳定，相位裕度为−16.3°；校正后系统稳定，相位裕度为 40.8°，满足控制要求。

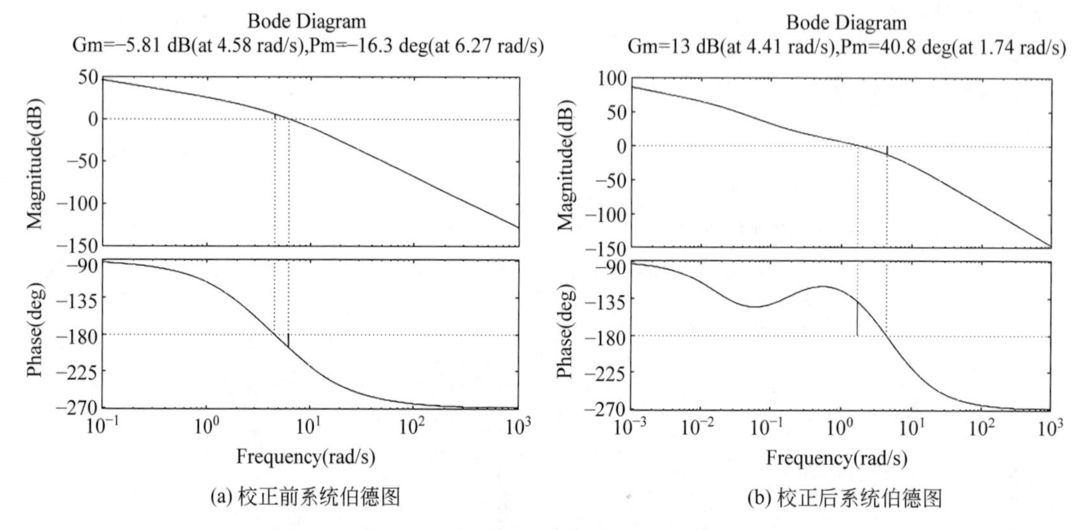

(a) 校正前系统伯德图　　(b) 校正后系统伯德图

图 8-37　例 8-24 系统校正前后伯德图

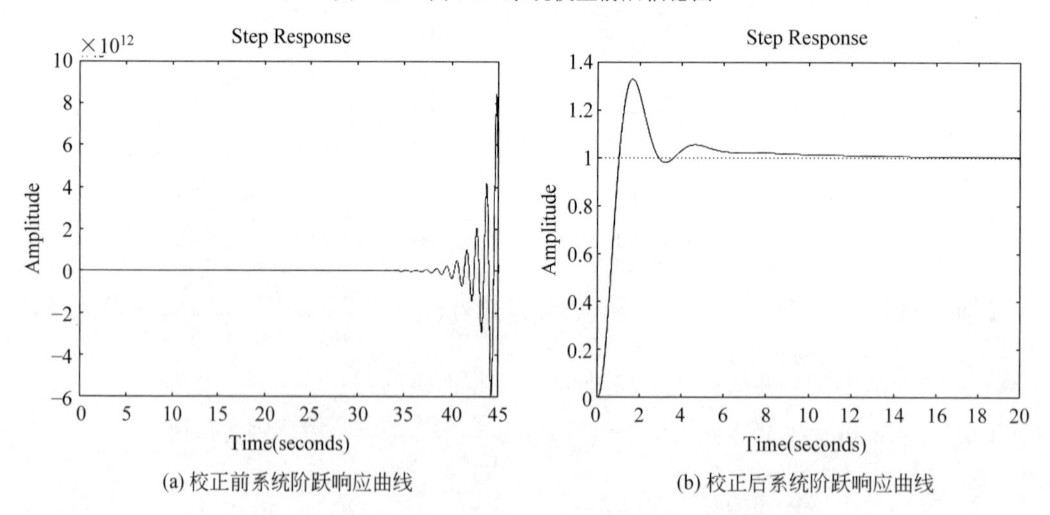

(a) 校正前系统阶跃响应曲线　　(b) 校正后系统阶跃响应曲线

图 8-38　例 8-24 系统校正前后阶跃响应曲线

8.6 实验九：线性系统时域与频域响应仿真分析

8.6.1 实验目的

1. 熟悉系统稳定性的 MATLAB 直接判定方法和图形化判定方法。
2. 掌握如何使用 MATLAB 进行控制系统的动态性能指标分析。
3. 掌握如何使用 MATLAB 进行控制系统的稳态性能指标分析。
4. 掌握控制系统的频域分析方法。

8.6.2 实验内容

（1）已知系统的开环传递函数如下：

$$G(s)=100\frac{s+k}{s(s+k)(s+20)}$$

$$H(z)=\frac{-3z+2k}{z^3-0.2z^2-0.25kz+0.05},Ts=0.1$$

分别用求特征根和零极点的方法对其闭环系统（单位负反馈）判别稳定性，并绘制零极点图。

（2）已知系统模型如图 8-39 所示。

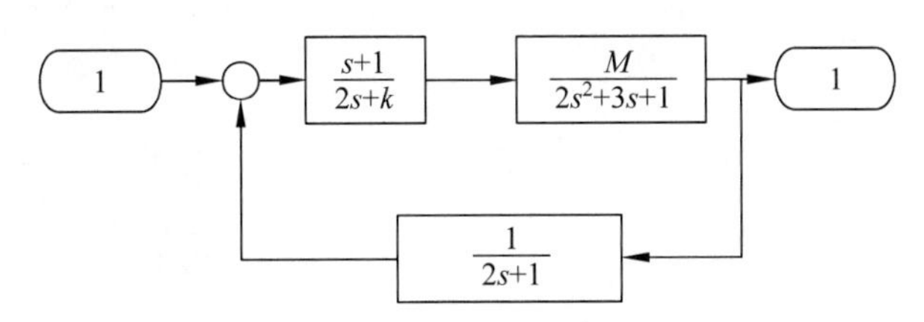

图 8-39　实验内容（2）系统模型

用 MATLAB 确定当系统稳定时参数 M 的取值范围。

（3）已知系统模型如图 8-40 所示。

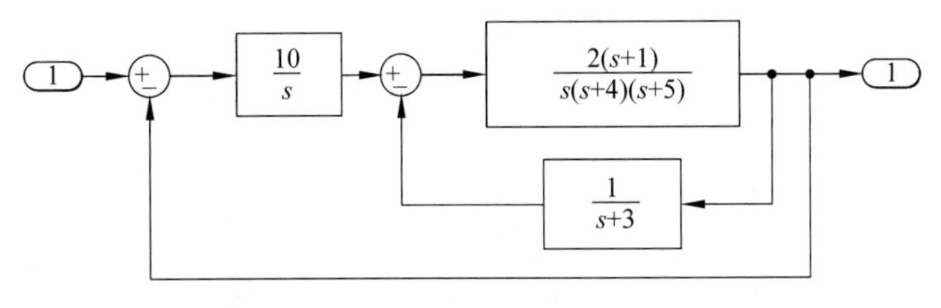

图 8-40　实验内容（3）系统模型

① 编写程序表示系统传递函数表达式和零极点表达式，并编写程序求出系统动态性能指标。

② 求 $R(t)=10+kt$ 时系统的稳态误差。

③ 求 $R(t)$=2+sin kt 时的输出响应曲线。

（4）对下列开环模型进行频域分析。

$$G(s)=\frac{k(s+1)}{s^2(s+15)(s^2+ks+10)}$$

要求：

① 绘制出伯德图、奈奎斯特图及尼科尔斯图，并求出系统的幅值裕度和相位裕度，在各个图形上标注出来。

② 假设闭环系统由单位负反馈构造而成，试利用频域分析判定闭环系统的稳定性，并用阶跃响应进行验证。

8.6.3 参考程序

（1）分析过程如下（k=2）：

```
>> n1=conv(100,[1 2]);
>> d1=conv([1 0], 1 2]);
>> d2=conv(d1,[1 20]);
>> G1=tf(n1,d2);
>> Gfk1=feedback(G1,1);
>> p=eig(Gfk1)
p =
  -10.0000
  -10.0000
   -2.0000
   -2.0000
>> P=pole(Gfk1)
P =
  -10.0000
  -10.0000
>> Z=zero(Gfk1)
Z =
  -2
>>pzmap(Gfk1)
```

因为特征根都为负值，所以该闭环系统稳定。

因为零极点都为负值，在图 8-41 中虚轴左半平面，所以该闭环系统稳定。

代码如下：

```
>> n2=[-3 4];
>> d3=[1 -0.2 -0.5 0.05];
>> G2=tf(n2,d3,0.1);
>> Gfk2=feedback(G2,1);
>> p=eig(Gfk2)
p =
  -2.2112 + 0.0000i
   1.2056 + 0.6149i
```

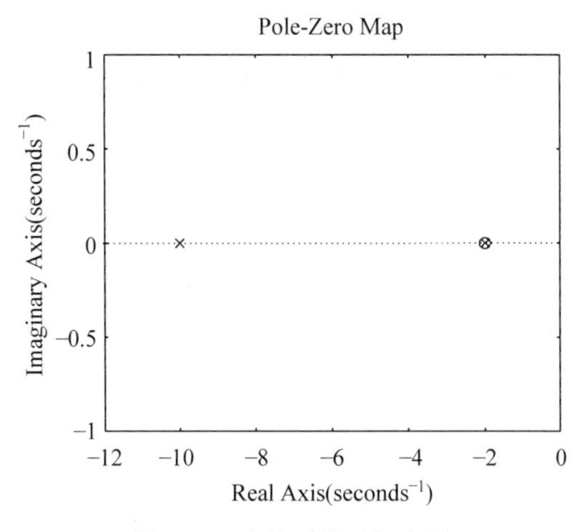

图 8-41　连续系统零极点图

```
   1.2056 - 0.6149i
>>P=pole(Gfk2)
P =
  -2.2112 + 0.0000i
   1.2056 + 0.6149i
   1.2056 - 0.6149i
>>Z=zero(Gfk2)
Z =
    1.3333
>>pzmap(Gfk2)
```

因为特征根含有正值，所以该闭环系统不稳定。

因为零极点含有正值，且在零极点图中都位于单位圆外，如图 8-42 所示，所以该闭环系统不稳定。

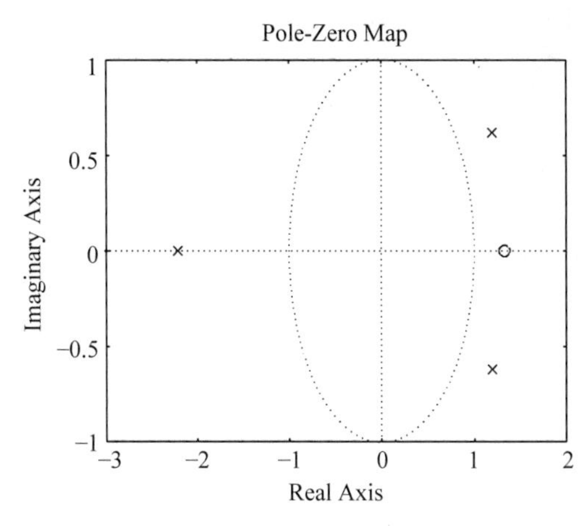

图 8-42　离散系统零极点图

（2）代码如下（k=2）：

```
>> M=0:0.01:100;
>>for index=1:10000
     n1=[1 1];d1=[2 2];G1=tf(n1,d1);
```

```
    n2=[M(index)];d2=[2 3 1];G2=tf(n2,d2);
    H=tf([1],[2 1]);
    Gfk=feedback(G1*G2,H);
    p=eig(Gfk);
    if max(real(p))>=0
break;
    end
  end
>>sprintf('系统临界稳定时K值为: M=%7.4f\n',M(index))
```

运行结果：

```
ans =
    '系统临界稳定时K值为: M=18.0000 '
```

（3）求解如下（k=2）。

① 代码如下：

```
>>G1=tf([10],[1 0]);
>>G2=tf(conv([2], 1 1]),conv(conv([1 0],[1 4]),[1 5]));
>>G3=tf([1],[1 3]);
>>Gf=feedback(G2,G3);Gtt=feedback(G1*Gf,1)
>>Gzpk=zpk(Gtt)
>>[y,t]=step(Gtt);
>>yend=dcgain(Gtt)
>>[ymax,k]=max(y);
>>tp=t(k)
>>os=100*(ymax-yend)/yend
>>i=1;j=1;
>>while y(i)<0.1*yend
    i=i+1;
   while y(j)<0.9*yend
   j=j+1;
   end
end
>>tr=t(j)-t(i)
>>s=length(t);
>>while y(s)>0.98*yend&&y(s)<1.02*yend
   s=s-1;
end
>>ts=t(s)
```

运行结果：

```
yend =       1
tp =    2.4218
os =   65.2559
tr =    0.8073
ts =   13.5034
```

② 代码如下：

```
>>Gk=G1*Gf;
>>[numk,denk]=tfdata(Gk,'v');
>>kp=dcgain(numk,denk)
kp =
   Inf
>>kv=dcgain([numk 0],denk)
```

运行结果：

```
kv =
    30
```

稳态误差为 2/30≈0.07。

③ 代码如下：

```
>>t=0:0.01:10;
>>u=2+sin(2*t);
>>y=lsim(Gtt,u,t);
>>plot(t,y,'g',t,u,'b--');
>>title('系统输出响应曲线')
>>xlabel('\itt\rm/s')
>>ylabel('\itt.y')
```

系统输出响应曲线如图 8-43 所示。

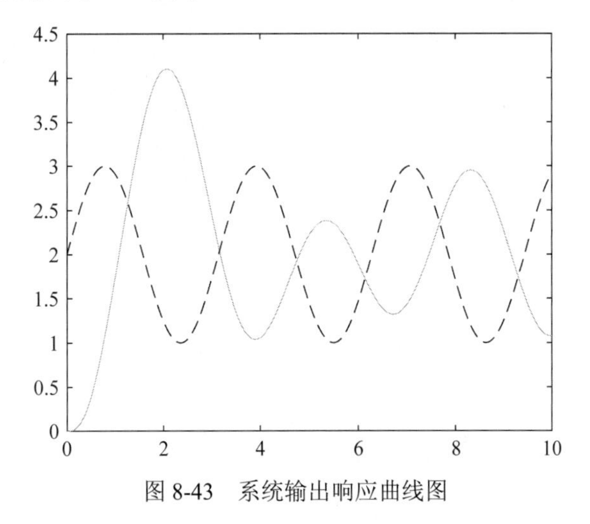

图 8-43　系统输出响应曲线图

（4）代码如下（k=1）：

```
>>n1=[1 1];
>>d1=conv([1 15 0 0],[1 1 10]);
>>G=tf(n1,d1);
>>nichols(G)
>>margin(G)
>>nyquist(G)
>>Gs=feedback(G,1);
>>step(Gs)
```

从图 8-44 可以看出，系统的幅值裕度和相角裕度分别为 42.9dB 和 3.9°。由于开环系统奈奎斯特曲线不包围（−1，j0）点，且开环系统不含不稳定极点，根据奈奎斯特定理可判断闭环系统是稳定的。由于阶跃响应曲线最终趋于某一值，可以验证闭环系统是稳定的。

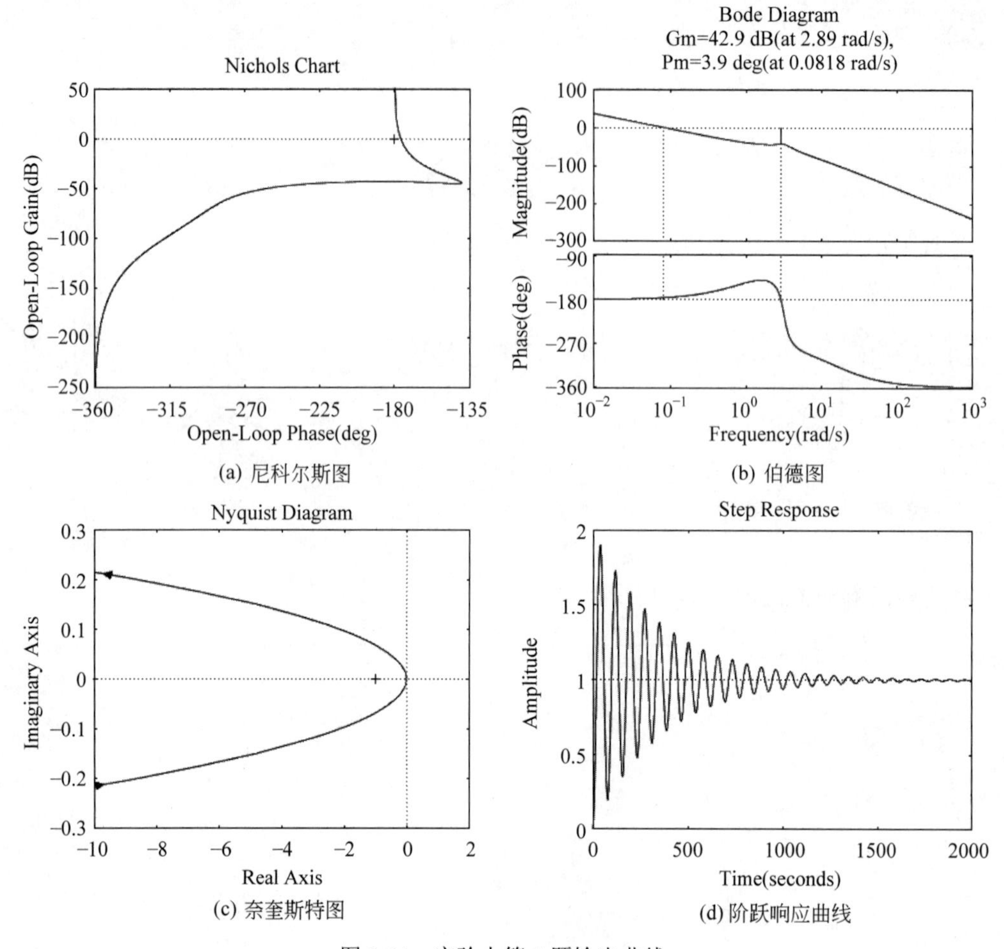

(a) 尼科尔斯图

(b) 伯德图

(c) 奈奎斯特图

(d) 阶跃响应曲线

图 8-44　实验十第 4 题输出曲线

8.7　课 程 思 政

本章思政元素融入点如表 8-9 所示。

表 8-9　本章思政元素融入点

节	思政元素融入点
8.1　控制系统数学建模	模型的等价变换如同人与人相处之道，使学生深化对社会主义核心价值观的理解
8.2　控制系统稳定性分析	介绍钱学森及其工程控制论对控制理论的重要贡献和他的爱国情怀，引导学生形成爱国意识和奉献意识。介绍社会大系统观，使学生理解社会稳定是第一要务

续表

节	思政元素融入点
8.3 控制系统时域分析与应用举例	结合我国航天事业谈信号的跟踪对航天发射的意义，鼓励学生弘扬航天精神，努力学习。同时引导学生抓住主要矛盾，识大体，顾大局，合作共赢
8.4 控制系统根轨迹分析与应用举例	这一部分的关键在于与虚轴和实轴的焦点分别对应系统的稳定临界条件和振荡临界条件，引导学生抓主要问题、关键问题和难点问题。同时引导学生用发展的眼光看待事物
8.5 控制系统频域分析与应用举例	结合稳定裕度的含义引导学生做事要留有余地，提高个人修养，内外兼修，迎接不断变化的生活挑战
8.6 实验 9：线性系统时域与频域响应仿真分析	通过对实际案例的分析，引导学生从不同角度看问题，提升思想境界

练 习 八

1. 已知系统模型如图 8-45 所示。

（1）求解系统输入到输出的传递函数 G_0。

（2）求 G_0 所对应的零极点模型 G_z，并绘制零极点图。

（3）求系统单位阶跃条件下的输出 y。

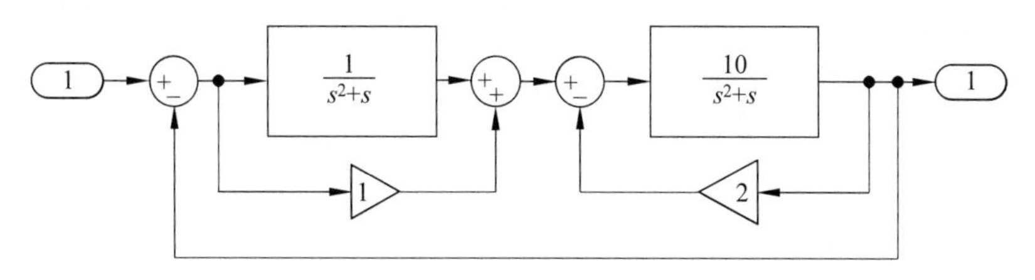

图 8-45 系统模型

2. 单位负反馈系统的开环传递函数模型为 $G(s)=\dfrac{200}{(s+1)(s+2)(s+5)}$。用 MATLAB 程序绘制它的奈奎斯特图和伯德图（指定 10^0～10^2 共 200 个频率点，按对数分布，叠加网格），分析系统稳定性。

3. 单位反馈系统有一个受控对象为 $G(s)=\dfrac{1}{s(s+k)(s+6)}$。利用根轨迹设计校正网络，使系统满足以下指标：

（1）阶跃响应调整时间小于 5s。

（2）超调量小于 17%。

（3）速度误差系数为 10。

4. 单位负反馈系统的开环传递函数模型为 $G_0(s)=\dfrac{k}{s^2}$，使用比例微分控制器 $G_c(s)=K_P+K_Ds$。

（1）求当 $K_P=10$、$K_D=2$ 时系统的闭环传递函数。

（2）对比施加控制器前后系统的零极点分布，分析系统稳定性。

（3）根据单位阶跃曲线的变化进行控制效果分析。

参 考 答 案

1. 参考程序：

（1）

```
g1=tf(1, [1 1 0]);
g2=g1+1;
g3=feedback(tf(10,[1 1 0]),2)
G0=feedback(g2*g3,1)
```

（2）

```
Gz=zpk(G0)
pzmap(G0);
```

（3）

```
y=step(G0);
```

零极点图如图 8-46 所示。

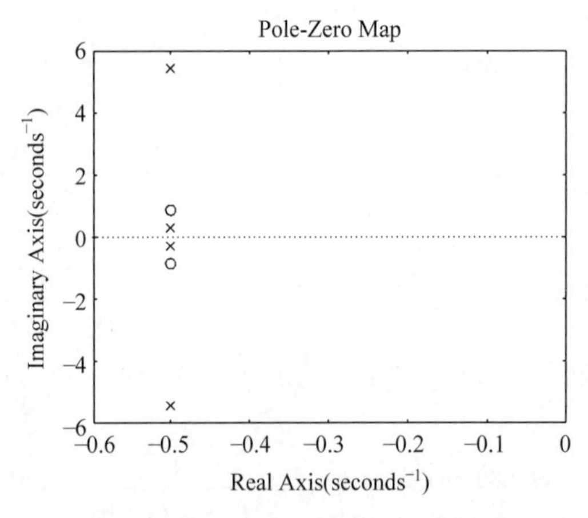

图 8-46 练习题 1 系统零极点图

2. 参考程序：

```
>> s=tf('s');
>> G=200/((s+1)*(s+2)*(s+5));
>>nyquist(G)
>> w=logspace(0,2,200);
>>bode(G,w)
>>grid
```

奈奎斯特图和伯德图如图 8-47 所示。

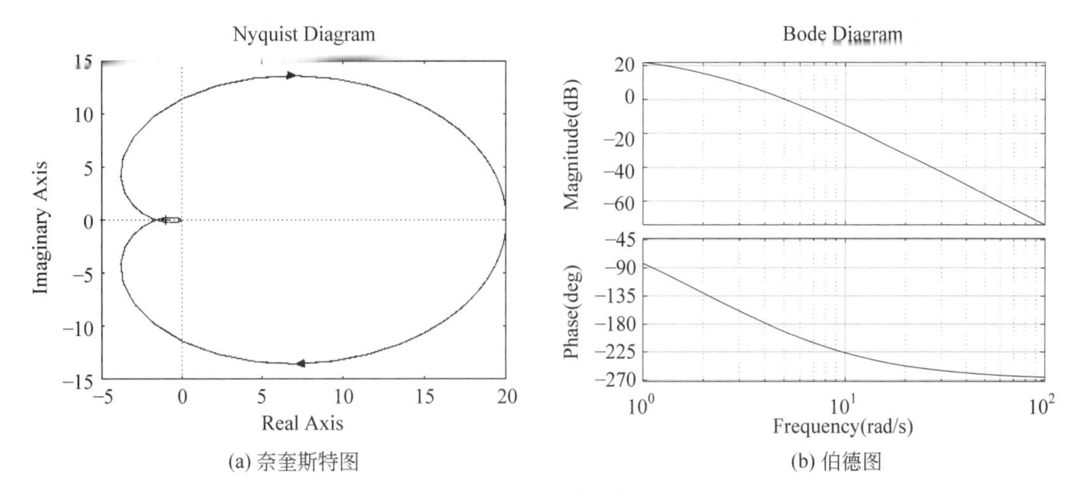

(a) 奈奎斯特图　　(b) 伯德图

图 8-47　练习题 2 奈奎斯特图和伯德图

分析：开环系统没有不稳定极点，开环系统奈奎斯特曲线逆时针包围（−1，j0）点 0 圈（顺时针包围 2 圈），根据奈奎斯特定理可判定闭环系统是不稳定的。或者根据伯德图可以看出 Gm、Pm 都小于 0，所以系统不稳定。

3. 参考程序（k=3）：

```
>>zeta=0:0.001:0.99;
>>sigma=exp(-zeta*pi./sqrt(1-zeta.^2))*100;
>>z=spline(sigma,zeta,17);
>>Gk=tf(1,conv([1 3 0],[1 6]));
>>rlocus(Gk);
>>sgrid(.4913,[])
>>[n,d]=tfdata(Gk,'v');
>>kv=dcgain(28.5* n,0],d)
kv =
    1.5833
>>p=[0 -3 -6 -.00143];z=[-0.01];
>>Gn=zpk(z,p,1);
>>rlocus(Gn);sgrid(.4913,[])
>>[n1,d1]=tfdata(Gn,'v');
>>kv=dcgain(29.2* n1,0],d1)
kv =
    11.3442
```

校正前后的根轨迹如图 8-48 所示。

系统由临界稳定变成了稳定。增加比例微分控制器后系统增加了零点，使得系统输出超调减小，提高了系统稳定性。

4. 参考程序（k=3）：

```
>>k=1;g0=tf(k,[1 0 0]);
>>gb0=feedback(g0,1);
>>kp=10;kd=2;gc=tf([kd,kp],1)
```

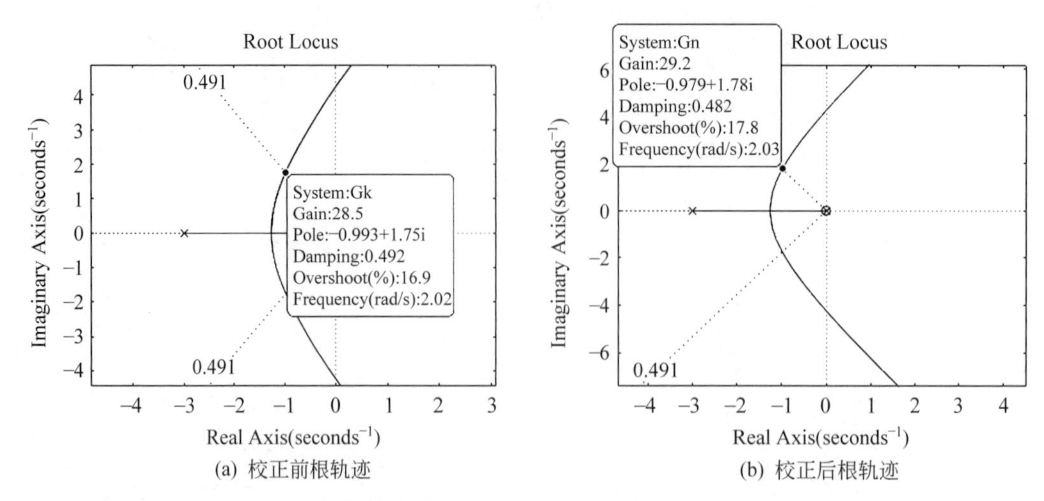

(a) 校正前根轨迹　　(b) 校正后根轨迹

图 8-48　练习题 3 校正前后根轨迹

```
>>g=g0*gc;
>>gb1=feedback(g,1)

>>[p0,z0]=pzmap(gb0)
p0 =
   0.0000 + 1.0000i
   0.0000 - 1.0000i
z0 =
   空的 0×1 double 列向量
>>[p1,z1]=pzmap(gb1)
p1 =
  -1.0000 + 3.0000i
  -1.0000 - 3.0000i
z1 =
   -5
>>step(gb0);step(gb1)
```

控制前后系统阶跃响应曲线如图 8-49 所示。

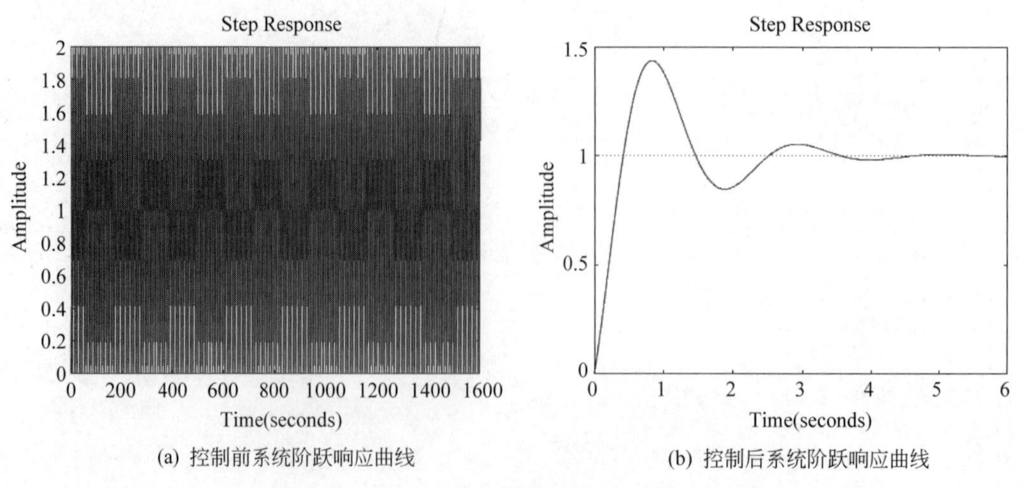

(a) 控制前系统阶跃响应曲线　　(b) 控制后系统阶跃响应曲线

图 8-49　练习题 4 控制前后系统阶跃响应曲线

第9章

MATLAB在数字图像处理中的应用

数字图像处理技术的应用已经广泛渗透到医疗、工业、航空航天、通信、军事、公共安全等领域，在国计民生及国民经济中发挥了越来越大的作用。本章主要介绍 MATLAB 在数字图像处理中的几个典型应用案例。如何优化数字图像处理算法以达到实际工程应用的要求，需要同学们在后续学习和实践中进一步探索。

9.1　医学图像处理平台的设计

医学图像自身具有复杂性、多样性，而外在的噪声、场偏移效应、局部体效应和组织运动又会对其产生影响，这些都给医学诊断和治疗带来困难。医学图像信息的数字化和智能化处理可通过科学计算为诊疗提供直观、科学的依据，具有重要的研究价值。本节介绍如何利用 MATLAB GUI 工具搭建具有交互性的数字图像处理平台，用于医学图像的可视化处理。

下面介绍一个医学图像处理平台的设计案例，综合运用图形用户界面设计、图像处理、图像分析等多种技术，基于 MATLAB GUI 工具开发设计一款简单的医学图像处理平台。该平台主要分为五大模块：底层处理模块、加载噪声模块、图像去噪模块、图像分割模块和图像三维重建模块。这里主要从两方面介绍：一是基于 MATLAB GUI 工具的平台界面搭建；二是平台的功能和各组件回调函数的设计。

9.1.1　平台界面的搭建

平台界面布局如图 9-1 所示。下面详细介绍平台界面的搭建方法。

首先在命令行窗口输入 guide 命令，打开 GUI 设计向导，创建空白模板。在模板布局区上方添加两个面板组件，设置合适的尺寸。双击组件打开属性检查器，将 Title 属性分别修改为“原始图像”和“图像处理效果”。为了美化组件外观，可对 Foregroundcolor 属性（前景颜色，即字体颜色）和 Backgroundcolor 属性（背景颜色）进行设置。在面板内部区域分别添加坐标区组件，调整尺寸，用于显示医学图像及其处理效果。在模板布局区下方添加 5 个面板组件，设置合适的尺寸。打开属性检查器，将 Title 属性分别修改为“底层处理”“加载噪声”“图像去噪”“图像分割”“图像三维重建”，然后设置字体颜色和背景颜色，用于分类布置医学图像处理的相关功能。

在“底层处理”面板内部区域分别添加 5 个按钮组件，调整尺寸。打开属性检查器，将 String 属性分别修改为“图像旋转”“亮度调节”“灰度化处理”“图像放大”“还原”，设置字体颜色和背景颜色。

在“加载噪声”面板内部区域分别添加 3 个按钮组件，调整尺寸。打开属性检查器，修改 String 属性分别为“椒盐噪声”“高斯噪声”“乘性噪声”，设置字体颜色和背景颜色。

在“图像去噪”面板内部区域分别添加两个按钮组件，调整尺寸。打开属性检查器，将 String 属性分别修改为“中值滤波”和“线性滤波”，设置字体颜色和背景颜色。

在“图像分割”面板内部区域分别添加两个按钮组件，调整尺寸。打开属性检查器，将 String 属性分别修改为“sobel 算子”和“roberts 算子”，设置字体颜色和背景颜色。

在“图像三维重建”面板内部区域分别添加 5 个按钮组件，调整尺寸。打开属性检查器，将 String 属性分别修改为“Z 轴切片”“Y 轴切片”“三维重建”“二次逼近”“清空窗口”，设置字体颜色和背景颜色。

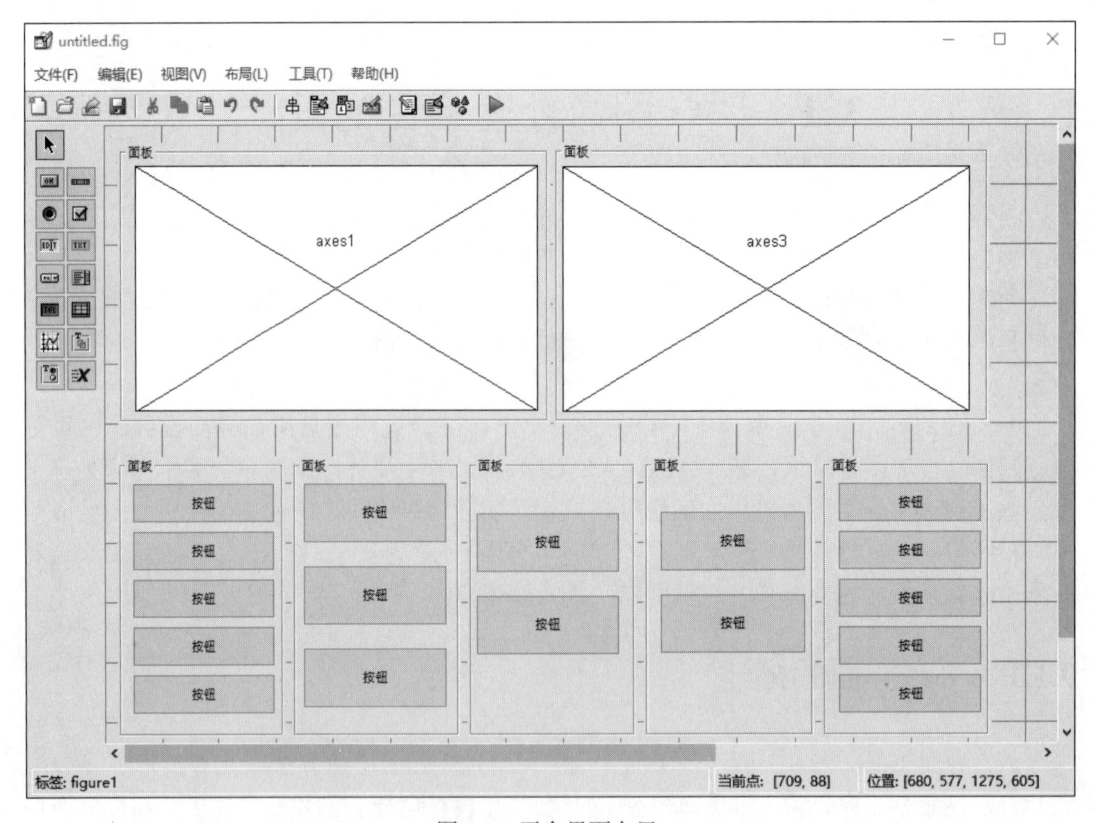

图 9-1　平台界面布局

利用位置调整工具对齐各模块中的组件对象，使平台界面布局整齐。单击工具栏中的运行按钮，将该布局保存为 MIDV.fig 文件后，即可打开图 9-2 所示的医学图像处理平台界面。

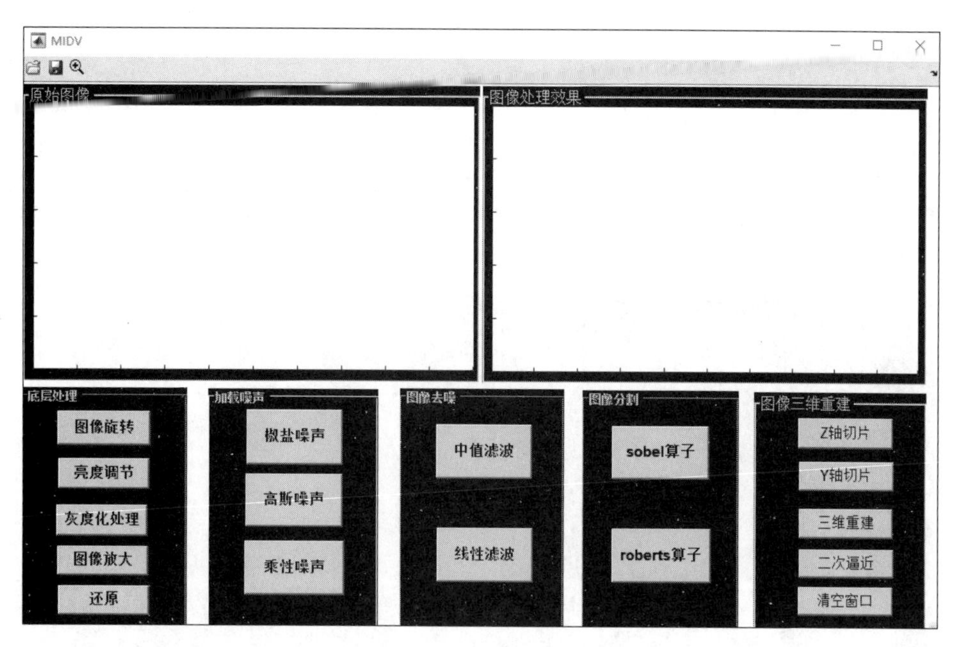

图 9-2　医学图像处理平台界面

9.1.2　组件回调函数的设计

打开 MIDV.fig 文件，在平台界面中选中并右击组件后，可以通过快捷菜单调用对应组件对象的回调函数框架，在框架模板中可编程设计特定的功能。下面依次介绍各模块中组件的功能及其回调函数的设计方法。

1. 底层处理模块

底层处理模块集成了“图像旋转”“亮度调节”“灰度化处理”“图像放大”“还原”5 个功能按钮，实现相应的图像变换功能。

“图像旋转”按钮的功能是将图像围绕其中心点进行一定角度的逆时针旋转，这里通过调用 MATLAB 图像处理工具箱中的 imrotate 函数实现。该函数在实现旋转处理时有 3 种计算图像像素新坐标位置的可选方法，即最近邻插值法、双线性插值法和三次卷积插值法。默认情况下，采用的是最近邻插值法。选用不同的插值方法旋转后效果会有细微的差别。通过旋转，图像与平台界面限定的坐标区产生重叠，重叠部分为旋转后图像，超出部分被裁剪，没有填充的部分被填充为黑色。用户单击“图像旋转”按钮，会弹出旋转角度设置窗口，合理设置旋转角度后，即可实现相应的旋转处理。图 9-3 给出了旋转角度为 90° 的图像旋转效果，其 MATLAB 程序如下：

```
function pushbutton2_Callback(hObject, eventdata, handles)
global T
axes(handles.axes2);
T=getimage;
prompt={'旋转角度:'};
defans={'0'};
```

```
p=inputdlg(prompt,'input',1,defans);
p1=str2num(p{1});
f=imrotate(handles.img,p1,'bilinear','crop');
imshow(f);
handles.img=f;
guidata(hObject,handles);
```

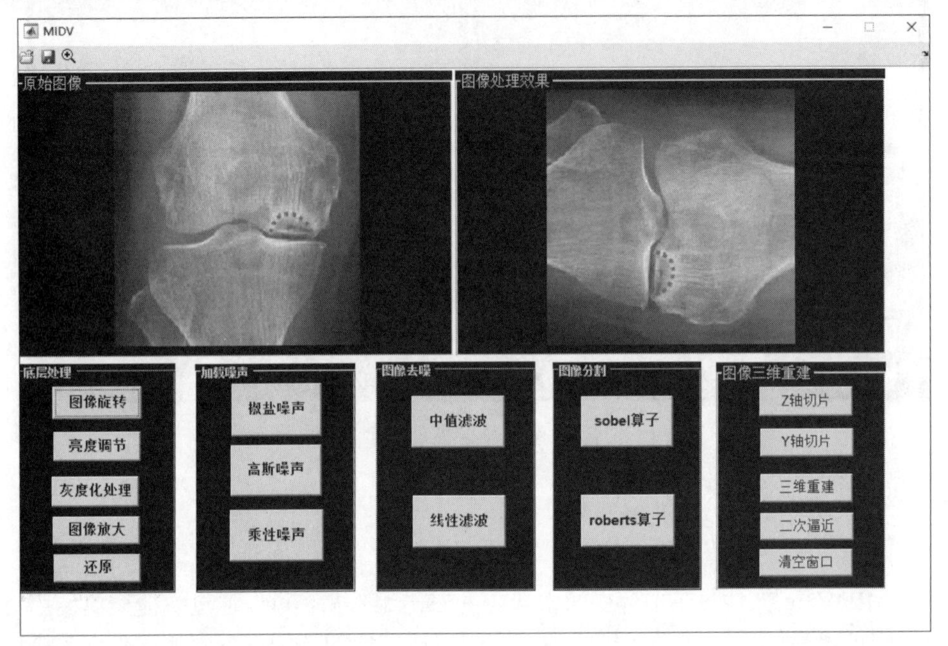

图 9-3 图像旋转效果示例

“亮度调节”按钮的功能是对图像进行灰度变换，调节灰度图像的亮度，这里通过调用 MATLAB 图像处理工具箱中的 imadjust 函数实现。通过选用线性映射（默认）或者非线性映射将图像的整体亮度值调整为更高数值（变亮）或者更低数值（变暗）输出。图 9-4 给出了调整倍数为 0.2 时的亮度调节效果，其 MATLAB 程序如下：

```
function pushbutton3_Callback(hObject, eventdata, handles)
global T
axes(handles.axes2);
T=getimage;
prompt={'调整倍数'};
defans={'1'};
p=inputdlg(prompt,'input',1,defans);
p1=str2num(p{1});
y=imadjust(handles.img,[ ], [ ],p1);
imshow(y);
handles.img=y;
guidata(hObject,handles);
```

“灰度化处理”按钮的功能是将彩色图像转换为灰度图像，这里通过调用 MATLAB 图像处理工具箱中的 rgb2gray 函数实现。该函数通过消除图像的色调信息和饱和度信息，并保留亮度信息，将彩色图像转换为灰度图像。图 9-5 给出了图像灰度化处理效果示例，其

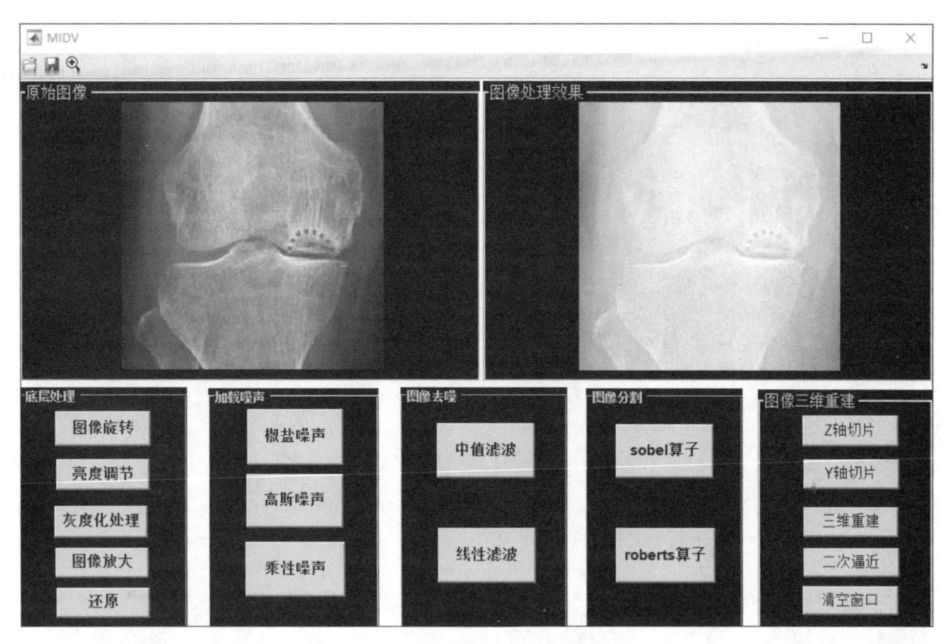

图 9-4　图像亮度调节效果示例

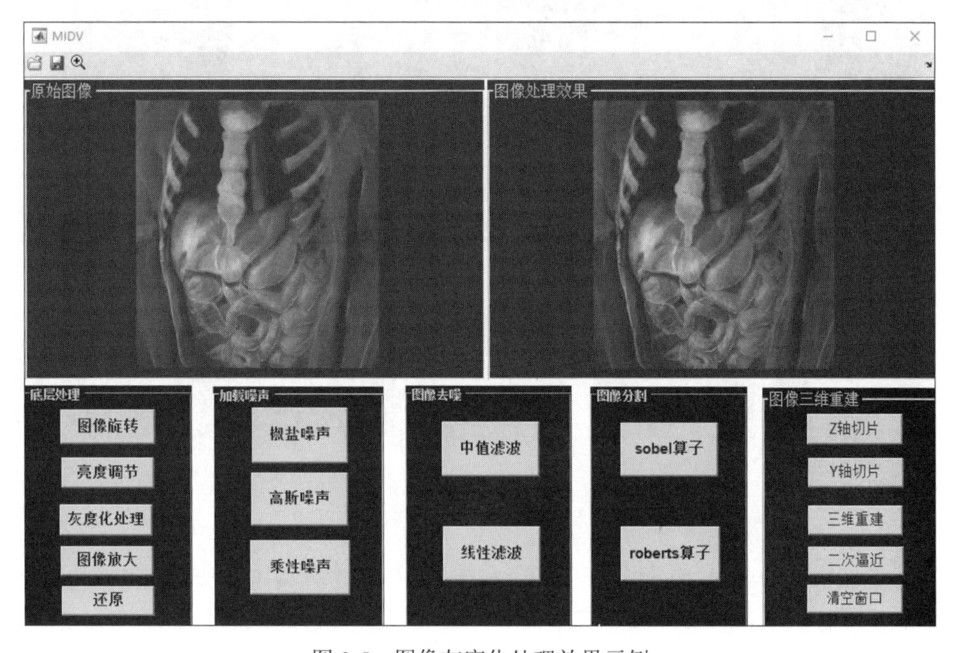

图 9-5　图像灰度化处理效果示例

MATLAB 程序如下：

```
function pushbutton4_Callback(hObject, eventdata, handles)
global T
axes(handles.axes2);
T=getimage;
x=rgb2gray(handles.img);
imshow(x);
handles.img=x;
```

```
guidata(hObject,handles);
```

“图像放大”按钮的功能是对图像进行放大处理，这里通过调用 MATLAB 图像处理工具箱中的 imcrop 函数实现。该函数允许用户以交互方式使用鼠标选定剪切区域，最终返回裁剪区域内的图像。图 9-6 给出了图像放大效果示例，其 MATLAB 程序如下：

```
function pushbutton13_Callback(hObject, eventdata, handles)
global T
axes(handles.axes2);
T=getimage;
x=imcrop(handles.img);
imshow(x);
handles.img=x;
guidata(hObject,handles);
```

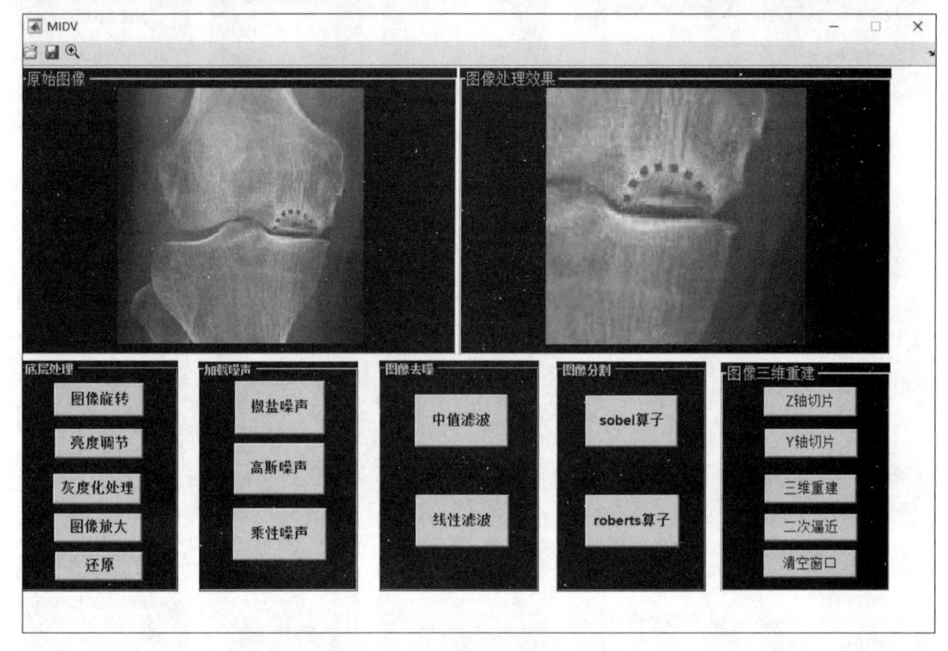

图 9-6　图像放大效果示例

“还原”按钮的功能是将图像处理效果还原为原始图像，具体方法是，先调用 MATLAB 图像处理工具箱中的 imread 函数读取原始图像，再调用 imshow 函数显示读取的图像。这里以前面提到的图像灰度化处理为例，图 9-7 给出了还原后效果，其 MATLAB 程序如下：

```
function pushbutton1_Callback(hObject, eventdata, handles)
global S
axes(handles.axes2);
y=imread(S);
f=imshow(y);
handles.img=y;
guidata(hObject,handles);
```

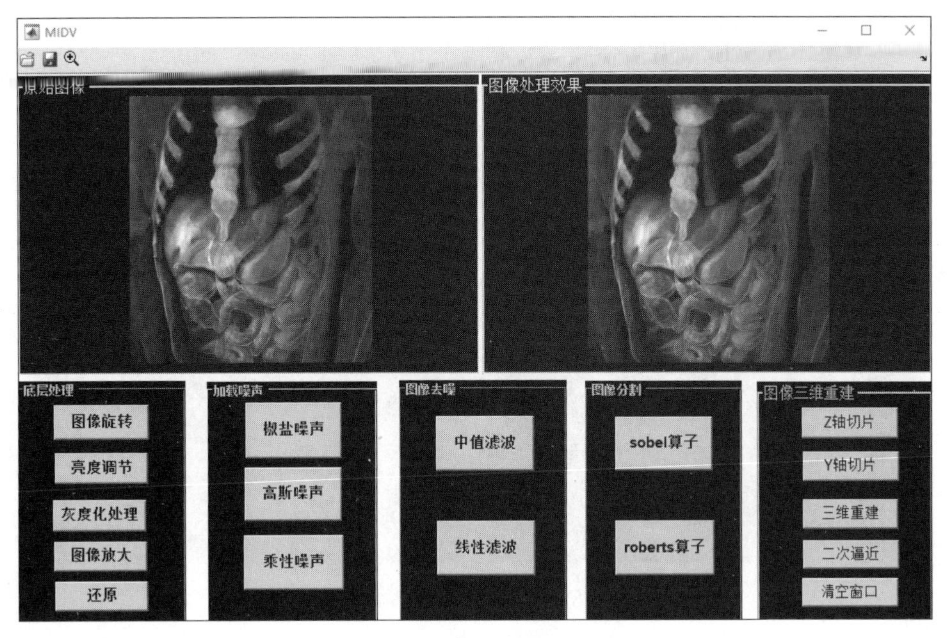

图 9-7　图像还原效果示例

2．加载噪声模块

加载噪声模块集成了“椒盐噪声”“高斯噪声”“乘性噪声”3 个功能按钮。该模块的功能是为图像加载几种典型噪声，这里通过调用 MATLAB 图像处理工具箱中的 imnoise 函数实现。

“椒盐噪声”按钮的功能是为图像加载指定强度的椒盐噪声。该类噪声是由图像传感器、传输信道、解码处理等产生的黑白相间的亮暗点噪声。它往往出现在随机位置，但噪点深度基本固定。单击“椒盐噪声”按钮，在弹出的对话框中输入噪声强度，即可得到加噪后的图像。图 9-8 给出了噪声强度为 0.02 的处理效果，其 MATLAB 程序如下：

```
function pushbutton9_Callback(hObject, eventdata, handles)
axes(handles.axes2);
T=getimage;
prompt={'椒盐噪声强度:'};
defans={'0.02'};
p=inputdlg(prompt,'input',1,defans);
p1=str2num(p{1});
f=imnoise(handles.img,'salt & pepper',p1);
imshow(f);
handles.img=f;
guidata(hObject,handles);
```

“高斯噪声”按钮的功能是为图像加载指定强度的高斯噪声。该类噪声的概率密度函数服从高斯分布，强度由均值和方差两个参数决定。高斯噪声几乎会影响图像的每一个像素点，但噪点深度随机。单击“高斯噪声”按钮，在弹出的对话框中输入噪声均值和方差，即可得到加噪后的图像。图 9-9 给出了均值为 0、方差为 0.02 的处理效果，其 MATLAB 程序如下：

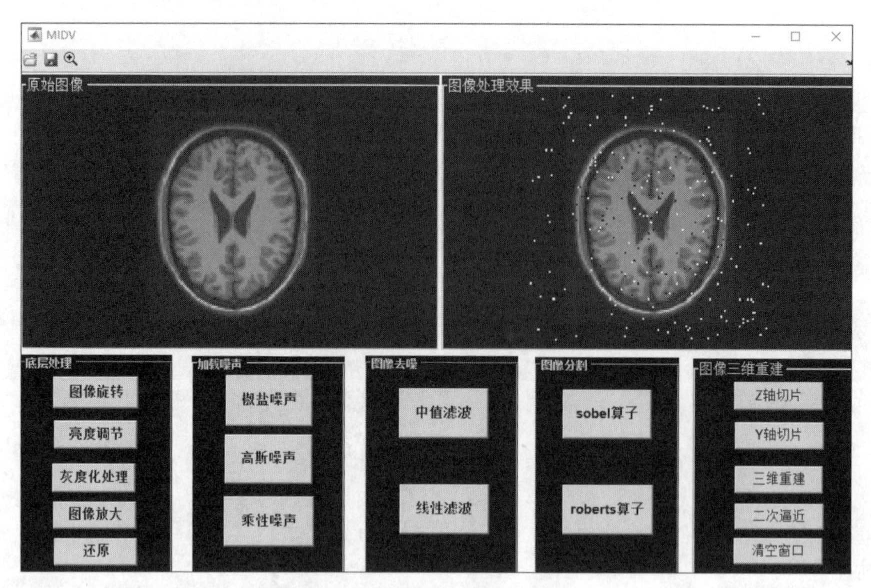

图 9-8　椒盐噪声加载效果示例

```
function pushbutton10_Callback(hObject, eventdata, handles)
axes(handles.axes2);
T=getimage;
prompt={'均值:','方差'};
defans={'0','0.02'};
p=inputdlg(prompt,'input',1,defans);
p1=str2num(p{1});
p2=str2num(p{2});
f=imnoise(handles.img,'gaussian',p1,p2);
imshow(f);
handles.img=f;
guidata(hObject,handles);
```

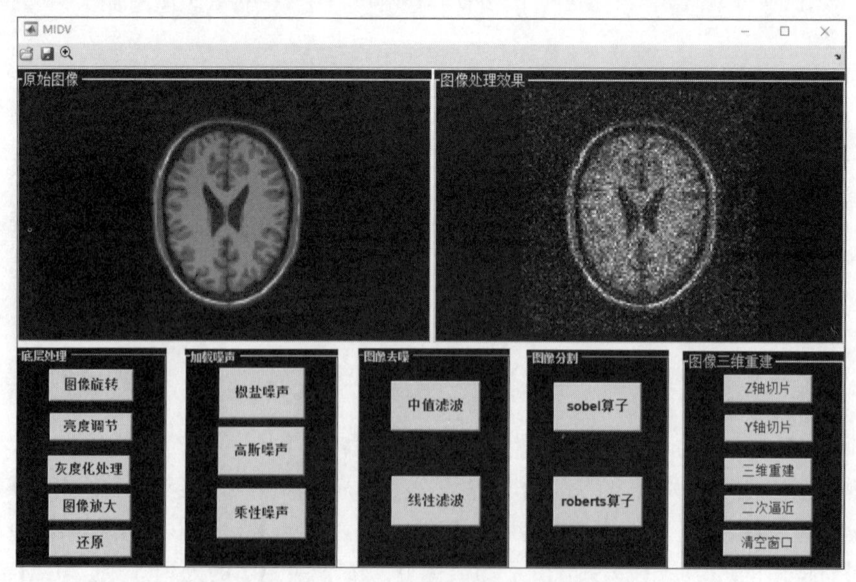

图 9-9　高斯噪声加载效果示例

"乘性噪声"按钮的功能是为图像加载指定强度的乘性噪声。该类噪声与图像有着相乘关系，通常满足瑞利分布或伽马分布，其起伏较剧烈，均匀度较低。单击"乘性噪声"按钮，在弹出的对话框中输入噪声强度，即可得到加噪后的图像。图 9-10 给出了加载强度为 0.02 的处理效果，其 MATLAB 程序如下：

```
function pushbutton11_Callback(hObject, eventdata, handles)
axes(handles.axes2);
T=getimage;
prompt={'乘性噪声强度:'};
defans={'0.02'};
p=inputdlg(prompt,'input',1,defans);
p1=str2num(p{1});
f=imnoise(handles.img,'speckle',p1);
imshow(f);
handles.img=f;
guidata(hObject,handles);
```

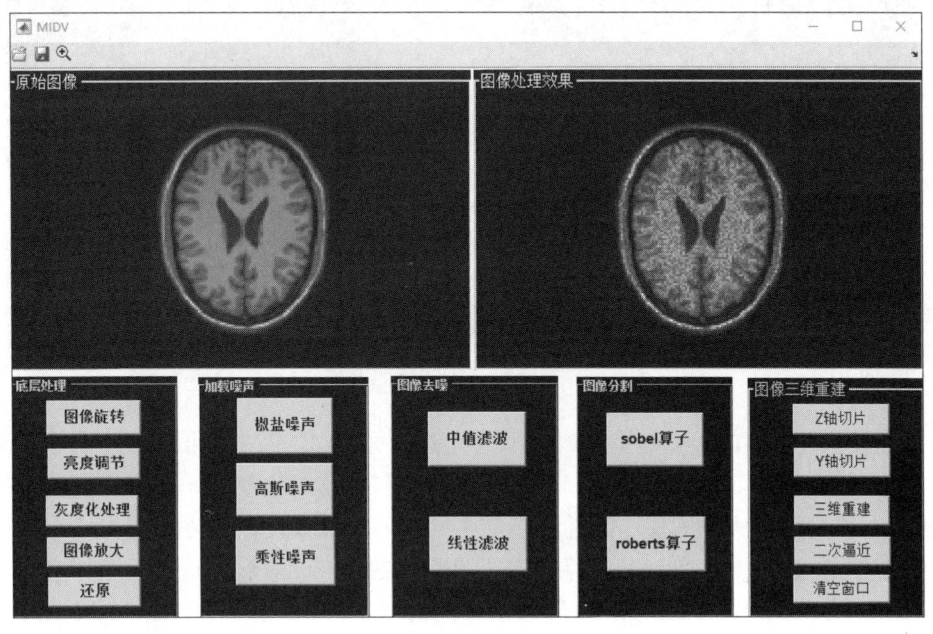

图 9-10　乘性噪声加载效果示例

3. 图像去噪模块

图像去噪模块集成了"中值滤波"和"线性滤波"两个功能按钮，实现对图像的去噪处理。

"中值滤波"按钮的功能是利用非线性平滑技术，将图像像素灰度值设置为某个邻域窗口内所有像素灰度值的中值，从而消除孤立的噪声点。该滤波器对斑点噪声和椒盐噪声有良好的滤除作用，能在滤除噪声的同时保护图像的边缘特征。这里通过调用 MATLAB 图像处理工具箱中的 medfilt2 函数实现，其中邻域窗口的默认大小为 3×3。图 9-11 给出了滤除强度为 0.02 的椒盐噪声的图像去噪效果，其 MATLAB 程序如下：

```
function pushbutton5_Callback(hObject, eventdata, handles)
global T
str=get(hObject,'string');
axes(handles.axes2);
T=getimage;
k=medfilt2(handles.img);
imshow(k);
handles.img=k;
guidata(hObject,handles);
```

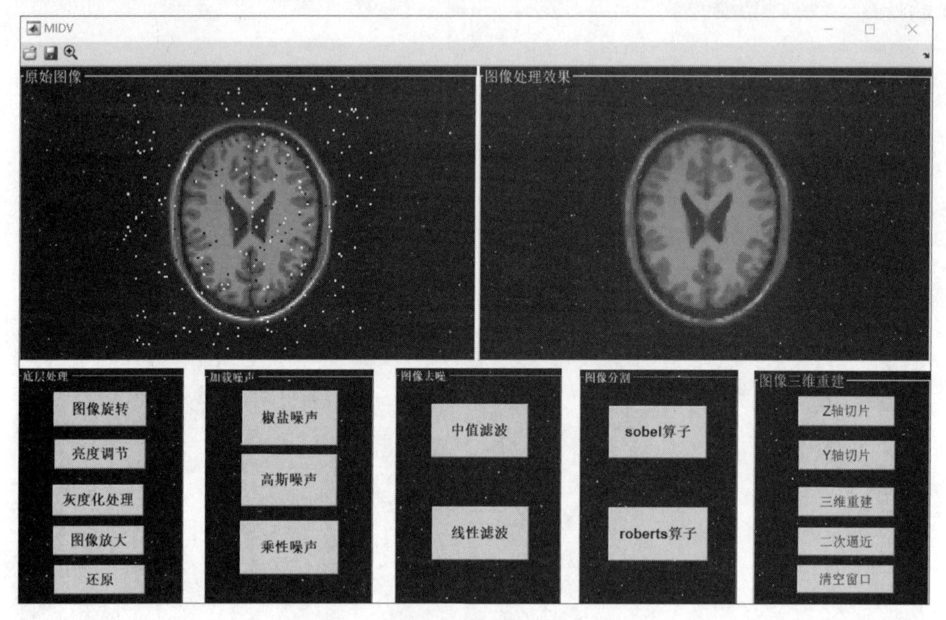

图 9-11　中值滤波图像去噪效果示例

“线性滤波”按钮的功能是采用线性平滑方式调整图像像素灰度值，即对图像的每一个像素点，计算它的邻域像素和一个二维滤波器矩阵（又称为卷积核）对应元素的乘积，然后加起来，作为该像素点的值。按卷积核的不同，常用的线性滤波方法有均值滤波、高斯滤波等。这里通过调用 MATLAB 图像处理工具箱中的 convn 函数进行卷积运算实现线性滤波。图 9-12 给出了滤除强度为 0.02 的椒盐噪声的图像去噪效果，其 MATLAB 程序如下：

```
function pushbutton6_Callback(hObject, eventdata, handles)
global T
str=get(hObject,'string');
axes(handles.axes2);
T=getimage;
h=[1 1 1;1 1 1;1 1 1];
H=h/9;
i=double(handles.img);
k=convn(i,h);
imshow(k,[]);
handles.img=k;
guidata(hObject,handles);
```

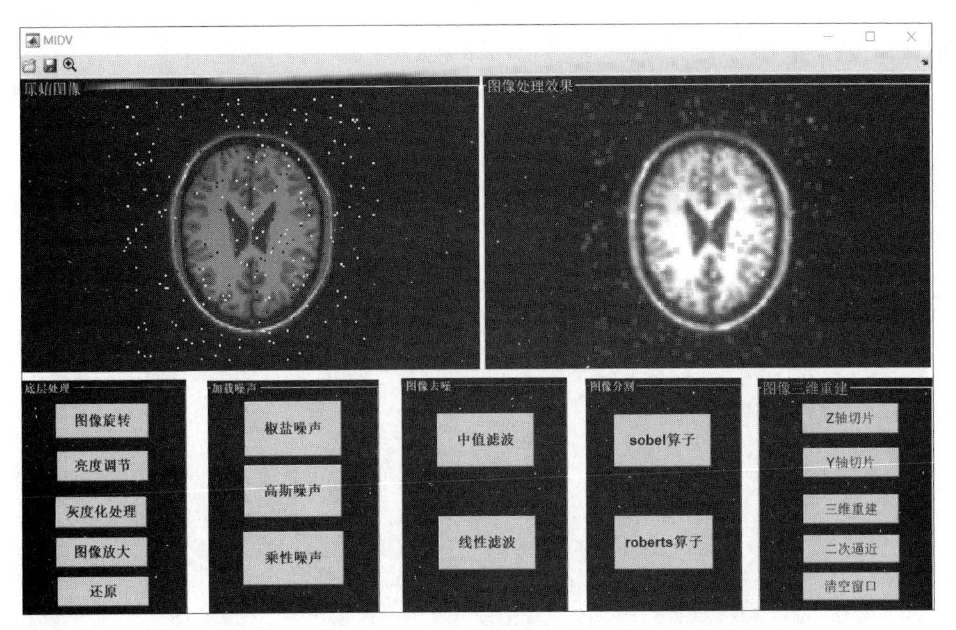

图 9-12　线性滤波图像去噪效果示例

4. 图像分割模块

图像分割模块集成了“sobel 算子”和“roberts 算子”两个功能按钮，实现基于边缘检测的图像分割功能。

“sobel 算子”按钮的功能是利用图像亮度函数一阶梯度的近似值检测图像的边缘特征。首先对图像矩阵进行归一化处理，通过快速卷积方法计算图像亮度函数的梯度近似值，然后设定阈值，将梯度大于该阈值的像素认定为边缘点。图 9-13 给出了基于 sobel 算子的图像分割效果，其 MATLAB 程序如下：

```
function pushbutton8_Callback(hObject, eventdata, handles)
global T
str=get(hObject,'string');
axes(handles.axes2);
T=getimage;
sourcePic=T;
grayPic=mat2gray(sourcePic);
[m,n]=size(grayPic);
newGrayPic=grayPic;
sobelNum=0;
sobelThreshold=0.8;
for j=2:m-1
    for k=2:n-1
        sobelNum=abs(grayPic(j-1,k+1)+2*grayPic(j,k+1)+grayPic(j+1,k+1)
                 -grayPic(j-1,k-1)-2*grayPic(j,k-1)-grayPic(j+1,k-1))
                 +abs(grayPic(j-1,k-1)+2*grayPic(j-1,k)+grayPic(j-1,k+1)
                 -grayPic(j+1,k-1)-2*grayPic(j+1,k)-grayPic(j+1,k+1));
        if(sobelNum > sobelThreshold)
                newGrayPic(j,k)=255;
        else
```

```
                newGrayPic(j,k)=0;
            end
        end
    end
    imshow(newGrayPic);
    handles.img=newGrayPic;
    guidata(hObject,handles);
```

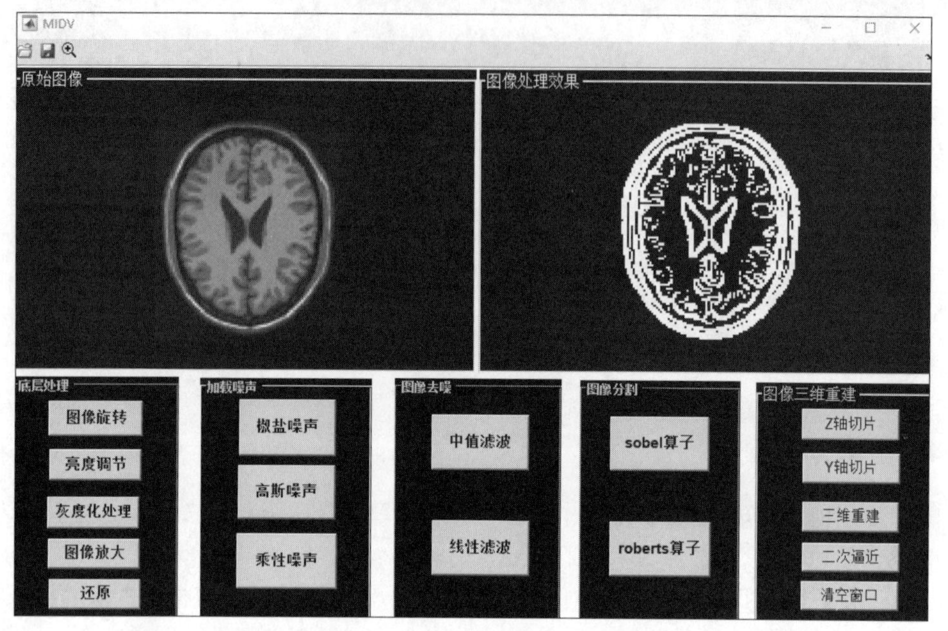

图 9-13　sobel 算子图像分割效果示例

“roberts 算子”按钮的功能是通过计算对角线方向相邻像素的差分，用局部差分算子检测图像边缘特征，实现图像分割。图 9-14 给出了基于 roberts 算子的图像分割效果，其 MATLAB 程序如下：

```
function pushbutton12_Callback(hObject, eventdata, handles)
global T
axes(handles.axes2);
T=getimage;
sourcePic=T;
grayPic=mat2gray(sourcePic);
[m,n]=size(grayPic);
newGrayPic=grayPic;
robertsNum=0;
robertThreshold=0.2;
for j=1:m-1
    for k=1:n-1
        robertsNum=abs(grayPic(j,k)-grayPic(j+1,k+1))+abs(grayPic(j+1,k)
                -grayPic(j,k+1));
        if(robertsNum > robertThreshold)
                newGrayPic(j,k)=255;
        else
```

```
                newGrayPic(j,k)=0;
            end
        end
    end
    imshow(newGrayPic);
    handles.img=newGrayPic;
    guidata(hObject,handles);
```

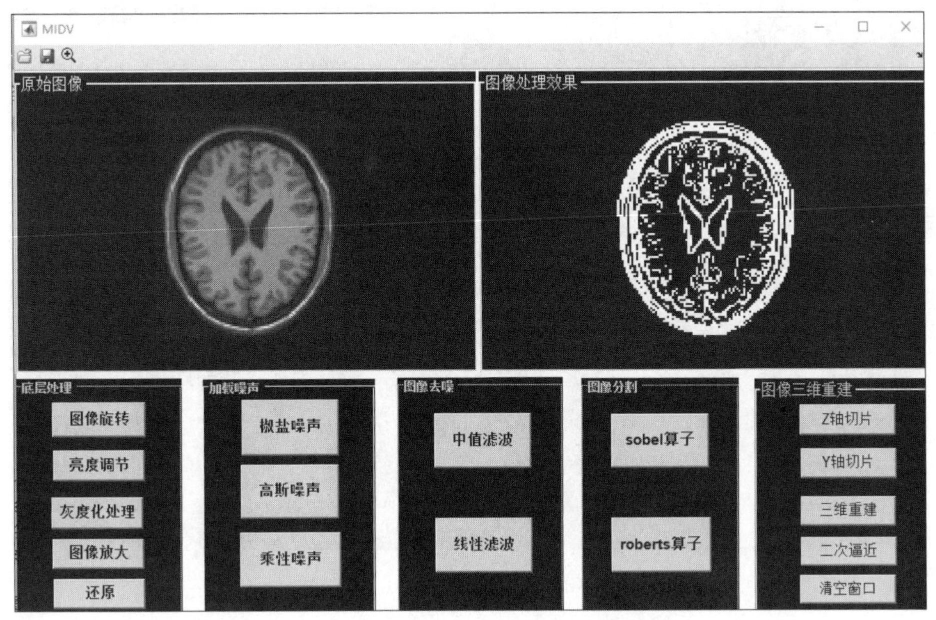

图 9-14　roberts 算子图像分割效果示例

5. 图像三维重建模块

图像三维重建模块集成了“Z 轴切片”“Y 轴切片”“三维重建”“二次逼近”“清空窗口”5 个功能按钮，实现医学切片图像序列的导入和三维重建信息的绘制。

医学图像体数据切片技术可帮助医生从不同方向观察不同位置的二维图像。“Z 轴切片”按钮的功能是导入通过 Z 轴切片法获取的切片图像序列。Z 轴切片法是先将体数据的中心点放在三维坐标的原点上，然后将 X 轴、Y 轴按照一定的方向旋转一定的角度，得到一个新的体数据，再将此体数据沿着 Z 轴的不同位置进行切片。该方法适用于展示体数据的冠矢状切面。图 9-15 给出了导入脑图像序列的效果，其 MATLAB 程序如下：

```
function pushbutton15_Callback(hObject, eventdata, handles)
axes(handles.axes1);
map = pink(90);
idxImages = 1:3:size(X,3);
colormap(map)
global h1
for k = 1:9
    j = idxImages(k);
    h1(k)=subplot(3,3,k);
    image(X(:,:,j));
```

```
    xlabel(['Z = ' int2str(j)]);
    if k==2
        title('沿着原始数据 Z 方向的切片');
    end
end
```

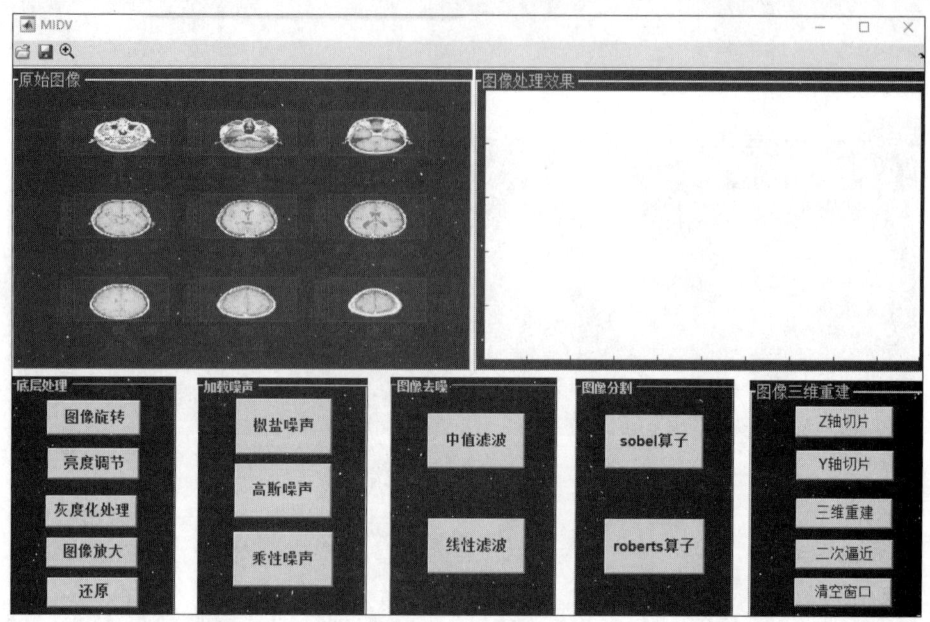

图 9-15　Z 轴切片示例

“Y 轴切片”按钮的功能是导入医学图像体数据沿 *Y* 轴方向的切片图像序列。图 9-16 给出了导入脑切片图像序列的效果，其 MATLAB 程序如下：

```
function pushbutton16_Callback(hObject, eventdata, handles)
load wmri
map = pink(90);
idxImages = 1:3:size(X,3);
colormap(map)
perm = [1 3 2];
XP = permute(X,perm);
global h2
idxImages1 = 1:14:size(XP,3);
colormap(map)
for k = 1:9
    j = idxImages1(k);
    h2(k)=subplot(3,3,k);
    image(XP(:,:,j));
    xlabel(['Y = ' int2str(j)]);
    if k==2
        title('沿着原始数据 Y 方向的切片');
    end
end
```

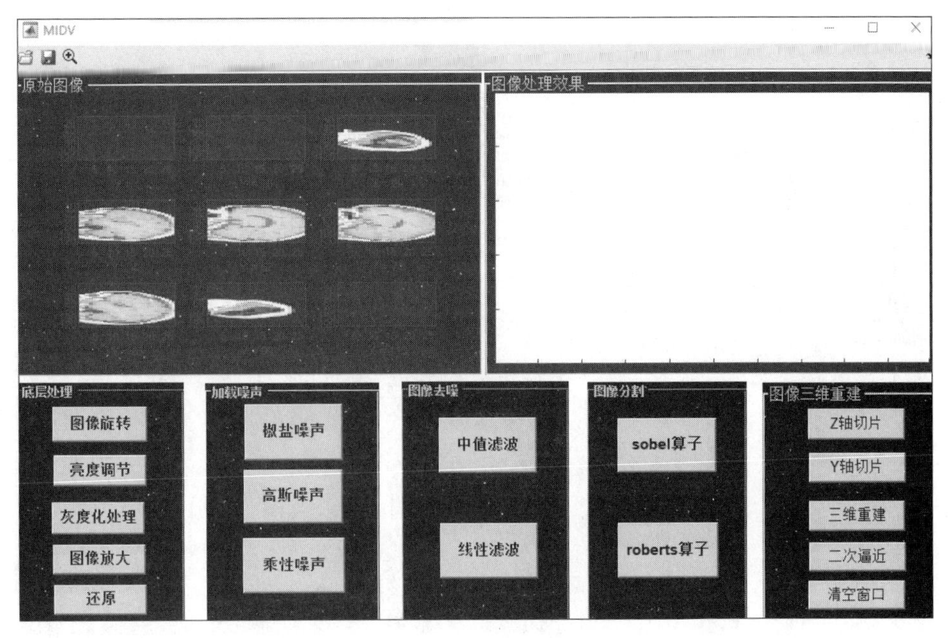

图 9-16　Y 轴切片示例

“三维重建”和“二次逼近”按钮的功能是通过将医学切片图像进行多层三维小波分解与重构，实现图像的初步三维重建和二次逼近功能。

“三维重建”按钮的回调函数如下：

```
function pushbutton14_Callback(hObject, eventdata, handles)
load wmri
axes(handles.axes2);
global h3
XR = X;
Ds = smooth3(XR);
hiso = patch(isosurface(Ds,5),'FaceColor',[1,.75,.65],'EdgeColor','none');
hcap = patch(isocaps(XR,5),'FaceColor','interp','EdgeColor','none');
colormap(map)
daspect(gca,[.5,.5,.2])
h3=lightangle(305,30);
fig = gcf;
fig.Renderer = 'zbuffer';
lighting phong
isonormals(Ds,hiso)
hcap.AmbientStrength = .6;
hiso.SpecularColorReflectance = 0;
hiso.SpecularExponent = 50;
ax = gca;
ax.View = [215,30 ];
ax.Box = 'On';
axis  tight
h3=title('初步数据');
```

图 9-17 是三维重建效果示例。

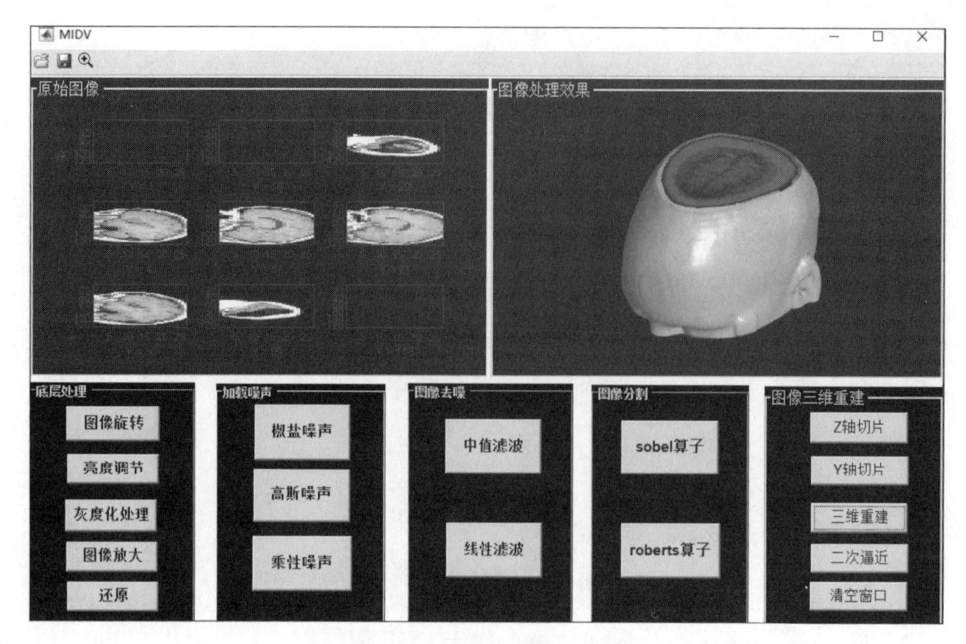

图 9-17　三维重建效果示例

"二次逼近"按钮的回调函数如下：

```
function pushbutton17_Callback(hObject, eventdata, handles)
load wmri
clear XP
n = 3;
w = 'sym4';
WT = wavedec3(X,n,w);
A = cell(1,n);
D = cell(1,n);
for k = 1:n
    A{k} = waverec3(WT,'a',k);
    D{k} = waverec3(WT,'d',k);
end
err = zeros(1,n);
for k = 1:n
    E = double(X)-A{k}-D{k};
    err(k) = max(abs(E(:)));
end
disp(err)
global h4
XR = A{2};
Ds = smooth3(XR);
hiso = patch(isosurface(Ds,5),'FaceColor',[1,.75,.65],'EdgeColor','none');
hcap = patch(isocaps(XR,5),'FaceColor','interp','EdgeColor','none');
colormap(map)
daspect(gca,[1,1,.4])
h4=lightangle(305,30);
fig = gcf;
```

```
fig.Renderer = 'zbuffer';
lighting phong
isonormals(Ds,hiso)
hcap.AmbientStrength = .6;
hiso.SpecularColorReflectance = 0;
hiso.SpecularExponent = 50;
ax = gca;
ax.View = [215,30 ];
ax.Box = 'On';
axis tight
h4=title('二次逼近');
```

图 9-18 是二次逼近效果示例。

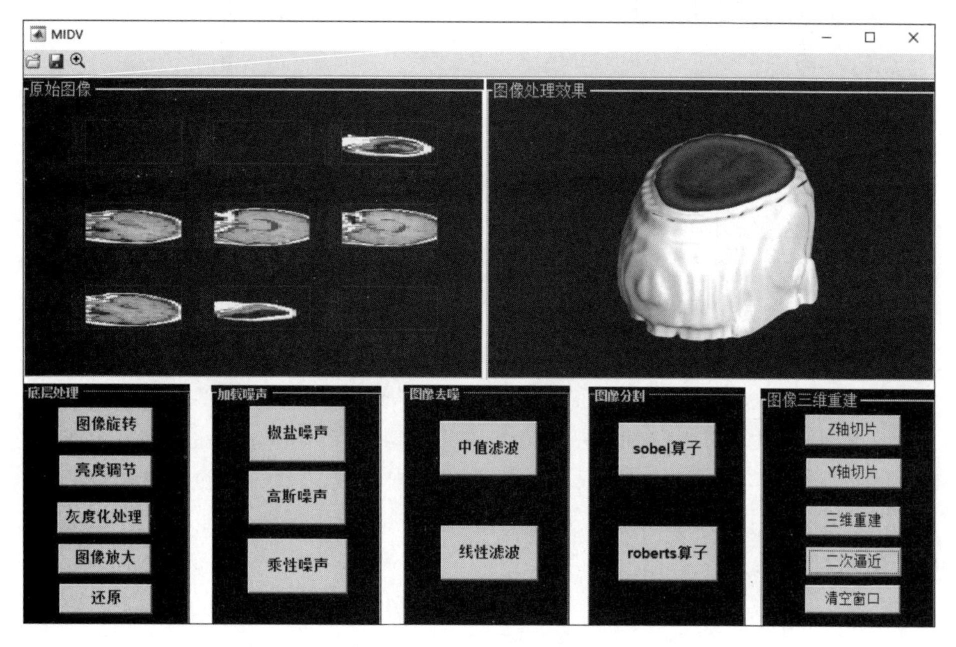

图 9-18　二次逼近效果示例

“清空窗口”按钮的功能是将原始图像窗口和图像处理效果窗口的内容进行清空处理，其 MATLAB 程序如下：

```
function pushbutton19_Callback(hObject, eventdata, handles)
cla(handles.axes1);
cla(handles.axes2);
```

单击平台界面工具栏中的文件夹图标，弹出载入图像对话框，选中图像文件后即可实现医学图像的导入。导入后的图像可利用上述功能按钮进行相应的后续处理。

综上所述，该医学图像处理平台的设计具有良好的可视性和交互性，能有效挖掘医学图像信息。其模块功能由简至繁，从二维图像的处理到三维图像的构建，通过优化计算，展现了医学图像的数据信息和特征。

9.2　雾霾场景下基于 Retinex 的图像去雾

雾霾是一种常见的天气现象。雾霾场景会影响户外机器视觉系统的成像质量，造成图像退化现象，主要表现为场景特征信息模糊、对比度低、色彩失真等，这将严重限制和影响图像的应用。图像去雾处理的目的是从退化图像中去除来自天气因素的干扰，增强图像的清晰程度、颜色饱和度，从而最大限度地恢复图像有用的特征，使得复原图像能更好地应用于安防监控、智能交通、遥感观测、自动驾驶等诸多领域。

本节主要介绍雾霾场景下基于 Retinex 的图像去雾方法及其 MATLAB 实现。

9.2.1　Retinex 基本原理

Retinex 是视网膜（Retina）和大脑皮层（Cortex）的缩写，它是在色彩恒常理论基础上建立的一种图像增强方法。Retinex 方法的理论依据是：物体的颜色是由物体对长波（红）、中波（绿）和短波（蓝）光线的反射能力决定的，不受光照非均性的影响，具有一致性，即 Retinex 方法是以色彩恒常性为基础的。

Retinex 增强方法首先要从接收到的图像中分离出照度分量，进而推算出物体的反射分量。下面给出照度分量和反射分量分离的数学描述。

将一幅图像 $S(x, y)$分解成两幅图像的乘积：

$$S(x,y) = R(x,y) \cdot L(x,y)$$

式中，$L(x, y)$表示入射光的照度分量，具有平缓的变化特性；$R(x, y)$ 表示物体的反射分量，具有相对高频的变化特性。入射光取决于光源，反射光取决于图像的自身性质。将图像的反射分量从照度分量中分离出来后，可以消除光照影响，增强高频细节特征。Retinex 原理如图 9-19 所示。

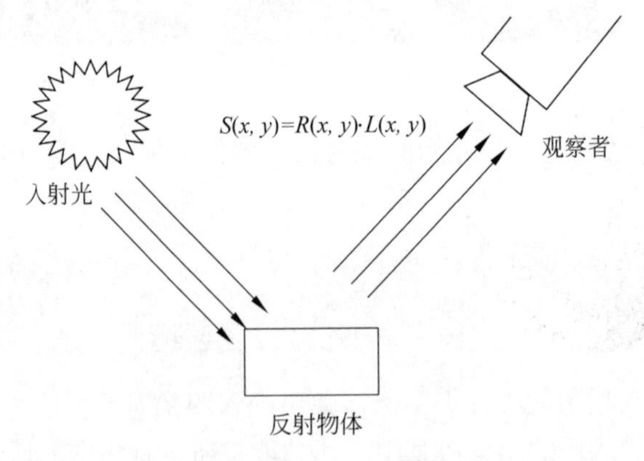

图 9-19　Retinex 原理

9.2.2　单尺度 Retinex 去雾

由于人眼对高频信息更为敏感，因而反射图像更适合人眼观察。对于 RGB 图像，可以分别对 R 分量、G 分量和 B 分量做高频增强处理，再对增强后的各分量图像进行融合。这种单尺度 Retinex 去雾增强的算法流程如下。

（1）利用对数变换分离图像中的入射光分量和反射光分量，即

$$S'(x,y) = r(x,y) + l(x,y) = \log R(x,y) + \log L(x,y)$$

MATLAB 程序如下：

```
I=imread('house.jpg');
R=I(:,:,1);
[N1,M1]=size(R);
R0=double(R);
Rlog=log(R0+1);
Rfft2=fft2(R0);
G=I(:,:,2);
[N1,M1]=size(G);
G0=double(G);
Glog=log(G0+1);
Gfft2=fft2(G0);
B=I(:,:,3);
[N1,M1]=size(B);
B0=double(B);
Blog=log(B0+1);
Bfft2=fft2(B0);
```

（2）用高斯低通函数 $F(x, y)$与图像做卷积运算，计算图像像素与其周围区域像素的灰度加权平均，估计图像中的照度分量(低频分量)，从而滤除低频成分，保留高频成分。低通滤波后的图像 $D(x, y)$可表示为

$$D(x,y) = S(x,y) * F(x,y)$$

MATLAB 程序如下：

```
sigma=250;
F=zeros(N1,M1);
for i=1:N1
    for j=1:M1
        F(i,j)=exp(-((i-N1/2)^2+(j-M1/2)^2)/(2*sigma*sigma));
    end
end
F=F./(sum(F(:)));
Ffft=fft2(double(F));
DR0=Rfft2.*Ffft;
DR=ifft2(DR0);
for i=1:N1
   for j=1:M1
       F(i,j)=exp(-((i-N1/2)^2+(j-M1/2)^2)/(2*sigma*sigma));
   end
end
F=F./(sum(F(:)));
Ffft=fft2(double(F));
DG0=Gfft2.*Ffft;
DG=ifft2(DG0);
```

```
for i=1:N1
   for j=1:M1
       F(i,j)=exp(-((i-N1/2)^2+(j-M1/2)^2)/(2*sigma*sigma));
   end
end
F=F./(sum(F(:)));
Ffft=fft2(double(F));
DB0=Gfft2.*Ffft;
DB=ifft2(DB0);
```

（3）在对数域中，用原始图像减去低通滤波后的图像，获取高频增强的图像 $G(x, y)$，即

$$G(x,y)=S'(x,y)-\log D(x,y)$$

MATLAB 程序如下：

```
DRdouble=double(DR);
DRlog=log(DRdouble+1);
Rr=Rlog-DRlog;
DGdouble=double(DG);
DGlog=log(DGdouble+1);
Gg=Glog-DGlog;
DBdouble=double(DB);
DBlog=log(DBdouble+1);
Bb=Blog-DBlog;
```

（4）对 $G(x,y)$取反对数，获取增强后的图像 $R(x,y)$，即

$$R(x,y)=\exp(G(x,y))$$

MATLAB 程序如下：

```
EXPRr=exp(Rr);
EXPGg=exp(Gg);
EXPBb=exp(Bb);
```

（5）对 $R(x,y)$进行对比度增强处理。MATLAB 程序如下：

```
MIN=min(min(EXPRr));
MAX=max(max(EXPRr));
EXPRr=(EXPRr-MIN)/(MAX-MIN);
EXPRr=adapthisteq(EXPRr);
MIN=min(min(EXPGg));
MAX=max(max(EXPGg));
EXPGg=(EXPGg-MIN)/(MAX-MIN);
EXPGg=adapthisteq(EXPGg);
MIN=min(min(EXPBb));
MAX=max(max(EXPBb));
EXPBb=(EXPBb-MIN)/(MAX-MIN);
EXPBb=adapthisteq(EXPBb);
```

（6）融合增强后的各分量图像，得到最终的单尺度 Retinex 去雾效果，如图 9-20 所示。MATLAB 程序如下：

```
    I0(:,:,1)=EXPRr;
    I0(:,:,2)=EXPGg;
    I0(:,:,3)=EXPBb;
    subplot(121),imshow(I);
    subplot(122),imshow(I0);
```

(a) 原始图像

(b) 单尺度Retinex去雾效果

图 9-20　单尺度 Retinex 去雾示例

利用单尺度 Retinex 方法可消除雾在光照上的影响，实现雾天图像的清晰化处理。但是，由于雾对入射光和反射光都有平滑作用，因此增强后的图像中仍然存在着少量光晕现象。

9.2.3　多尺度 Retinex 去雾

为了克服单尺度 Retinex 的缺陷，可以将一幅图像在不同尺度上利用高斯模板进行低通滤波处理，然后对不同尺度的滤波结果进行加权平均，以获得照度图像。多尺度 Retinex 可以用数学形式描述为

$$R_i(x,y)=\sum_{n=1}^{N}W_n\left\{\log_2 I_i(x,y)-\log_2\left[F_n(x,y)*I_i(x,y)\right]\right\}$$

式中，$R_i(x,y)$ 表示 Retinex 的输出；$i\in\{\mathrm{R,G,B}\}$ 表示 3 个颜色谱带；W_n 表示权重因子；N 表示尺度数，N=3 表示彩色图像，N=1 表示灰度图像。

多尺度 Retinex 具有较好的颜色再现性、亮度恒常性以及动态范围压缩性等特性。在多尺度 Retinex 增强过程中，图像可能会因为增加了噪声而造成局部区域的色彩失真，从而影响整体视觉效果。为了弥补这个缺陷，可采用带有色彩恢复因子的多尺度算法。带有色彩恢复因子的多尺度 Retinex 算法是在多个固定尺度的基础上考虑色彩不失真恢复的结果，弥补由于图像局部区域对比度增强而导致色彩失真的缺陷。色彩恢复因子可以表示为

$$C_i(x,y)=f\left[I_i(x,y)\right]=f\left[\frac{I_i(x,y)}{\sum_{j=1}^{N}I_j(x,y)}\right]$$

式中，$f(\cdot)$表示颜色空间映射函数。C_i表示通道 i 的色彩恢复系数，用于调节 R、G、B 三通道颜色的比例关系，从而通过把相对暗的区域信息凸显出来以消除图像色彩失真的缺陷。处理后的图像局域对比度增强，亮度与真实场景相似。

带有色彩恢复因子的多尺度 Retinex 可以用数学形式描述为

$$R_i'(x,y)=C_i(x,y)R_i(x,y)$$

多尺度 Retinex 去雾增强的算法流程如下。

（1）分别求取 R、G、B 通道下多尺度高频增强图像。MATLAB 程序如下：

```
I=imread( 'house.jpg' );
R=I(:,:,1);
G=I(:,:,2);
B=I(:,:,3);
R0=double(R);
G0=double(G);
B0=double(B);
[N1,M1]=size(R);
% 对 R 分量进行处理
Rlog=log(R0+1);
Rfft2=fft2(R0);
sigma=128;
F = zeros(N1,M1);
for i=1:N1
    for j=1:M1
        F(i,j)=exp(-((i-N1/2)^2+(j-M1/2)^2)/(2*sigma*sigma));
    end
end
F = F./(sum(F(:)));
Ffft=fft2(double(F));
DR0=Rfft2.*Ffft;
DR=ifft2(DR0);
DRdouble=double(DR);
DRlog=log(DRdouble+1);
Rr0=Rlog-DRlog;
sigma=256;
F = zeros(N1,M1);
for i=1:N1
     for j=1:M1
         F(i,j)=exp(-((i-N1/2)^2+(j-M1/2)^2)/(2*sigma*sigma));
     end
end
F = F./(sum(F(:)));
Ffft=fft2(double(F));
```

```
DR0=Rfft2.*Ffft;
DR=ifft2(DR0);
DRdouble=double(DR);
DRlog=log(DRdouble+1);
Rr1=Rlog-DRlog;
sigma=512;
F = zeros(N1,M1);
for i=1:N1
    for j=1:M1
        F(i,j)=exp(-((i-N1/2)^2+(j-M1/2)^2)/(2*sigma*sigma));
    end
end
F = F./(sum(F(:)));
Ffft=fft2(double(F));
DR0=Rfft2.*Ffft;
DR=ifft2(DR0);
DRdouble=double(DR);
DRlog=log(DRdouble+1);
Rr2=Rlog-DRlog;
Rr=(1/3)*(Rr0+Rr1+Rr2);
% 对 G 分量进行处理
[N1,M1]=size(G);
G0=double(G);
Glog=log(G0+1);
Gfft2=fft2(G0);
sigma=128;
F = zeros(N1,M1);
for i=1:N1
    for j=1:M1
        F(i,j)=exp(-((i-N1/2)^2+(j-M1/2)^2)/(2*sigma*sigma));
    end
end
F = F./(sum(F(:)));
Ffft=fft2(double(F));
DG0=Gfft2.*Ffft;
DG=ifft2(DG0);
DGdouble=double(DG);
DGlog=log(DGdouble+1);
Gg0=Glog-DGlog;
sigma=256;
F = zeros(N1,M1);
for i=1:N1
    for j=1:M1
        F(i,j)=exp(-((i-N1/2)^2+(j-M1/2)^2)/(2*sigma*sigma));
    end
end
F = F./(sum(F(:)));
Ffft=fft2(double(F));
DG0=Gfft2.*Ffft;
```

```
DG=ifft2(DG0);
DGdouble=double(DG);
DGlog=log(DGdouble+1);
Gg1=Glog-DGlog;
sigma=512;
F = zeros(N1,M1);
for i=1:N1
    for j=1:M1
        F(i,j)=exp(-((i-N1/2)^2+(j-M1/2)^2)/(2*sigma*sigma));
    end
end
F = F./(sum(F(:)));
Ffft=fft2(double(F));
DG0=Gfft2.*Ffft;
DG=ifft2(DG0);
DGdouble=double(DG);
DGlog=log(DGdouble+1);
Gg2=Glog-DGlog;
Gg=(1/3)*(Gg0+Gg1+Gg2);
% 对 B 分量进行处理
[N1,M1]=size(B);
B0=double(B);
Blog=log(B0+1);
Bfft2=fft2(B0);
sigma=128;
F = zeros(N1,M1);
for i=1:N1
    for j=1:M1
        F(i,j)=exp(-((i-N1/2)^2+(j-M1/2)^2)/(2*sigma*sigma));
    end
end
F = F./(sum(F(:)));
Ffft=fft2(double(F));
DB0=Bfft2.*Ffft;
DB=ifft2(DB0);
DBdouble=double(DB);
DBlog=log(DBdouble+1);
Bb0=Blog-DBlog;
sigma=256;
F = zeros(N1,M1);
for i=1:N1
    for j=1:M1
        F(i,j)=exp(-((i-N1/2)^2+(j-M1/2)^2)/(2*sigma*sigma));
    end
end
F = F./(sum(F(:)));
Ffft=fft2(double(F));
DB0=Bfft2.*Ffft;
DB=ifft2(DB0);
```

```
DBdouble=double(DB);
DBlog=log(DBdouble+1);
Bb1=Blog-DBlog;
sigma=512;
F = zeros(N1,M1);
for i=1:N1
    for j=1:M1
        F(i,j)=exp(-((i-N1/2)^2+(j-M1/2)^2)/(2*sigma*sigma));
    end
end
F = F./(sum(F(:)));
Ffft=fft2(double(F));
DB0=Rfft2.*Ffft;
DB=ifft2(DB0);
DBdouble=double(DB);
DBlog=log(DBdouble+1);
Bb2=Blog-DBlog;
Bb=(1/3)*(Bb0+Bb1+Bb2);
```

（2）将增强后的分量乘以色彩恢复因子，并对其进行反对数变换及灰度拉伸处理。MATLAB 程序如下：

```
%对 R 分量进行处理
a=125;
II=imadd(R0,G0);
II=imadd(II,B0);
Ir=immultiply(R0,a);
C=imdivide(Ir,II);
C=log(C+1);
Rr=immultiply(C,Rr);
EXPRr=exp(Rr);
MIN = min(min(EXPRr));
MAX = max(max(EXPRr));
EXPRr = (EXPRr-MIN)/(MAX-MIN);
EXPRr=adapthisteq(EXPRr);
%对 G 分量进行处理
Gg=immultiply(C,Gg);
EXPGg=exp(Gg);
MIN = min(min(EXPGg));
MAX = max(max(EXPGg));
EXPGg = (EXPGg-MIN)/(MAX-MIN);
EXPGg=adapthisteq(EXPGg);
%对 B 分量进行处理
Bb=immultiply(C,Bb);
EXPBb=exp(Bb);
MIN = min(min(EXPBb));
MAX = max(max(EXPBb));
EXPBb = (EXPBb-MIN)/(MAX-MIN);
EXPBb=adapthisteq(EXPBb);
```

（3）融合增强后的 R、G、B 分量。MATLAB 程序如下：

```
I0(:,:,1)=EXPRr;
I0(:,:,2)=EXPGg;
I0(:,:,3)=EXPBb;
subplot(121),imshow(I);
subplot(122),imshow(I0);
```

最终的去雾增强效果如图 9-21 所示。

(a) 原始图像

(b) 多尺度Retinex去雾效果

图 9-21　多尺度 Retinex 去雾示例

9.3　结合语义特征的人脸图像去模糊

人脸图像具有高度的结构性和面部部件（例如眼睛、鼻子和嘴）的一致性，这些语义信息能为图像复原提供有力的先验。本节介绍一种结合语义特征的人脸图像去模糊方法，利用经深度卷积神经网络（Convolutional Neural Network，CNN）训练得到的全局语义标签作为输入先验，并引入人脸局部结构的自适应调整，以使得复原的图像具有更准确的面部特征和细节。具体来说，去模糊处理是通过由模糊图像和语义标签作为输入的去模糊网络，由粗到细地复原人脸图像。首先，利用较粗粒度的去模糊网络减少输入面部图像的运动模糊。然后，采用人脸语义解析网络从粗粒度去模糊图像中提取语义特征。最后，基于模糊图像、粗粒度去模糊图像和语义标签利用细粒度去模糊网络还原清晰的面部图像。为了产生逼真的复原效果，还利用感知域损失和对抗性损失训练网络。下面详细描述该去模糊方法的技术要点。

9.3.1 网络结构

给定一幅模糊的人脸图像x，去模糊的目标是将其复原为逼近真实图像y_{GT}的清晰图像y。下面通过训练深度 CNN 实现去模糊。去模糊模型包括 3 个网络：粗粒度的去模糊网络ς_c、人脸语义解析网络P和细粒度的去模糊网络ς_f。

1．粗粒度的去模糊网络

为了降低运动模糊的影响，首先获取粗粒度的去模糊图像y_c：

$$y_c = \varsigma_c(x)$$

ς_c是一个多尺度的残差网络。因为脸部图像的空间分辨率较低，这里仅使用两个尺度。第一个尺度的输入为模糊图像的 2 倍下采样图像$x^{(0.5\times)}$，输出为去模糊图像$y_c^{(0.5\times)}$；第二个尺度的输入为模糊图像x和上采样的去模糊图像$\upsilon_{2\times}(y_c^{(0.5\times)})$（其中，$\upsilon_{2\times}$表示双三次上采样算子），输出为粗粒度去模糊图像$y_c$。为了增大网络的感受野，可以在第一个卷积层使用较大尺寸的滤波器（例如 11×11）。

2．人脸语义解析网络

采用具有残差连接的编码器与解码器结构构建人脸语义解析网络。该网络以粗粒度的去模糊图像y_c作为输入，产生人脸语义标签的概率映射p：

$$p = P(y_c)$$

语义概率用于编码重要的表观信息以及面部部件的大致位置，并作为重建去模糊人脸图像的全局先验。

3．细粒度的去模糊网络

细粒度的去模糊网络与粗粒度的去模糊网络结构相似。该网络以模糊图像x、粗粒度去模糊图像y_c和语义概率映射p为输入，最终还原清晰的面部图像y：

$$y = \varsigma_f(x, y_c, p)$$

细粒度的去模糊网络仍是一个具有两个尺度的多尺度网络。第一个尺度的输入包括下采样的模糊图像$x^{(0.5\times)}$、下采样的粗粒度去模糊图像$y_c^{(0.5\times)}$和下采样的语义概率映射$p^{(0.5\times)}$；第二个尺度的输入包括模糊图像x、粗粒度去模糊图像y_c、上采样的去模糊图像$\upsilon_{2\times}(y^{(0.5\times)})$和语义概率映射$p^{(0.5\times)}$。第二个尺度的输出就是最终的去模糊图像$y$。

图 9-22 给出了人脸语义解析网络和去模糊网络的示意图。

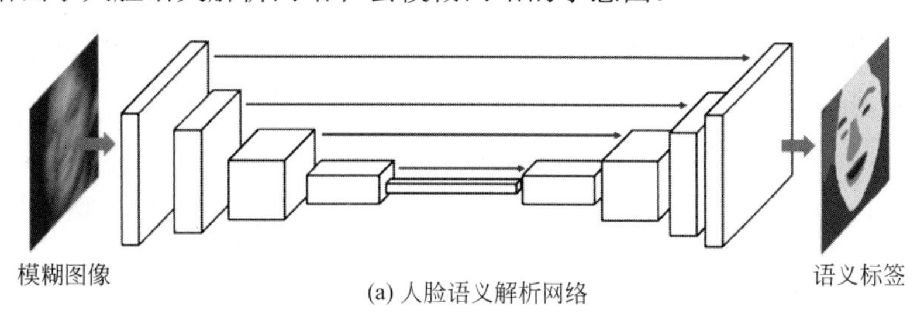

(a) 人脸语义解析网络

图 9-22　人脸语义解析网络和去模糊网络

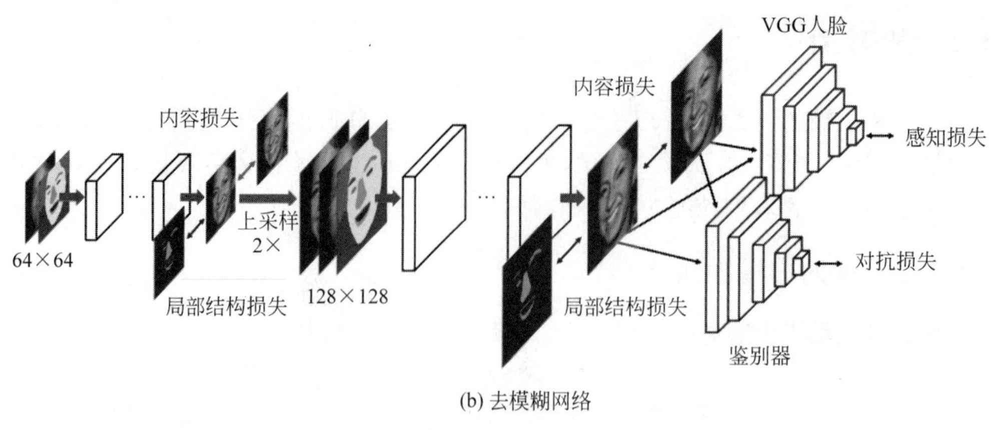

(b) 去模糊网络

图 9-22 （续）

9.3.2 损失函数

神经网络训练和优化的过程就是最小化损失函数的过程。损失函数越小，模型的预测值就越接近真实值，模型的准确性越好。可见，损失函数的选择是设计神经网络的一个关键问题。这里，人脸语义解析网络的训练使用交叉熵损失函数，去模糊网络的优化使用像素级的内容损失函数和自适应调整的局部结构损失函数。由于 L_1 损失函数容易导致过平滑结果，因此在优化去模糊网络时引入了感知域损失和对抗性损失，以生成逼真的去模糊图像。

1．解析损失

人脸语义解析网络的优化采用解决多分类问题的交叉熵损失函数：

$$L_{\mathrm{p}} = -\sum_{k=1}^{K} p_{\mathrm{GT}}^{(k)} \log_2 p^{(k)}$$

式中，$p_{\mathrm{GT}}^{(k)}$ 表示第 k 类语义标签的真实值。

2．内容损失

细粒度去模糊网络和粗粒度去模糊网络的优化采用基于 L_1 范数的内容损失函数：

$$L_{\mathrm{c}} = \|y_{\mathrm{c}} - y_{\mathrm{GT}}\|_1 + \|y - y_{\mathrm{GT}}\|_1$$

3．自适应局部结构损失

内容损失是面向真实图像的全局约束，人脸的关键部件（例如眼睛和嘴）由于空间分辨率较低而容易被忽略。仅仅面向整幅图像最小化内容损失函数，不能保证复原人脸的细节信息。针对人脸的 8 个重要部件，包括左眼、右眼、左眉、右眉、鼻子、上唇、下唇和牙齿，可以通过引入局部结构损失约束增强局部细节。对面部关键部件施加的局部结构损失函数为

$$L_{\mathrm{s}} = \sum_{k=1}^{K} w_k \|M_k \odot y - M_k \odot y_{\mathrm{GT}}\|_1$$

式中，w_k 表示赋予各关键部件的权重，M_k 表示从语义标签 p 中提取的第 k 个部件的结构掩模。w_k 采用自适应调整机制更新，即

$$w_k = c / A_k$$

这里，c 表示常数，A_k 表示第 k 个部件的尺寸。这样通过自适应的局部结构损失约束可以给小部件赋予较大的权重，从而有助于复原脸部细节。

4．感知损失

感知损失用来测度一个预训练分类网络（例如 VGG16）在高维特征空间的相似性。给定输入图像 x，用 $\phi_l(x)$ 表示损失网络 ϕ 在第 l 层的激活函数。感知损失函数定义为

$$L_{\text{VGG}} = \sum_l \|\phi_l(y) - \phi_l(y_{\text{GT}})\|_1$$

5．对抗损失

将细粒度的去模糊网络作为生成器 ς，创建尽可能真实的新面部图像。在 DCGAN 模型的基础上构建一个鉴别器 Ψ，从生成器的输出中鉴别图像是否真实。这样，对抗训练可描述为如下优化问题：

$$\min_{\varsigma} \max_{\Psi} E[\log_2 \Psi(y_{\text{GT}})] + E[\log_2(1 - \Psi(y))]$$

在更新生成器时，设定对抗损失函数为

$$L_{\text{adv}} = -\log_2 \Psi(y)$$

而鉴别器由 6 个卷积层和一个 ReLU 激活层组成，最后一层利用 Sigmoid 函数输出一个逼真图像。

6．损失函数

人脸去模糊模型训练的总体损失函数为

$$L = L_{\text{c}} + \lambda_{\text{s}} L_{\text{s}} + \lambda_{\text{p}} L_{\text{p}} + \lambda_{\text{VGG}} L_{\text{VGG}} + \lambda_{\text{adv}} L_{\text{adv}}$$

式中，λ_{s}、λ_{p}、λ_{VGG} 和 λ_{adv} 是用于平衡局部结构损失、解析损失、感知损失和对抗损失的权重。内容损失 L_{c} 和局部结构损失 L_{s} 用于去模糊网络每一个尺度的训练，而感知损失 L_{VGG} 和对抗损失 L_{adv} 只用于最后输出图像，即细粒度去模糊网络第二个尺度的输出。

9.3.3 训练策略

网络模型的训练采用如下渐进式策略：

（1）利用内容损失函数优化训练粗粒度的去模糊网络 ς_{c}。

（2）固定 ς_{c}，利用解析损失函数优化训练人脸语义解析网络 P。

（3）固定 ς_{c} 和 P，利用内容损失函数、局部结构损失函数、感知损失函数和对抗损失函数优化训练细粒度的去模糊网络 ς_{f}。

（4）通过最小化总体损失函数，联合优化粗粒度的去模糊网络 ς_{c}、人脸语义解析网络 P 和细粒度的去模糊网络 ς_{f}。

9.3.4 MATLAB 实现

本节介绍的结合语义特征的人脸图像去模糊算法可通过如下 MATLAB 程序实现。

主程序 main_deblur18.m 如下：

```
load('net_G_P_S_F.mat');
load('net_P_P_S_F.mat');
run ./matconvnet-1.0-beta22/matlab/vl_setupnn.m;
grayBlur=single(imread('example.png'));
blurImg=grayBlur;
if max(blurImg(:)>1)
    blurImg = blurImg/256;
end
deblur=DL_deblur_net18(blurImg,net_G,net_P);
imwrite(deblur,['example_deblur.png']);
figure;
subplot(1, 2, 1); imshow(blurImg);
subplot(1, 2, 2); imshow(deblur);
```

函数程序 DL_deblur_net18.m 如下：

```
function [outIm] = DL_deblur_net18(blurImg, net_G, net_P)
blurImg=imresize(blurImg,[128 128]);
blurImg0=imresize(blurImg,[64 64]);
% downsample
convImg_1 = vl_nnconv(blurImg,net_P(1,1).w, net_P(1,1).b,'pad',[1 1 1 1],
'stride',[1,1],'cuDNN');
batchImg_1 =vl_nnbnorm(convImg_1,net_P(1,1).bw,
net_P(1,1).bb,'epsilon',1.0000e-04,'cuDNN');
reluImg_1 =vl_nnrelu(batchImg_1,[], 'leak', 0.0);
poolImng_1 =vl_nnpool(reluImg_1,[2,2],'pad', 0, 'stride', [2 ,2],'method',
'max');
convImg_2 = vl_nnconv(poolImng_1,net_P(1,2).w, net_P(1,2).b,'pad',[1 1 1 1],
'stride',[1,1],'cuDNN');
batchImg_2 =vl_nnbnorm(convImg_2,net_P(1,2).bw, net_P(1,2).bb, 'epsilon',
1.0000e-04, 'cuDNN');
reluImg_2 =vl_nnrelu(batchImg_2,[], 'leak', 0.0);
poolImng_2 =vl_nnpool(reluImg_2,[2,2],'pad', 0, 'stride', [2 ,2],'method',
'max');
convImg_3 = vl_nnconv(poolImng_2,net_P(1,3).w, net_P(1,3).b,'pad',[2 2 2 2],
'stride',[1,1],'cuDNN');
batchImg_3 =vl_nnbnorm(convImg_3,net_P(1,3).bw, net_P(1,3).bb,'epsilon',
1.0000e-04,'cuDNN');
reluImg_3 =vl_nnrelu(batchImg_3,[], 'leak', 0.0);
poolImng_3 =vl_nnpool(reluImg_3,[2,2],'pad', 0, 'stride', [2 ,2],'method',
'max');
convImg_4 = vl_nnconv(poolImng_3,net_P(1,4).w, net_P(1,4).b,'pad',[1 1 1 1],
'stride',[1,1],'cuDNN');
batchImg_4 =vl_nnbnorm(convImg_4,net_P(1,4).bw, net_P(1,4).bb,'epsilon',
1.0000e-04,'cuDNN');
```

```
reluImg_4 =vl_nnrelu(batchImg_4,[], 'leak', 0.0);
poolImng_4 =vl_nnpool(reluImg_4,[2,2],'pad', 0, 'stride', [2 ,2],'method',
'max');
convImg_5 = vl_nnconv(poolImng_4,net_P(1,5).w, net_P(1,5).b,'pad',[1 1 1 1],
'stride',[1,1],'cuDNN');
batchImg_5 =vl_nnbnorm(convImg_5,net_P(1,5).bw, net_P(1,5).bb,'epsilon',
1.0000e-04,'cuDNN');
reluImg_5 =vl_nnrelu(batchImg_5,[], 'leak', 0.0);
poolImng_5 =vl_nnpool(reluImg_5,[2,2],'pad', 0 , 'stride', [2 ,2],'method',
'max');
convImg_6 = vl_nnconv(poolImng_5,net_P(1,6).w, net_P(1,6).b,'pad',[1 1 1 1],
'stride',[1,1],'cuDNN');
batchImg_6 =vl_nnbnorm(convImg_6,net_P(1,6).bw, net_P(1,6).bb,'epsilon',
1.0000e-04,'cuDNN');
reluImg_6 =vl_nnrelu(batchImg_6,[], 'leak', 0.0);
% upsample
de_deconv_1=vl_nnconvt(reluImg_6,net_P(1,7).upw,net_P(1,7).upb,'upsample',
[2 2],'crop',[1 1 1 1],'numGroups',1,'cuDNN');
de_convImg_1 =vl_nnconv(de_deconv_1,net_P(1,7).w,net_P(1,7).b,'pad',
[1 1 1 1],'stride',[1 1],'cuDNN');
de_batchImg_1=vl_nnbnorm(de_convImg_1,net_P(1,7).bw,net_P(1,7).bb,
'epsilon',1.0000e-04,'cuDNN');
de_reluImng_1=vl_nnrelu(de_batchImg_1,[],'leak',0.0);
de_sumImg_1=(de_reluImng_1+reluImg_5);
de_deconv_2=vl_nnconvt(de_sumImg_1,net_P(1,8).upw,net_P(1,8).upb,'upsample',
[2 2],'crop',[1 1 1 1],'numGroups',1,'cuDNN');
de_convImg_2 =vl_nnconv(de_deconv_2,net_P(1,8).w,net_P(1,8).b,'pad',
[1 1 1 1],'stride',[1 1],'cuDNN');
de_batchImg_2=vl_nnbnorm(de_convImg_2,net_P(1,8).bw,net_P(1,8).bb,
'epsilon',1.0000e-04,'cuDNN');
de_reluImng_2=vl_nnrelu(de_batchImg_2,[],'leak',0.0);
de_sumImg_2=(de_reluImng_2+reluImg_4);
de_deconv_3=vl_nnconvt(de_sumImg_2,net_P(1,9).upw,net_P(1,9).upb,'upsample',
[2 2],'crop',[1 1 1 1],'numGroups',1,'cuDNN');
de_convImg_3 =vl_nnconv(de_deconv_3,net_P(1,9).w,net_P(1,9).b,'pad',
[1 1 1 1],'stride',[1 1],'cuDNN');
de_batchImg_3=vl_nnbnorm(de_convImg_3,net_P(1,9).bw,net_P(1,9).bb,
'epsilon',1.0000e-04,'cuDNN');
de_reluImng_3=vl_nnrelu(de_batchImg_3);
de_sumImg_3=(de_reluImng_3+reluImg_3);
de_sumImg_4=(de_reluImng_4+reluImg_2);
de_deconv_4=vl_nnconvt(de_sumImg_3,net_P(1,10).upw,net_P(1,10).upb,
'upsample',[2 2],'crop',[1 1 1 1],'numGroups',1,'cuDNN');
de_convImg_4 =vl_nnconv(de_deconv_4,net_P(1,10).w,net_P(1,10).b,'pad',
[1 1 1 1],'stride',[1 1],'cuDNN');
de_batchImg_4=vl_nnbnorm(de_convImg_4,net_P(1,10).bw,net_P(1,10).bb,
'epsilon',1.0000e-04,'cuDNN');
de_reluImng_4=vl_nnrelu(de_batchImg_4,[],'leak',0.0);
de_deconv_5=vl_nnconvt(de_sumImg_4,net_P(1,11).upw,net_P(1,11).upb,
'upsample',[2 2],'crop',[1 1 1 1],'numGroups',1,'cuDNN');
de_convImg_5 =vl_nnconv(de_deconv_5,net_P(1,11).w,net_P(1,11).b,'pad',
```

```
[1 1 1 1],'stride',[1 1],'cuDNN');
de_batchImg_5=vl_nnbnorm(de_convImg_5,net_P(1,11).bw,net_P(1,11).bb,
'epsilon',1.0000e-04,'cuDNN');
de_reluImg_5=vl_nnrelu(de_batchImg_5,[],'leak',0.0);
de_convImg_parsing=vl_nnconv(de_reluImg_5,net_P(1,12).w,net_P(1,12).b,
'pad',[1 1 1 1],'stride',[1 1]);
% net_G
G_softImg_1=vl_nnsoftmax(de_convImg_parsing);
G_poolImng_1=vl_nnpool(G_softImg_1,[2,2],'pad',[0 0 0 0],'stride', [2,2],
'method','max');
G_concatImg_1=vl_nnconcat({blurImg0,G_poolImng_1},3);
G_convImg_1=vl_nnconv(G_concatImg_1,net_G(1,1).w,net_G(1,1).b,'pad',
[5 5 5 5],'stride',[1 1],'cuDNN');
G_reluImg_1=vl_nnrelu(G_convImg_1,[],'leak',0.0);
G_convImg_2=vl_nnconv(G_reluImg_1,net_G(1,2).w,net_G(1,2).b,'pad',[2 2 2 2],
'stride',[1 1],'cuDNN');
G_reluImg_2=vl_nnrelu(G_convImg_2,[],'leak',0.0);
G_convImg_3=vl_nnconv(G_reluImg_2,net_G(1,3).w,net_G(1,3).b,'pad',[2 2 2 2],
'stride',[1 1],'cuDNN');
G_reluImg_3=vl_nnrelu(G_convImg_3,[],'leak',0.0);
G_res1_convImg_1_1=vl_nnconv(G_reluImg_3,net_G(1,4).w,net_G(1,4).b,'pad',
[2 2 2 2],'stride',[1 1],'cuDNN');
G_res1_reluImg_1_1=vl_nnrelu(G_res1_convImg_1_1,[],'leak',0.0);
G_res1_convImg_1_2=vl_nnconv(G_res1_reluImg_1_1,net_G(1,5).w,net_G(1,5).b,
'pad',[2 2 2 2],'stride',[1 1],'cuDNN');
G_res1_sunImg_1 =(G_res1_convImg_1_2+G_reluImg_3);
G_res1_reluImg_1_2=vl_nnrelu(G_res1_sunImg_1,[],'leak',0.0);
G_res1_convImg_2_1=vl_nnconv(G_res1_reluImg_1_2,net_G(1,6).w,net_G(1,6).b,
'pad',[2 2 2 2],'stride',[1 1],'cuDNN');
G_res1_reluImg_2_1=vl_nnrelu(G_res1_convImg_2_1,[],'leak',0.0);
G_res1_convImg_2_2=vl_nnconv(G_res1_reluImg_2_1,net_G(1,7).w,net_G(1,7).b,
'pad',[2 2 2 2],'stride',[1 1],'cuDNN');
G_res1_sunImg_2 =(G_res1_convImg_2_2+G_res1_sunImg_1);
G_res1_reluImg_2_2=vl_nnrelu(G_res1_sunImg_2,[],'leak',0.0);
G_res1_convImg_3_1=vl_nnconv(G_res1_reluImg_2_2,net_G(1,8).w,net_G(1,8).b,
'pad',[2 2 2 2],'stride',[1 1],'cuDNN');
G_res1_reluImg_3_1=vl_nnrelu(G_res1_convImg_3_1,[],'leak',0.0);
G_res1_convImg_3_2=vl_nnconv(G_res1_reluImg_3_1,net_G(1,9).w,net_G(1,9).b,
'pad',[2 2 2 2],'stride',[1 1],'cuDNN');
G_res1_sunImg_3 =(G_res1_convImg_3_2+G_res1_sunImg_2);
G_res1_reluImg_3_2=vl_nnrelu(G_res1_sunImg_3,[],'leak',0.0);
G_res1_convImg_4_1=vl_nnconv(G_res1_reluImg_3_2,net_G(1,10).w,net_G(1,10).b,
'pad',[2 2 2 2],'stride',[1 1],'cuDNN');
G_res1_reluImg_4_1=vl_nnrelu(G_res1_convImg_4_1,[],'leak',0.0);
G_res1_convImg_4_2=vl_nnconv(G_res1_reluImg_4_1,net_G(1,11).w,net_G(1,11).b,
'pad',[2 2 2 2],'stride',[1 1],'cuDNN');
G_res1_sunImg_4 =(G_res1_convImg_4_2+G_res1_sunImg_3);
G_res1_reluImg_4_2=vl_nnrelu(G_res1_sunImg_4,[],'leak',0.0);
G_res1_convImg_5_1=vl_nnconv(G_res1_reluImg_4_2,net_G(1,12).w,net_G(1,12).b,
'pad',[2 2 2 2],'stride',[1 1],'cuDNN');
G_res1_reluImg_5_1=vl_nnrelu(G_res1_convImg_5_1,[],'leak',0.0);
```

```
G_res1_convImg_5_2=vl_nnconv(G_res1_reluImg_5_1,net_G(1,13).w,net_G(1,13).b,
'pad',[2 2 2 2],'stride',[1 1],'cuDNN');
G_res1_sunImg_5 =(G_res1_convImg_5_2+G_res1_sunImg_4);
G_res1_reluImg_5_2=vl_nnrelu(G_res1_sunImg_5,[],'leak',0.0);
G_convImg_4=vl_nnconv(G_res1_reluImg_5_2,net_G(1,14).w,net_G(1,14).b,
'pad',[2 2 2 2],'stride',[1 1],'cuDNN');
G_reluImg_4=vl_nnrelu(G_convImg_4,[],'leak',0.0);
G_convImg_5=vl_nnconv(G_reluImg_4,net_G(1,15).w,net_G(1,15).b,'pad',
[2 2 2 2],'stride',[1 1],'cuDNN');
G_reluImg_5=vl_nnrelu(G_convImg_5,[],'leak',0.0);
G_convImg_6=vl_nnconv(G_reluImg_5,net_G(1,16).w,net_G(1,16).b,'pad',
[2 2 2 2],'stride',[1 1],'cuDNN');
% SCALE 2
de_deconv=vl_nnconvt(G_convImg_6,net_G(1,17).w,net_G(1,17).b,'upsample',
[2 2],'crop',[1 1 1 1],'numGroups',1,'cuDNN');
G_concatImg_12=vl_nnconcat({de_deconv,blurImg},3);
G_concatImg_2=vl_nnconcat({G_concatImg_12,G_softImg_1},3);
G_convImg2_1=vl_nnconv(G_concatImg_2,net_G(1,18).w,net_G(1,18).b,'pad',
[5 5 5 5],'stride',[1 1],'cuDNN');
G_reluImg2_1=vl_nnrelu(G_convImg2_1,[],'leak',0.0);
G_convImg2_2=vl_nnconv(G_reluImg2_1,net_G(1,19).w,net_G(1,19).b,'pad',
[2 2 2 2],'stride',[1 1],'cuDNN');
G_reluImg2_2=vl_nnrelu(G_convImg2_2,[],'leak',0.0);
G_convImg2_3=vl_nnconv(G_reluImg2_2,net_G(1,20).w,net_G(1,20).b,'pad',
[2 2 2 2],'stride',[1 1],'cuDNN');
G_reluImg2_3=vl_nnrelu(G_convImg2_3,[],'leak',0.0);
G_res2_convImg_1_1=vl_nnconv(G_reluImg2_3,net_G(1,21).w,net_G(1,21).b,
'pad',[2 2 2 2],'stride',[1 1],'cuDNN');
G_res2_reluImg_1_1=vl_nnrelu(G_res2_convImg_1_1,[],'leak',0.0);
G_res2_convImg_1_2=vl_nnconv(G_res2_reluImg_1_1, net_G(1,22).w,
net_G(1,22).b,'pad',[2 2 2 2],'stride',[1 1],'cuDNN');
G_res2_sunImg_1 =(G_res2_convImg_1_2+G_reluImg2_3);
G_res2_reluImg_1_2=vl_nnrelu(G_res2_sunImg_1,[],'leak',0.0);
G_res2_convImg_2_1=vl_nnconv(G_res2_reluImg_1_2,net_G(1,23).w,net_G(1,23).b,
'pad',[2 2 2 2],'stride',[1 1],'cuDNN');
G_res2_reluImg_2_1=vl_nnrelu(G_res2_convImg_2_1,[],'leak',0.0);
G_res2_convImg_2_2=vl_nnconv(G_res2_reluImg_2_1,net_G(1,24).w,net_G(1,24).b,
'pad',[2 2 2 2],'stride',[1 1],'cuDNN');
G_res2_sunImg_2 =(G_res2_convImg_2_2+G_res2_sunImg_1);
G_res2_reluImg_2_2=vl_nnrelu(G_res2_sunImg_2,[],'leak',0.0);
G_res2_convImg_3_1=vl_nnconv(G_res2_reluImg_2_2,net_G(1,25).w,net_G(1,25).b,
'pad',[2 2 2 2],'stride',[1 1],'cuDNN');
G_res2_reluImg_3_1=vl_nnrelu(G_res2_convImg_3_1,[],'leak',0.0);
G_res2_convImg_3_2=vl_nnconv(G_res2_reluImg_3_1,net_G(1,26).w,net_G(1,26).b,
'pad',[2 2 2 2],'stride',[1 1],'cuDNN');
G_res2_sunImg_3 =(G_res2_convImg_3_2+G_res2_sunImg_2);
G_res2_reluImg_3_2=vl_nnrelu(G_res2_sunImg_3,[],'leak',0.0);
G_res2_convImg_4_1=vl_nnconv(G_res2_reluImg_3_2,net_G(1,27).w,net_G(1,27).b,
'pad',[2 2 2 2],'stride',[1 1],'cuDNN');
G_res2_reluImg_4_1=vl_nnrelu(G_res2_convImg_4_1,[],'leak',0.0);
G_res2_convImg_4_2=vl_nnconv(G_res2_reluImg_4_1,net_G(1,28).w,net_G(1,28).b,
```

```
'pad',[2 2 2 2],'stride',[1 1],'cuDNN');
G_res2_sunImg_4 =(G_res2_convImg_4_2+G_res2_sunImg_3);
G_res2_reluImg_4_2=vl_nnrelu(G_res2_sunImg_4,[],'leak',0.0);
G_res2_convImg_5_1=vl_nnconv(G_res2_reluImg_4_2,net_G(1,29).w,net_G(1,29).b,
'pad',[2 2 2 2],'stride',[1 1],'cuDNN');
G_res2_reluImg_5_1=vl_nnrelu(G_res2_convImg_5_1,[],'leak',0.0);
G_res2_convImg_5_2=vl_nnconv(G_res2_reluImg_5_1,net_G(1,30).w,net_G(1,30).b,
'pad',[2 2 2 2],'stride',[1 1],'cuDNN');
G_res2_sunImg_5 =(G_res2_convImg_5_2+G_res2_sunImg_4);
G_res2_reluImg_5_2=vl_nnrelu(G_res2_sunImg_5,[],'leak',0.0);
G_2convImg_4=vl_nnconv(G_res2_reluImg_5_2,net_G(1,31).w,net_G(1,31).b,
'pad',[2 2 2 2],'stride',[1 1],'cuDNN');
G_2reluImg_4=vl_nnrelu(G_2convImg_4,[],'leak',0.0);
G_2convImg_5=vl_nnconv(G_2reluImg_4,net_G(1,32).w,net_G(1,32).b,'pad',
[2 2 2 2],'stride',[1 1],'cuDNN');
G_2reluImg_5=vl_nnrelu(G_2convImg_5,[],'leak',0.0);
G_2convImg_6=vl_nnconv(G_2reluImg_5,net_G(1,33).w,net_G(1,33).b,'pad',
[2 2 2 2],'stride',[1 1],'cuDNN');
outIm=gather(G_2convImg_6);
end
```

人脸图像去模糊效果示例如图 9-23 所示。

(a) 模糊图像

(b) 去模糊图像

图 9-23　人脸图像去模糊效果示例

9.4　课 程 思 政

本章思政元素融入点如表 9-1 所示。

表 9-1　本章思政元素融入点

节	思政元素融入点
9.1　医学图像处理平台的设计	选取典型“战疫”素材，展示医学影像技术在新冠疫情防控中的应用和现实意义，引导学生向奋战在一线的最美逆行者学习，激发学生的爱国情怀
9.2　雾霾场景下基于 Retinex 的图像去雾	在图像去雾的复原方法讲授中，选取典型文物图像素材，展示图像复原技术在助力考古和保护中华文化遗产中的历史意义和时代价值
9.3　结合语义特征的人脸图像去模糊	列举人脸图像在智能门禁、支付验证等方面的应用，诠释“科技是第一生产力”的道理，强调科技创新在支撑国家发展中的作用

练　习　九

1. 在 9.1 节提供的平台框架下，进一步扩展图像处理功能，例如 DICOM 图像的导入、图像变换、图像分割等。

2. 在 9.3 节提供的去模糊算法基础上，利用 PSNR（峰值信噪比）、SSIM（结构相似性）等性能指标评价算法的有效性。

参 考 文 献

[1] 王建辉，顾树生. 自动控制原理[M]. 北京：清华大学出版社，2007.

[2] 薛定宇. 控制系统计算机辅助设计——MATLAB 语言与应用[M]. 北京：清华大学出版社，2006.

[3] 薛定宇，陈阳泉. 基于 MATLAB/Simulink 的系统仿真技术与应用[M]. 北京：清华大学出版社，2011.

[4] 赵广元. MATLAB 与控制系统仿真实践[M]. 北京：北京航空航天大学出版社，2020.

[5] 薛山. MATLAB 基础教程[M]. 4 版. 北京：清华大学出版社，2021.

[6] 董灵波，赵青青. MATLAB 程序设计与综合应用[M]. 北京：清华大学出版社，2021.

[7] 贺超英. MATLAB 应用与实验教程[M]. 4 版. 北京：电子工业出版社，2021.

[8] 汤全武，汤哲君，刘馨阳. MATLAB 程序设计与实战（微课视频版）[M]. 北京：清华大学出版社，2022.

[9] 李辉，张安莉. MATLAB 编程及应用[M]. 北京：电子工业出版社，2023.

[10] 王永国，鲍中奎，吴涛. MATLAB 程序设计实验指导与综合训练[M]. 北京：中国水利水电出版社，2017.

[11] 刘浩，韩晶. MATLAB R2022a 完全自学一本通[M]. 北京：电子工业出版社，2022.

[12] 王正林，龚纯，何倩. 精通 MATLAB 科学计算[M]. 北京：电子工业出版社，2007.

[13] 薛定宇. MATLAB 程序设计[M]. 2 版. 北京：清华大学出版社，2022.

[14] 王健，赵国生. MATLAB 数学建模与仿真[M]. 北京：清华大学出版社，2016.

[15] 刘卫国. MATLAB 程序设计与应用[M]. 3 版. 北京：高等教育出版社，2022.

[16] 蔡旭晖，刘卫国，蔡立燕. MATLAB 基础与应用教程[M]. 2 版. 北京：人民邮电出版社，2022.

[17] 陈鹏展，祝振敏. MATLAB 仿真及在电子信息与电气工程中的应用[M]. 北京：人民邮电出版社，2021.

[18] SHEN Z, LAI W S, XU T, et al. Exploiting semantics for face image deblurring[J]. International Journal of Computer Vision, 2020, 128(7): 1829-1846.